ΣBEST シグマベスト

高校 これでわかる 基礎問題集 生物

文英堂編集部 編

文英堂

この本の特色

1 徹底して基礎力を身につけられる

定期テストはもちろん，入試にも対応できる力は，**しっかりとした基礎力**の上にこそ積み重ねていくことができます。そして，しっかりとした基礎力は，**重要な内容・基本的な問題をくり返し学習し，解く**ことで身につきます。

2 便利な書き込み式

利用するときの効率を考え，**書き込み式**にしました。この問題集に直接答えを書けばいいので，ノートを用意しなくても大丈夫です。

3 テスト対策にピッタリ

各章の「テストによく出る問題を解こう！」や編末の「入試問題にチャレンジ！」は実際のテストや入試問題の形式で身についた知識をチェックできます。

4 くわしい別冊解答

別冊正解答集は，**くわしくわかりやすい解説**をしており，基本的な問題でも，できるだけ解き方を省略せずに説明しています。また，**「テスト対策」**として，試験に役立つ知識や情報を示しています。

この本の構成

1 まとめ

重要ポイントを，**図や表を使いながら，見やすくわかりやすくまとめました。**
キー番号は 基礎の基礎を固める！ ページのキー番号に対応しています。

2 基礎の基礎を固める！

基礎知識が身についているかを確認するための**穴うめ問題**です。わからない所があるときは，同じキー番号の「まとめ」にもどって確認しましょう。

3 テストによく出る問題を解こう！

しっかりとした基礎力を身につけるための問題ばかりを集めました。

必修 …特に重要な基本的な問題。

テスト …定期テストに出ることが予想される問題。

難 …難しい問題。ここまでできれば，かなりの力がついている。

 入試問題にチャレンジ！

各編末に，実際の入試問題をとりあげています。入試に対応できる力がついているか確認しましょう。

もくじ

1編 生物の進化

2編 生命現象と物質

3編 遺伝情報の発現と発生

4編 生物の環境応答

5編 生態と環境

1編 生物の進化

1章 生命の誕生と生物の変遷

1 □生命の起源

① **地球の誕生**…約**46億年前**。

② **化学進化**…**原始地球**の高温・高熱環境で，無機物から簡単な有機物，さらにタンパク質や核酸など複雑な有機物が生じた。

- **ミラーの実験**…人工の原始大気に放電して有機物を合成。
- **熱水噴出孔**…高温・高圧環境で有機物を生じ得る環境。化学合成細菌が生息。

③ **自己境界性の確立**…**脂質二重層**からなる膜の獲得による。

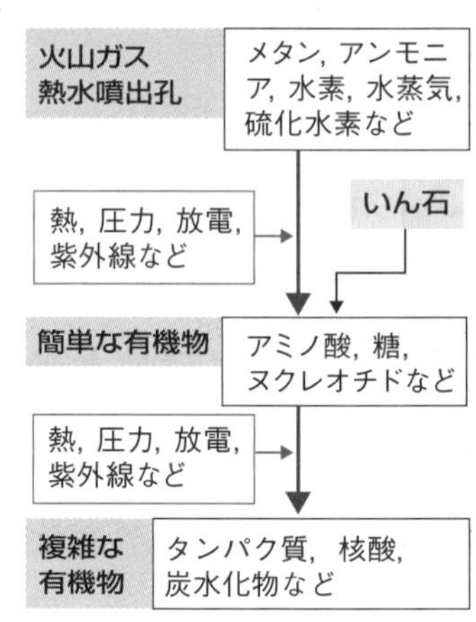

2 □RNAワールドからDNAワールドへ

① **RNAワールド**…RNAが遺伝情報と触媒作用を担い，しだいにタンパク質(酵素)が触媒作用を担うようになった，生物誕生初期の世界。

② **DNAワールド**…DNAが遺伝情報を，タンパク質(酵素)が触媒作用を担う，現在の生物の世界。

3 □単細胞生物の進化

① **初期の生命**…最古の生命の痕跡は約38億年前，最古の化石は35億年以上前。

- **嫌気性従属栄養生物**…化学進化でできた有機物などを分解してエネルギーを得る。
- **独立栄養生物の誕生**…化学合成細菌，光合成細菌。

② **シアノバクテリア**の**出現**…クロロフィルaをもち，**O_2を放出**。

- **ストロマトライト**…群生したシアノバクテリアの塊。化石は層状の石灰石。
- **シアノバクテリアのO_2放出**…(i)**海水の鉄イオン酸化**，(ii)**呼吸を行う生物出現**，(iii)**オゾン層形成**。

③ **真核生物の出現**…約21億年前。細胞内で効率的に代謝→大形化可能に。

細胞内共生説…好気性細菌➡ミトコンドリア　シアノバクテリア➡葉緑体(植物細胞のみ)

大形の嫌気性細菌
核膜に包まれた核をもつ。
好気性細菌
ミトコンドリア
葉緑体
シアノバクテリア

🔑4 □ 地質時代

● **地質時代**は，地球上に最古の岩石ができてから以降の時代。

先カンブリア時代…約5.4億年以前。シアノバクテリア，海生無脊椎動物が出現。

古生代…**脊椎動物出現**。**植物・動物上陸**，**両生類とシダ植物が繁栄**。

中生代…**ハ虫類と裸子植物が繁栄**。

新生代…**哺乳類と被子植物が繁栄**。

地質時代		おもなできごと	動物	植物
先カンブリア時代		46億年前… **地球誕生** **化学進化**→生命の誕生（原核生物） シアノバクテリアの出現→ O_2 発生 **真核生物出現…共生説** **多細胞生物出現** 藻類の出現・繁栄 **海生無脊椎動物の出現・繁栄…エディアカラ生物群**	無脊椎動物	藻類
		―― 5.4億年前 ――		
古生代	カンブリア紀	三葉虫類の出現・**バージェス動物群** **脊椎動物の出現**		
	オルドビス紀	最古の植物の出現　　**オゾン層の形成**	魚類	
	シルル紀	**魚類の出現**・シダ植物出現		シダ植物
	デボン紀	大形シダ植物出現・裸子植物出現 **両生類の陸上進出**・昆虫類出現		
	石炭紀	**木生シダ植物が大森林を形成**（←石炭になる） 両生類繁栄・ハ虫類出現	両生類	
	ペルム紀	シダ植物衰退・**三葉虫類絶滅**		
		―― 2.5億年前 ――		
中生代	三畳紀	ハ虫類発達・哺乳類出現	ハ虫類	裸子植物
	ジュラ紀	**裸子植物繁栄** **大形ハ虫類（恐竜など）繁栄・鳥類出現**		
	白亜紀	**恐竜類・アンモナイト類の繁栄**　被子植物出現 **大形ハ虫類・アンモナイト類絶滅**		被子植物
		―― 6600万年前 ――		
新生代	古第三紀	**被子植物繁栄** 哺乳類の多様化と繁栄	哺乳類	
	新第三紀			
	第四紀	草本植物の発達と草原の拡大 人類の発展		

まず動物について覚えよう。
古生代と中生代にそれぞれ
繁栄・絶滅したのは？

基礎の基礎を固める！

（　　）に適語を入れよ。　答➡別冊 *p.2*

1 生命の起源　🔑1

① 約（❶　　　）億年前に地球が誕生…原始大気は CO_2，水蒸気，N_2，CO などからなる。

② **化学進化**…無機物から複雑な有機物の生成。

CH_4，NH_3，H_2，H_2O の混合気体に放電…（❷　　　　）**の実験➡**アミノ酸が生成。
海底の（❸　　　　　　）…メタン・硫化水素・水素・アンモニアに高温・高圧
地球上の有機物は隕石に由来すると考える説もある。

③ **自己境界性の確立**…（❹　　　　）の二重層の膜が外界との境界。

2 RNA ワールドから DNA ワールドへ　🔑2

① 生物誕生初期の世界では，遺伝情報と触媒作用を（❺　　　　）が担い，触媒作用はしだいに（❻　　　　　）が担うようになった。この時代を（❼　　　　　　　）という。

② 現在の生物の世界では，遺伝情報は（❽　　　　）が，触媒作用は（❾　　　　　）が担っている。この時代を（❿　　　　　　　）という。

3 単細胞生物の進化　🔑3

① 約35億年前には環境中の有機物を（⓫　　　　）的に分解してエネルギーを得る**従属栄養の細菌**が出現していた。そして（⓬　　　　　　　　　）を光合成色素としてもつ**光合成細菌**が出現した。また，**化学合成細菌**も出現した。

② （⓭　　　　　　　）が出現…岩石状の（⓮　　　　　　　　）を形成。（⓯　　　）を分解して O_2 を放出➡（⓰　　　　）を行う細菌が出現。

③ 約21億年前，核膜をもつ（⓱　　　　）**生物**が出現。大形の宿主細胞に好気性細菌が共生してミトコンドリアに，（⓲　　　　　　　）が共生して葉緑体となった。

④ 約10億年前，**多細胞生物**が出現したと考えられている。

4 生物の陸上進出　🔑4

① 酸素の増加により上空に（⓳　　　　）層形成➡有害な（⓴　　　　）が減少。

② 約4億年前の（㉑　　　　）**代シルル紀**に，クックソニアなど植物が，次いで昆虫類やクモ類などの動物が陸上進出。**デボン紀**には，イクチオステガなど（㉒　　　）**類**が陸上進出。（㉓　　　　）**紀**にはロボクなど**木生**の大形（㉔　　　　）**植物**が大森林を形成。

③ 中生代には，（㉕　　　　）植物やハ虫類が繁栄した。（㉖　　　　）**紀**には恐竜類などの大形ハ虫類が繁栄し，**始祖鳥**など初期の鳥類も出現。

テストによく出る問題を解こう！

答➡別冊 p.2

1 ［原始生命の誕生］ 必修

原始生命の誕生に関する次の各問いに答えよ。

約46億年前に誕生したと考えられている地球の原始大気は，二酸化炭素・水蒸気・窒素などからなり，現在の大気の2割を占める遊離した（ ① ）はほとんどない大気であったと考えられている。これらの a 無機化合物が高温・高圧・雷などの作用で簡単なアミノ酸などの有機物に変化し，また，深海の（ ② ）付近では，噴出するメタン・硫化水素・アンモニア・水素などが高温・高圧のもとで反応して有機物に変化したと考えられている。このような b 簡単な有機物から，タンパク質や核酸のような複雑な生命物質ができ，これが液滴のような細胞様の構造体から，約38億年前には c 自己増殖能と代謝系をもつ原始生命体へと変化していった。

⑴ 文中①，②の空欄に適当な語句を記せ。

①（　　　　） ②（　　　　）

⑵ メタン・アンモニア・水素・水蒸気からなる擬似原始大気に放電する実験を行い，下線部 **a** の現象が実際に起こり得ることを示したのはだれか。（　　　　）

⑶ 文中の下線部 **b** のような物質の変化の過程を何というか。（　　　　）

⑷ 下線部 **c** について，自己増殖能や代謝系は外界と自己を区別することで可能となる。外界と自己の区別は何の獲得により確立されたか。

（　　　　）

2 ［単細胞生物の進化］ テスト

原始生命の進化に関する次の各問いに答えよ。

地球上に誕生した初期の生命体は，原始海洋中に生息する従属栄養の細菌や化学合成細菌，光合成細菌などいずれも嫌気性の原核生物だったと考えられている。しかし，その後，大量に存在しほぼ無限に利用できる（ ① ）を用いて光合成を行う（ ② ）が出現した。27億年前の地層から a この生物が化石化してできた層状の石灰岩が発見されている。この生物の光合成の結果，環境中に（ ③ ）が放出され，やがて b この物質を利用して効率よくエネルギーを獲得する生物が出現し，生物が生活範囲を拡大していく要因になったと考えられている。

⑴ 文中の空欄①～③に適当な用語を記せ。

①（　　　　） ②（　　　　）
③（　　　　）

⑵ 文中の下線部 **a** の岩石を何というか。（　　　　）

⑶ 文中の下線部 **b** のような代謝を何というか。（　　　　）

2章 遺伝子の変化

5 □ 遺伝情報の変化と形質への影響

① **遺伝的変異**…変異のうち遺伝するもの。突然変異により生じる。

② **突然変異**… DNA の塩基配列の変化や染色体の構造・数の変化。

③ **遺伝子突然変異**…放射線や化学物質など，または複製時の誤りによって DNA の塩基配列が変化すること。塩基の**置換**，**フレームシフト**(塩基の**挿入**や**欠失**によってコドンの読み枠がずれる)など。

④ **遺伝子突然変異による形質の変化の例**
鎌状赤血球貧血症，フェニルケトン尿症，アルカプトン尿症，アルビノなど

⑤ **一塩基多型**(SNP(スニップ))…同種の個体間で見られる塩基配列1個単位の違い。ヒトでは約1000塩基に1つ(0.1%)ほどの割合で見られ，全く形質に影響のない場合や，健康や生理，薬の効き具合などに違いを生じるものもある。

⑥ **染色体突然変異**…染色体数が変化する変異(**倍数体**と**異数体**)，染色体の形が変化する変異(**欠失**，**逆位**，**重複**，**転座**など)がある。

6 □ 有性生殖

有性生殖…**配偶子**(精子や卵など)の合体によってふえる生殖。子は，親とは異なる**遺伝子組成をもつ**ので，無性生殖より**環境の変化への適応力が高い**。

7 □ 染色体

① **ヌクレオソーム**…真核細胞のDNAが**ヒストン**に巻き付いたビーズ状構造。

② **クロマチン繊維**…ヌクレオソームが数珠状に連なった繊維状構造。細胞分裂のときには何重にも折りたたまれてひも状の染色体をつくる。

間期の染色体
DNA
ヒストン
凝縮
クロマチン繊維
分裂中期の染色体

③ **性染色体**…性決定にかかわる染色体。

④ **常染色体**…性染色体以外の染色体。

⑤ **相同染色体**…体細胞に対で含まれる，両親から引き継いだ同形・同大の染色体。

⑥ **遺伝子座**…遺伝子が占める染色体上の位置。

⑦ **ホモとヘテロ**…相同染色体のある遺伝子座についてそれぞれ同一の塩基配列の場合を**ホモ接合体**，異なる場合は**ヘテロ接合体**という。

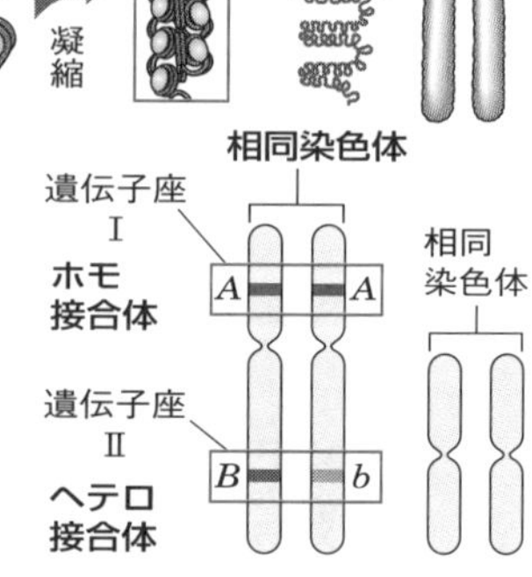

基礎の基礎を固める！

（　）に適語を入れよ。　答➡別冊 *p.2*

5 遺伝情報の変化と形質への影響　5

同種個体間の形質の違いを（❶　　　　）といい，そのうち親から子へと遺伝するものを（❷　　　　）という。

6 遺伝子突然変異　5

① 遺伝子突然変異はDNAの（❸　　　　）の変化であり，次の3つがある。
- （❹　　　　）…別の塩基に置き換わる変異。
- （❺　　　　）…塩基が失われる変異。
- （❻　　　　）…新たに塩基が入り込む変異。

② ❺，❻によってコドンの読む枠がずれる…（❼　　　　）

③ 同一種内において，個体によって1つの塩基だけが個体ごとに異なることを（❽　　　　）とよぶ。ヒトの鎌状赤血球貧血症は，赤血球に含まれる（❾　　　　）を構成するβ鎖遺伝子の突然変異である。

7 有性生殖　6

精子や卵といった（❿　　　　）の合体によってふえる生殖方法を**有性生殖**という。有性生殖では，子は親と（⓫　　　　）**遺伝子組成をもつ**ため，無性生殖と比べて環境の変化に適応しやすい。

8 染色体　7

① 真核細胞のDNAはタンパク質の1つである（⓬　　　　）に巻き付いて**クロマチン繊維**という構造をつくっている。細胞分裂のときには何重にも折りたたまれ，凝集して太く短くなり，光学顕微鏡で観察できるひも状の染色体になる。

② 染色体には，雌雄で共通する（⓭　　　　）と，雌雄で異なる（⓮　　　　）がある。体細胞は雌雄の配偶子からそれぞれ引き継いだ同形・同大の染色体を2本ずつもつ。これを（⓯　　　　）という。

9 遺伝子座　7

遺伝子が染色体上に占める位置を（⓰　　　　）という。（⓱　　　　）染色体にある遺伝子座に同一の遺伝子が存在する場合を（⓲　　　　），異なる遺伝子が存在する場合を（⓳　　　　）という。

テストによく出る問題を解こう！

答➡別冊 *p.2*

3 ［染色体の構造］ テスト

DNA の複製に関する次の文を読み，下の各問いに答えよ。

多細胞生物では，遺伝子の本体である（ ① ）は，ある a タンパク質と結び付いて b 繊維状構造をつくっている。細胞分裂の前には①は複製され，分裂期にはこの繊維状構造が何重にも折りたたまれて太く短くなり，光学顕微鏡でも見える染色体となる。細胞分裂の（ ② ）期には細胞の中央に並び，本数を数えることができる。

(1) 文中の空欄に適当な語句を記せ。 ①（　　　） ②（　　　）

(2) 文中の下線部 **a** のタンパク質は何か。 （　　　）

(3) 文中の下線部 **b** の繊維状構造を何というか。 （　　　）

ヒント DNA がヒストンに巻き付いたものをヌクレオソームという。これが凝集して下線部 **b** が形成される。

4 ［染色体の構成］

次の文を読み，以下の問いに答えよ。

有性生殖をする生物の染色体には，A 雌雄に共通する染色体と，B 雌雄で異なる染色体がある。この染色体は，ヒトでは，女性は C 同じ形の染色体を１対もち，男性は女性と共通の染色体を１本と，D 女性とは異なる形の染色体を１本もっている。この雌雄に共通する染色体を観察すると，ふつう，E 形と大きさが同じ染色体が２本ずつ観察される。

(1) 文中の下線部 **A**，**B** の染色体をそれぞれ何というか。

A（　　　） **B**（　　　）

(2) 文中の下線部 **C**，**D** の染色体をそれぞれ何というか。

C（　　　） **D**（　　　）

(3) 文中の下線部 **E** の染色体を何というか。 （　　　）

ヒント (2) ヒトは XY 型の性決定をする。

5 ［遺伝子と染色体］ 必修

次の文の各空欄に適当な語句を記せ。

アルファベットで表される遺伝子記号は，①（　　　）遺伝子どうしを同じ文字の大文字と小文字で書き，②（　　　）遺伝子を大文字で書く。エンドウの種子の形には丸としわがあり，この遺伝子を *A* と *a* で表し，丸が顕性形質であるときしわの種子の個体がもつ遺伝子の組み合わせは③（　　　）と書き表される。この組み合わせを④（　　　）型といい，現れた形質を⑤（　　　）型という。遺伝子の染色体上に存在する位置を⑥（　　　）といい，この遺伝子 *A* と *a* のような①遺伝子は，⑦（　　　）染色体の同じ⑥に位置する。④型が *AA* や *aa* のような組み合わせを⑧（　　　）接合体，*Aa* のような場合を⑨（　　　）接合体という。

ヒント ホモは「同じ」，ヘテロは「異なる」を意味する。

6 ［突然変異による貧血症］

次の文を読み，あとの各問いに答えよ。

同種の生物であっても，個体間では大きさや色などの形質に違いがある。これを変異といい，a変異のうち遺伝するものを（ ① ）という。①は，DNAの塩基配列や染色体の数・構造が変化する（ ② ）によって生じる。DNAに生じる②は，放射線や化学物質のほか，複製時の誤りによってDNAの塩基配列が変化することで起こり，塩基が別の塩基に置き換わる置換や，塩基が失われる欠失，塩基が加わる（ ③ ）などがある。b塩基配列に③や欠失が生じると，コドンの読み枠がずれることがあり，読み枠のずれは遺伝情報に大きな変化をもたらす。②による形質の変化の例としては，c赤血球の形が変化する変異や，フェニルアラニンというアミノ酸を正常に代謝できなくなる変異などがあげられる。赤血球の形が変化する変異は，dたった1つの塩基配列の置換によって起こる。

一方，②には，染色体の数・構造が変化する染色体レベルの②があり，染色体の数が増えたり減ったりする倍数体や異数体のほか，染色体の一部が失われる（ ④ ），染色体の一部が別の染色体に結合する（ ⑤ ），染色体の一部が切り取られ，逆向きにつながる（ ⑥ ），重複などがある。

⑴ 文中の下線部aについて，遺伝する変異を説明した記述として正しいものを，次の**ア**～**ウ**から選び，記号で答えよ。（　　）

ア 体細胞に生じた変異だけが遺伝する。

イ 生殖細胞に生じた変異だけが遺伝する。

ウ 体細胞に生じた変異も生殖細胞に生じた変異も遺伝する。

⑵ 文中の空欄①～⑥に適当な語句を，下の語群からそれぞれ選べ。

〔語群〕 突然変異　挿入　遺伝的変異　欠失　逆位　転座

①（　　） ②（　　） ③（　　）
④（　　） ⑤（　　） ⑥（　　）

⑶ 文中の下線部bのように，塩基の挿入や置換によってコドンの読み枠がずれることを何というか。（　　）

⑷ 文中の下線部cについて，赤血球に含まれるヘモグロビンというタンパク質をつくる遺伝子が変異すると，赤血球の形が変形し，貧血症が起こることがある。この貧血症を，変形した赤血球の形にちなんで何というか。（　　）

⑸ 文中の下線部dについて，個体間での1塩基単位の違いは数多く存在し，形質に現れないものも多い。これらの1塩基単位の塩基配列の違いを何というか。
（　　）

ヒント ⑷ この型の赤血球は酸素濃度の低い環境で細長く変形し，毛細血管を詰まらせて貧血症状を引き起こす。この赤血球には変形した形にちなんだ名がつけられている。

3章 減数分裂と遺伝的多様性

8 □ 減数分裂の進み方

① **第一分裂**…前期に**相同染色体**が**対合**して4本の染色体からなる**二価染色体**ができる。染色体の一部が**交さ**して染色体の**乗換え**が生じ，**遺伝子の組換え**が起こることがある。対合した相同染色体は後期に分離($2n \rightarrow n$)。

② **第二分裂**…体細胞分裂と同じ形式での分裂($n \rightarrow n$)。

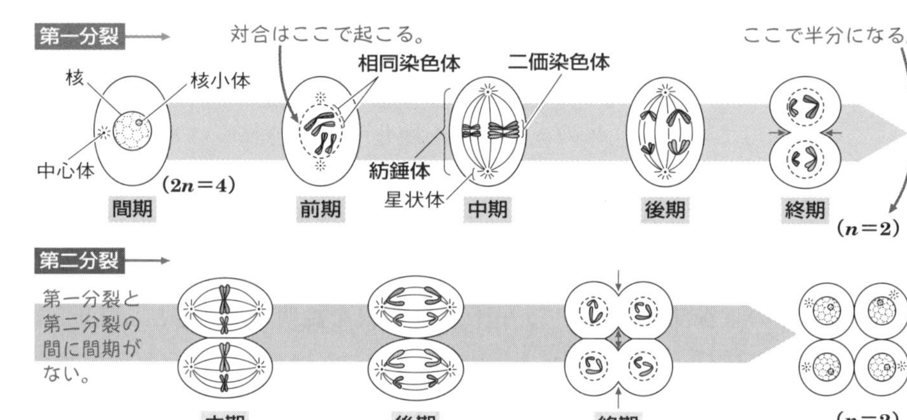

9 □ 減数分裂と染色体の組み合わせ

① 2組の対立遺伝子(**アレル**)$A(a)$ と $B(b)$ が異なる染色体上にある場合，$AABB$ と $aabb$ を両親(P)とする**雑種第一代**(F_1)はすべて**遺伝子型** $\boldsymbol{AaBb}$，**表現型**〔$\boldsymbol{AB}$〕。

② F_1がつくる配偶子は，$\boldsymbol{AB : Ab : aB : ab = 1 : 1 : 1 : 1}$となり，$4(=2^2)$種類の遺伝子組成をもつ配偶子ができる。また，**雑種第二代**(F_2)の表現型の比は，〔AB〕:〔Ab〕:〔aB〕:〔ab〕$= 9 : 3 : 3 : 1$となる。

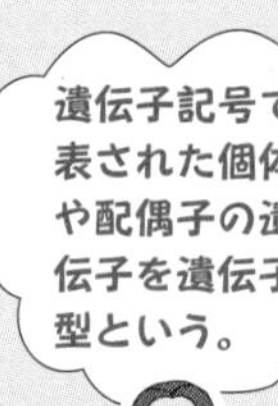

遺伝子が現す形質を表現型といい，遺伝子記号を使って〔A〕のように表すことがある。

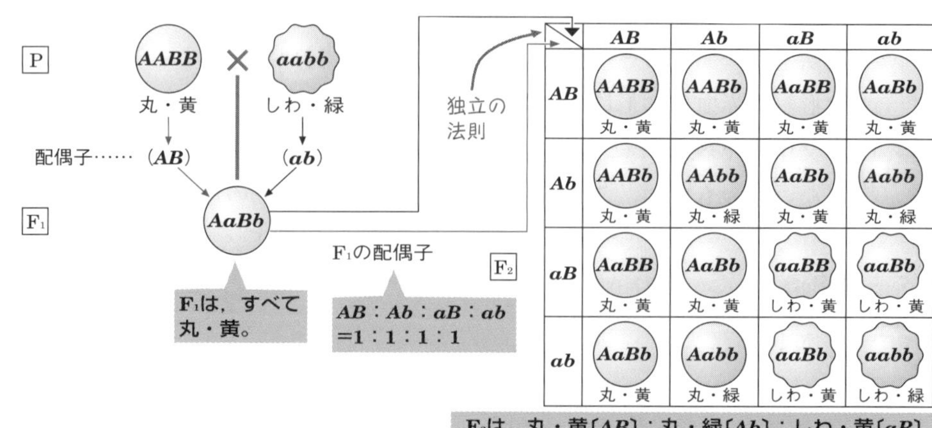

	AB	Ab	aB	ab
AB	AABB 丸・黄	AABb 丸・黄	AaBB 丸・黄	AaBb 丸・黄
Ab	AABb 丸・黄	AAbb 丸・緑	AaBb 丸・黄	Aabb 丸・緑
aB	AaBB 丸・黄	AaBb 丸・黄	aaBB しわ・黄	aaBb しわ・黄
ab	AaBb 丸・黄	Aabb 丸・緑	aaBb しわ・黄	aabb しわ・緑

F₂は，丸・黄〔AB〕：丸・緑〔Ab〕：しわ・黄〔aB〕：しわ・緑〔ab〕=9：3：3：1

10 □ 検定交雑

① **検定交雑**…**潜性ホモ接合体**（aa, $aabb$ など）と交雑することによって，遺伝子型のわからない個体（**検定個体**）の遺伝子型を調べる方法。

遺伝子型の決定は，下から上へ考える。

② **遺伝子型の決定**…検定個体に潜性ホモ接合体を交雑し，**得られた子の表現型から遺伝子型を決める**。
➡右図のように，子が〔A〕:〔a〕＝1：1の場合，検定個体がつくった配偶子は A：a＝1：1で，検定個体の遺伝子型は Aa とわかる。

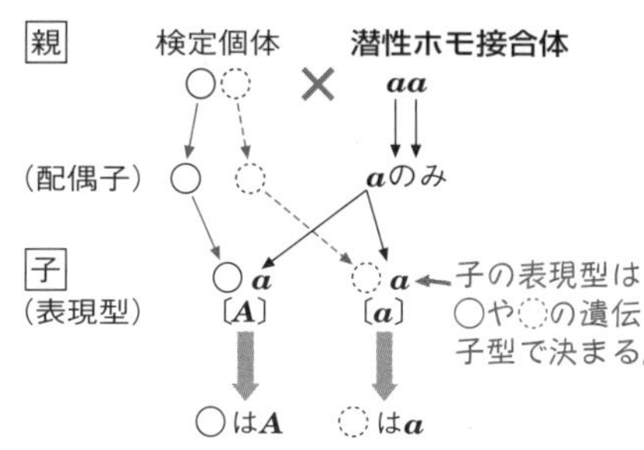

検定交雑の結果
- 子が**すべて顕性形質**➡検定個体は**顕性ホモ接合体**（AA）
- 子が**顕性：潜性＝1：1**➡検定個体は**ヘテロ接合体**（Aa）

11 □ 連鎖と組換え

① **連鎖**…複数の遺伝子が1本の染色体に連なること。➡連鎖している遺伝子は，その染色体と行動をともにする（下の左図）。

② **遺伝子の組換え**…連鎖している遺伝子間に一定の距離がある場合，減数分裂中にその遺伝子間で相同染色体の互いの一部が交換される**乗換え**（交さ）が起こり，**遺伝子の組換え**が起こることがある（不完全連鎖…下の右図）。

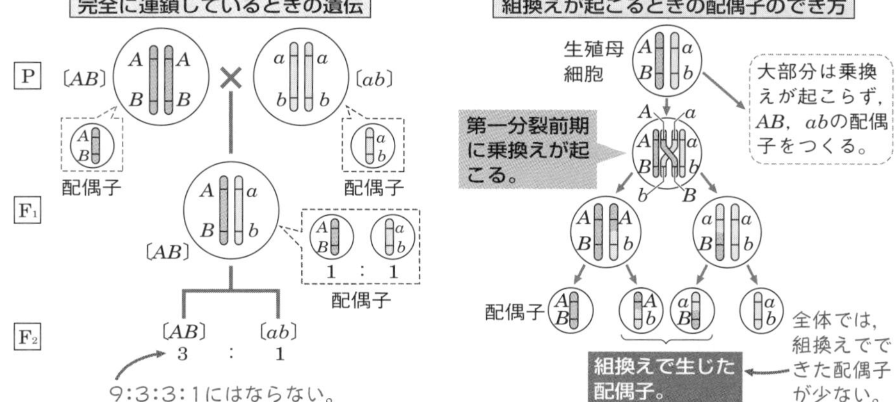

③ **組換え価**…連鎖している2個の遺伝子が組換えを起こす割合。

$$組換え価〔\%〕= \frac{組換えを生じた配偶子数}{全配偶子数} \times 100$$

④ 染色体上の**遺伝子間の距離が大きくなるほど**組換えは起こりやすくなる。

⑤ **染色体地図**… 3つの遺伝子の組換え価を比較することで遺伝子の相対的な位置を求め（**三点交雑法**），作成することができる。

基礎の基礎を固める！

(　　)に適語を入れよ。　答➡別冊 *p.*3

10 減数分裂　🔑8

① **減数分裂**では，第一分裂と第二分裂の２回の分裂が引き続いて起こり，１個の母細胞から染色体数が(❶　　　　)した(❷　　　　)個の娘細胞(配偶子)ができる。

② 第一分裂の(❸　　　　)期に相同染色体が(❹　　　　)して４本の染色体からなる(❺　　　　)**染色体**ができる。このとき，相同染色体の間で一部が交換される(❻　　　　)を生じ，その結果，遺伝子の(❼　　　　)が起こることがある。❻が生じている部位をキアズマという。

11 減数分裂と染色体の組み合わせ　🔑9

① ２組の対立遺伝子(アレル)$A(a)$と$B(b)$が異なる染色体上にある場合，$AABB$と$aabb$を両親(P)とする子(F_1)の遺伝子型は(❽　　　　)，表現型は〔AB〕となる。また，F_1がつくる配偶子は，$AB:Ab:aB:ab=$(❾　　　　)となる。

② ３組の対立遺伝子の場合，$AABBCC$と$aabbcc$が独立した染色体上にある場合，F_1の遺伝子型は$AaBbCc$となり，F_1がつくる配偶子の種類は2^3となるので，３組の対立遺伝子についてF_1がつくる配偶子は(❿　　　　)種類。

12 連鎖と組換え　🔑10, 11

① 複数の対立遺伝子の遺伝子座が１本の染色体上にある場合，遺伝子が(⓫　　　　)しているという。この遺伝子は細胞分裂の際に行動をともにする。

② ２組の対立遺伝子$D(d)$と$E(e)$が**完全に連鎖**している場合，$DDEE$と$ddee$を両親(P)とする子(F_1)の遺伝子型は(⓬　　　　)。このF_1がつくる配偶子の遺伝子型は，$DE:de=$(⓭　　　　)となる。

③ ２組の対立遺伝子$F(f)$と$G(g)$が連鎖しており，両者の間で(⓮　　　　)が生じるとき，**連鎖が不完全**であるという。$FFGG$と$ffgg$を両親とするF_1の遺伝子型は$FfGg$となり，このF_1が配偶子をつくるとき，20％の割合で⓮が生じると，F_1がつくる配偶子の遺伝子型は，$FG:Fg:fG:fg=$(⓯　　　　)の比で分離する。

④ 連鎖している遺伝子どうしが組換えを起こす割合を(⓰　　　　)という。

$$⓰=\frac{\text{組換えを起こした配偶子数}}{(⓱\qquad)}\times 100$$

⑤ **組換え価**は，検定個体に(⓲　　　　)のホモ接合体を交雑する**検定交雑**によって求められる。検定交雑では，次代の(⓳　　　　)の割合が，検定個体がつくる配偶子の割合と一致する。

テストによく出る問題を解こう！

答➡別冊 *p.3*

7 ［減数分裂］ テスト

次の図は，ある動物の減数分裂のようすを模式的に示したものである。

a　b　c　d　e　f　g　h

⑴　a～hを減数分裂の正しい順に並べかえよ。（　　　　　　）

⑵　図中の①～③の部分の名称をそれぞれ答えよ。

①（　　　　）　②（　　　　）　③（　　　　）

⑶　この動物の体細胞と卵の染色体数はそれぞれ何本か。

体細胞（　　　　）　卵（　　　　）

⑷　動物の減数分裂の観察の材料として最も適当なものを次から選べ。（　　）

ア　ウニの受精卵　　**イ**　ヒトの口腔上皮細胞　　**ウ**　バッタの精巣

エ　カエルの筋細胞　　**オ**　ニワトリの肝臓

8 ［減数分裂と染色体の組み合わせ］

次の染色体数をもつ生物について，減数分裂で生じる染色体の組み合わせは何通りか答えよ。

⑴　相同染色体が３対　（　　　　）　⑵　体細胞の染色体が８本　（　　　　）

9 ［減数分裂と配偶子の多様性］

$AABB$ と $aabb$ の交雑でできた子 (F_1) $AaBb$ と，$CCDDEE$ と $ccddee$ の交雑でできた子 (F_1) $CcDdEe$ がある。次の⑴～⑷の場合，F_1 が減数分裂によってつくる①配偶子の種類数，②配偶子の遺伝子型はそれぞれどのようになるか。

⑴　遺伝子 $A(a)$ と $B(b)$ が独立した染色体上に位置している場合。

①（　　　）　②（　　　　　　　　）

⑵　遺伝子 $C(c)$，$D(d)$，$E(e)$ が独立した染色体上に位置している場合。

①（　　　）　②（　　　　　　　　）

⑶　遺伝子 A と B，a と b が連鎖しており，その連鎖が完全な場合。

①（　　　）　②（　　　　　　　　）

⑷　遺伝子 A と B，a と b が連鎖しており，その連鎖が不完全で組換えが起こる場合。

①（　　　）　②（　　　　　　　　）

ヒント　遺伝子 A と B，a と b がそれぞれ連鎖して組換えが起こらない場合，つくられる配偶子はその連鎖した遺伝子の組み合わせを含んだ染色体１本をもつ。

10 ［受精と遺伝子の組み合わせ］ 必修

エンドウについて，遺伝子 AA をもつ種子の形が丸形の系統と，遺伝子 aa をもつしわ形の系統を両親として交配した。次の各問いに答えよ。なお，丸形の形質が顕性形質である。

⑴　できた子(F_1)の遺伝子型を答えよ。　(　　　)

⑵　F_1 の表現型(発現した形質)は丸形としわ形のどちらか。　(　　　)

⑶　F_1 がつくる配偶子の遺伝子型とその分離比を答えよ。

(　　　)

⑷　F_1 を自家受精したときできる子(F_2)の表現型とその分離比を答えよ。

(　　　)

ヒント ⑵　F_1 には顕性形質のみ出現する。

11 ［異なる染色体上にある2遺伝子の遺伝］ テスト

遺伝子 $A(a)$，$B(b)$ が異なる染色体上にある場合，遺伝子 $AABB$ と $aabb$ をもつ両親の子(F_1)について次の各問いに答えよ。ただし，表現型は〔A〕のように示せ。

⑴　F_1 の遺伝子型および表現型を答えよ。　遺伝子型(　　　)

表現型(　　　)

⑵　F_1 がつくる配偶子の遺伝子型とその分離比を答えよ。

(　　　)

ヒント $A(a)$，$B(b)$ の各遺伝子は互いに関係なく配偶子に分配される(独立の法則)。

12 ［連鎖している2遺伝子の遺伝］

遺伝子 $A(a)$，$B(b)$ が連鎖していてその距離が極めて近いために染色体の乗換えが起こらない場合，遺伝子型 $AABB$ と $aabb$ の両親から受精によってできる個体(F_1)について次の各問いに答えよ。ただし，表現型は〔A〕のように示せ。

⑴　F_1 の遺伝子型および表現型を答えよ。　遺伝子型(　　　)

表現型(　　　)

⑵　F_1 がつくる配偶子の遺伝子型とその分離比を答えよ。

(　　　)

ヒント 連鎖している遺伝子は染色体の挙動に伴って行動をともにする。

13 ［遺伝子の組換え］ 必修

次の文の空欄に適当な語句を記せ。

減数分裂第一分裂の①(　　　)期には，相同染色体が対合して②(　　　)染色体ができる。このとき相同染色体の一部が交換される③(　　　)が起こると，その部分の両側にあった遺伝子間で遺伝子の④(　　　)が生じる。

14 ［組換えが起こる場合の 2 遺伝子の遺伝］ 必修

遺伝子 $A(a)$，$B(b)$ が連鎖していてその距離がやや離れているために染色体の乗換えが起こる場合で，遺伝子の組換えの起きる割合が10％の場合，遺伝子型 $AABB$ と $aabb$ を両親とする子について次の各問いに答えよ。ただし，表現型は〔AB〕のように示せ。

(1) F_1 の遺伝子型および表現型を答えよ。　遺伝子型（　　　）　表現型（　　　）

(2) F_1 がつくる配偶子の遺伝子型とその分離比を答えよ。

（　　　　　　　　）

ヒント　組換えを起こす割合が10％の場合，配偶子が10個できるとき 9 個はもとの連鎖していた遺伝子の組み合わせ，1 個が組換えによって生じた組み合わせとなる。

15 ［組換え価を求める交雑］ テスト

遺伝子型 $AaBb$ の個体に $aabb$ の個体を交雑したところ，次代の表現型の比は，〔AB〕：〔Ab〕：〔aB〕：〔ab〕＝ 7 ： 1 ： 1 ： 7 となった。次の各問いに答えよ。

(1) 下線部のような交雑を何というか。（　　　）

(2) 推定される $AaBb$ の個体の両親の遺伝子型を答えよ。（　　　）（　　　）

(3) 遺伝子 $A(a)$ と $B(b)$ 間の組換え価〔％〕を求めよ。（　　　）

ヒント　組換え価は，(組換えで生じた配偶子数 ÷ 全配偶子数) × 100で示される。この配偶子の数は，(1)の交雑で生じた子の表現型の分離比に対応している。

16 ［受精と遺伝子の多様性］

遺伝子 $A(a)$ と $B(b)$ は連鎖していて，この 2 つの遺伝子間で組換えを起こす割合が25％であった。また，$B(b)$ と $C(c)$ は独立した染色体上にある。この場合，遺伝子型 $AABBCC$ と $aabbcc$ を両親として交雑したとき，次の各問いに答えよ。

(1) F_1 の遺伝子型を答えよ。（　　　）

(2) F_1 がつくる配偶子の遺伝子型を $A(a)$ と $B(b)$ についてだけ考えた場合，遺伝子型とその分離比はどのようになるか。

（　　　　　　　　）

(3) F_1 がつくる配偶子の遺伝子型を $A(a)$ と $C(c)$ についてだけ考えた場合，遺伝子型とその分離比はどのようになるか。

（　　　　　　　　）

(4) F_1 がつくる配偶子の遺伝子型を $B(b)$ と $C(c)$ についてだけ考えた場合，遺伝子型とその分離比はどのようになるか。

（　　　　　　　　）

ヒント　組換え価25％では，減数分裂でできる配偶子は，もともと連鎖している遺伝子型：組換えで生じる遺伝子型＝ 3 ： 1 となる。

4章 進化のしくみ

12 □ 集団遺伝と進化

① 突然変異した遺伝子が集団内の多数を占めることで進化が生じる。

② **遺伝子頻度**…**遺伝子プール**（その種の集団がもつ遺伝子の集合全体）における，1つの遺伝子座のアレルの割合。

③ **ハーディ・ワインベルグの法則**…右のような条件を満たした集団は，何代生殖を重ねても遺伝子頻度が変化しない。

➡条件が崩れるときに進化が起こる。

● 遺伝子 A，a について遺伝子頻度が $A \cdots p$，$a \cdots q\ (p+q=1)$ のとき，次世代における遺伝子頻度は，

$$(pA + qa)^2 = p^2AA + 2pqAa + q^2aa$$

より

$$A \cdots p^2 + \frac{1}{2}(2pq) = p^2 + pq = p\underbrace{(p+q)}_{1} = p$$ ←親世代と同じ。

ハーディ・ワインベルグの法則が成り立つ条件

- 集団を構成する個体数は十分に大きい。
- 集団内からの個体の移出・移入がない。
- どの個体も，集団内で自由に交配することができる。
- 突然変異は起こらない。
- どの個体も繁殖・生殖能力は同じである。

④ **遺伝的浮動**…偶然により遺伝子頻度が変化すること。進化の要因の1つ。

⑤ **中立進化**…形質を変化させない程度の塩基配列の変化など分子レベルの変化（**分子進化**）や，繁殖や生存に影響しない程度の形質の変化。おもに遺伝的浮動により集団に広まり起こる。

13 □ 自然選択と適応

自然選択…繁殖や生存に有利な変異をもつ，より環境に**適応**した個体が多くの子孫を残すこと。自然選択により起こる進化➡**適応進化** 例 **工業暗化**，**共進化**

14 □ 種分化

① **種分化**… 1つの種から新しい種が生じること。隔離により起こる。

- **地理的隔離**…生物集団が空間的に分断され，それぞれが独自に進化する。
- **生殖的隔離**…地理的隔離により変異が蓄積した結果，繁殖期や器官の違いで交雑できなくなる ➡ **種分化の確立**

② **大進化**…新しい種や，種よりさらに分類上隔たりの大きい生物群が生じること。

③ **小進化**…種内での変化であり，新しい種の形成に至らないような進化。

基礎の基礎を固める！

(　　)に適語を入れよ。　答➡別冊 *p.5*

13 集団遺伝　O-- 12

① ある種の集団がもつ遺伝子全体を(❶　　　　　　)といい，その中で，ある遺伝子座において特定の対立遺伝子(アレル)をもつ割合を(❷　　　　　　)という。

② (❸　　　　　　　　　)の法則…集団の個体数が十分に大きく，集団内での個体の移出入がなく，自由に交配が行われ，(❹　　　　　)が起こらないなどの条件を満たす集団では，生殖を重ねても遺伝子頻度が変化しない。

14 進化のしくみ　O-- 12, 13

① 進化は，生殖細胞に生じた(❺　　　　　　)が集団内に広まることで起こる。

② 集団内に特定の突然変異が広まるとき，自然選択によって環境に(❻　　　　　)した生物集団になることを(❼　　　　　　)という。

③ 生存などに有利でも不利でもない変異が集団に広がり起こる進化を(❽　　　　　)といい，❽はおもに(❾　　　　　　)により起こる。

15 さまざまな適応進化　O-- 13

① (❿　　　　　)…イギリスにおいて工業化の進行とともにオオシモフリエダシャクの明色型よりも暗色型の個体の方がその割合を増加させた現象。

② (⓫　　　　　)…異なる生物種どうしが，生存や繁殖に影響を及ぼし合いながら互いの形質を適応進化させる現象。

③ (⓬　　　　　)…生存にやや不利な形質であっても，配偶行動において異性に選択され，形質が子孫に伝わること。

16 隔離と種分化　O-- 14

① 1つの種から新たな種が生じることを(⓭　　　　　　)といい，隔離により起こる。

② (⓮　　　　)的隔離…地殻変動などにより，もともと1つであった生物集団が別の地域に分かれること。

③ (⓯　　　　)的隔離…⓮的隔離の結果，変異が蓄積し，生殖時期の変化や，生殖器官の構造の変化などが原因で，互いに交配できなくなること。

④ 新しい種の誕生や，種よりもさらに分類上の隔たりの大きい生物群が生じる進化を(⓰　　　　　　)，新しい種の形成に至らないような進化を(⓱　　　　　　)という。

テストによく出る問題を解こう！

答➡別冊 p.5

17 ［ハーディ・ワインベルグの法則］ テスト

ある集団の遺伝子頻度について，次の各問いに答えよ。

耳あかにはウエット型とドライ型がある。ドライ型が潜性形質で，この形質は１対の遺伝子(A，a)によって支配される。ある離島で耳あかの検査をしたところ，ドライ型の人口が25％存在した。この離島の人口は１万人で，ハーディ・ワインベルグの法則が成立する生物集団である。

⑴　次の**ア**〜**オ**はこの集団の条件について示したものである。ハーディ・ワインベルグの法則が成立する条件でないものを１つ選べ。（　　　）

ア　個体数は十分に大きく，この集団への移入・移出は起こらない。

イ　この遺伝子 A，a に関して突然変異は起こらない。

ウ　結婚は耳あかの条件には無関係にされる。

エ　耳あかのタイプは生存率には関係がない。

オ　この島では人口がこの200年間，ほぼ一定している。

⑵　この集団でハーディ・ワインベルグの法則が成り立つ場合，A の頻度を p，a の頻度を q，$p+q=1$ とすると，遺伝子型 AA，Aa，aa の割合はそれぞれどのように表せるか。

AA（　　　）　Aa（　　　）　aa（　　　）

⑶　この離島の集団に⑵をあてはめると，遺伝子の頻度はそれぞれ何％と考えられるか。

A（　　　）　a（　　　）

⑷　⑶の割合をもとに，次代での遺伝子の割合がおよそ何対何になると考えられるか答えよ。　$A:a=$（　　　）

ヒント ⑷ ハーディ・ワインベルグの法則があてはまるなら世代ごとに遺伝子頻度は変わらない。

18 ［進化のしくみ］

生物の進化のしくみについて，下の各問いに答えよ。

⑴　次の①〜④は，あとの語群のどの用語を説明したものか。それぞれ選べ。

①　複数種の生物が互いの進化に影響を受けながら進化すること。

②　偶然に集団内の遺伝子頻度に変化が生じること。

③　進化のうち，新たな種が誕生する以上の大きな変化のこと。

④　繁殖や生存に有利な変異をもち，より環境に適応した個体が，多くの子孫を残すこと。

〔語群〕　遺伝子プール　遺伝的浮動　アレル　自然選択
共進化　大進化　小進化

①（　　　）　②（　　　）
③（　　　）　④（　　　）

⑵　⑴④の例として適当ではないものをすべて選び，記号で答えよ。（　　　）

ア　性選択　**イ**　地理的隔離　**ウ**　擬態　**エ**　中立進化

19 [生物の進化]

生物の進化に関する次の文を読み，あとの各問いに答えよ。

(　①　)選択による進化の１つとして，オオシモフリエダシャクというガのなかまに生じた $_a$工業暗化という現象が知られている。オオシモフリエダシャクには，白っぽい明色型(野生型)と，体色に関する遺伝子の $_b$突然変異で生じた黒っぽい暗色型がある。

オオシモフリエダシャクの生息する地域の林では，木の幹に白色の地衣類が生えており，明色型のオオシモフリエダシャクが多く見られ，暗色型の個体はあまり見られなかった。しかし，産業革命が都市部を中心に進行すると，大気汚染の影響で，都市に近い林では木の幹が黒ずんだ。その結果，その地域では，$_c$明色型は数を減らしたが，暗色型は数を大きく増やすこととなった。この体色の形質を決めるのは１対の(　②　)遺伝子であり，体色を暗色型にする遺伝子が顕性，明色型にする遺伝子が潜性である。したがって，潜性遺伝子を(　③　)接合でもつ個体のみが明色型になる。

(1) 文中の空欄に適当な語句を記せ。①(　　　　)　②(　　　　)　③(　　　　)

(2) 下線部 **a** について，次から正しいものを選び，記号で答えよ。

ア 工業暗化は公害の結果生じたものであり，環境に適応したわけではない。
イ 工業暗化は突然変異によって起こった。
ウ 工業暗化が起こった地域では，体色に関する遺伝子の遺伝子頻度が変化した。
エ 工業暗化の結果，イギリスでは都市部から遠い田園地域でも同様の変化を生じた。

(3) 下線部 **b** について，次から突然変異ではないものを１つ選び，記号で答えよ。

(　　)

ア 遺伝子の塩基配列の欠失　　**イ** 遺伝子以外部分の塩基配列の置換
ウ 染色体の変化による異数体　　**エ** 染色体の変化による転座
オ タンパク質の立体構造の変化　　**カ** タンパク質のアミノ酸配列の変化

(4) 文中の下線部 **c** について，明色型が数を減らしたのはなぜか。捕食者という語を用いて，簡単に説明せよ。

(　　　　　　　　　　　　　　　　)

20 [適応進化におけるさまざまな現象]

次の①～③は適応進化の例である。それぞれ何という現象か。適当な語句を答えよ。

① 花と，その花の蜜を食物とする昆虫の間など，密接にかかわりをもつ種どうしで多く見られる，異なる種の生物どうしが互いの形質に影響を及ぼし合った結果，適応進化が起こる現象。

② ハナカマキリが花とよく似た形態をもち，被食者や捕食者から見つかりにくくなっている現象。

③ クジャクの雄がもつ長い飾り羽は，生存には不利に働くが，雌からは選択されやすくなる。このような，配偶行動において個体間で見られる自然選択。

①(　　　　　　)　②(　　　　　　)　③(　　　　　　)

5章 生物の多様性と分類

15 □ 生物の多様性と共通性

多様性…生殖の方法・発生の様式・からだの構造や生活様式など。
共通性…基本単位は細胞，自己増殖をする，遺伝子の本体はDNA。

16 □ 分類の方法と単位

① **分類の方法**

人為分類…わかりやすい特徴による形式的な分類。
自然分類…生物の類縁関係に基づいた分類。

② **系統分類**…系統（生物の進化の過程）に基づく分類。近年はDNAの塩基配列などの比較により分類される。

③ **分類の単位**　分類の基本単位は種（しゅ）。同種内では**共通の形態的・生理的特徴**をもち，自然状態で交配が可能で**生殖能力をもつ子孫ができる**。

④ **分類段階**　小さい段階から大きい段階に向けて次のように分ける。

種	<	**属**	<	**科**	<	**目**	<	**綱**	<	**門**	<	**界**	<	**ドメイン**
ヒト		ヒト属		ヒト科		霊長目		哺乳綱		脊索動物門		動物界		真核生物

⑤ **種の名称は学名で示す。**ラテン語を用いた命名法で，**リンネ**が提唱。

〔**二名法**〕 属名＋種小名（＋命名者名）で表す。例 ヒト：*Homo sapiens*

17 □ 三ドメイン説

ウーズらが提唱。生物を**細菌**（**バクテリア**），**アーキア**（**古細菌**），**真核生物**の3つに分ける。

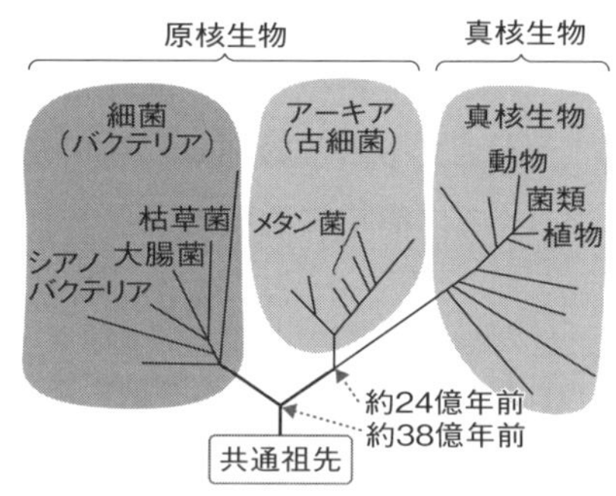

18 □ 分子進化

① **分子進化**…DNAの塩基配列やタンパク質のアミノ酸配列に見られる祖先から子孫への変化。

② **分子系統樹**…同じタンパク質のアミノ酸配列や核酸の塩基配列を比較し，生物の種類ごとに差異の小さいものどうしほど近く樹状に示したもの。

③ **分子時計**…DNAの塩基の置換速度は一定なので，２種類の生物間の異なる塩基の割合から，両者が共通の祖先から分かれた時期を推定できる。

基礎の基礎を固める！

（　　）に適語を入れよ。　答➡別冊 *p.6*

17 生物の多様性と共通性　🔑15

① 生物はからだの構造や生活様式，生殖法と発生様式などにおいて（❶　　　　　）性に富むが，からだの基本単位など多くの面で（❷　　　　　）性が見られる。

② 生物の基本単位は（❸　　　　　）で，遺伝物質として（❹　　　　　）を含む。

③ 生物の❷性に基づくグループ分けを（❺　　　　　）という。

18 分類の方法と単位　🔑16

① 分類の基本単位は（❻　　　　　）である。同種間では生殖能力をもつ子孫ができる。

② 生物を分類するとき，わかりやすい特徴による形式的な分類を（❼　　　　　）といい，生物の類縁関係に基づく分類を（❽　　　　　）という。

③ （❾　　　　　）…生物の進化の過程。これを樹形図で表したものを（❿　　　　　）という。生物の進化の過程に基づく分類を（⓫　　　　　）といい，DNAの塩基配列などによる分子データをもとにつくられた❿を（⓬　　　　　）という。

④ 分類段階は，大きい方から順に（⓭　　　　　），（⓮　　　　　），門，綱，目，科，（⓯　　　　　），種と分類される。

⑤ （⓰　　　　　）は比較的新しい概念で，生物界を大きく細菌(バクテリア)，（⓱　　　　　）(古細菌)，（⓲　　　　　）の3つに分ける。

19 生物の命名法　🔑16

① （⓳　　　　　）…ラテン語でつけられる世界共通の生物名。リンネが確立した。

② リンネは，生物の種名を（⓴　　　　　）名＋（㉑　　　　　）名(＋命名者名)で示す方法を提唱した。これを（㉒　　　　　）という。

20 三ドメイン説　🔑17

ウーズらは，リボソームRNAの塩基配列の研究から，生物を**細菌(バクテリア)**・**アーキア(古細菌)**・**真核生物**の3つの（㉓　　　　　）に分ける方法を提唱した。

21 分子進化　🔑18

進化によってDNAの塩基配列やタンパク質のアミノ酸配列に見られる変化を（㉔　　　　　）という。

テストによく出る問題を解こう！

答➡別冊 *p.6*

21 ［生物の多様性と共通性］

生物の多様性と共通性に関する次の文を読み，文中の①，②の空欄に適当な語句を記せ。

生物には，生殖の方法や発生の様式，からだの構造や生活様式などにおいて多様性が見られる。一方で，からだの基本単位は（ ① ）である，自己増殖をする，遺伝子の本体は（ ② ）であるといった共通性も見られる。

①（　　　　）　②（　　　　）

22 ［生物の分類］ 必修

生物の分類に関する次の各問いに答えよ。

(1) わかりやすい特徴による便宜的で形式的な分類を人為分類とよぶのに対し，生物の類縁関係に基づいた分類法を何分類というか。（　　　　）

(2) 生物の進化に基づく類縁関係を何というか。（　　　　）

(3) (2)を樹木の樹形に似た形で描いたものを何というか。（　　　　）

(4) (3)をアミノ酸配列やDNAの塩基配列を比較して示したものを何というか。

（　　　　）

23 ［分類の単位と段階］ 必修

生物を分類する単位に関する次の文を読み，下の各問いに答えよ。

生物分類上の基本単位は $_a$<u>種</u>である。近縁の種どうしをまとめた単位を（ ① ），さらに，よく似た①どうしをまとめたものを（ ② ）という。このようにして $_b$<u>8つの分類段階</u>が設けられている。この分類法は $_c$<u>「分類学の父」とよばれる18世紀の博物学者</u>によって確立された。

(1) 文中の①，②の空欄に適当な語句を記せ。

①（　　　　）　②（　　　　）

(2) 文中の下線部 **a** の種について，生殖能力の面から説明せよ。

（　　　　　　　　　　　　　　　　）

(3) 文中の下線部 **b** の分類段階のうち上位から２番目の段階は何か。漢字１字で答えよ。

（　　　　）

(4) 下線部 **b** の８つの段階のほかにも必要に応じて中間の分類段階が設けられることがある。同種の生物どうしを，生息地域や性質，特徴が異なるいくつかのグループに分けることができる場合，何という分類段階になるか。（　　　　）

(5) 文中の下線部 **c** の博物学者の名を答えよ。（　　　　）

24 ［命名法］ 必修

次に示した3種類の植物の学名に関する下の各問いに答えよ。

Prunus mume（ウメ） *Prunus persica*（モモ） *Prunus jamasakura*（ヤマザクラ）

(1) このような学名の表記法を何というか。 （　　　）

(2) 3種類の植物の学名の前半部分 *Prunus* はサクラを示す言葉である。これは，ウメ・モモ・ヤマザクラに共通する何を示したものか。 （　　　）

(3) 各学名の後半部分 *mume*，*persica*，*jamasakura* は何とよばれるか。（　　　）

25 ［三ドメイン説］ 必修

近年，分子レベルの研究が進み，生物は界よりさらに上位の分類群である3つのドメインに分類されるようになった。次の各問いに答えよ。

(1) リボソームRNAの塩基配列の解析結果からこの三ドメイン説を提唱したのは誰か。 （　　　）

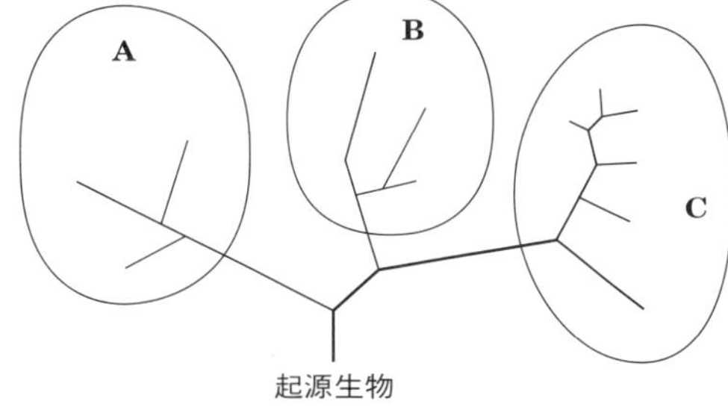

(2) 図中の**A**～**C**の各ドメインの名称をそれぞれ次から選べ。ただし，植物は**C**に分類される。

A（　　　） **B**（　　　）
C（　　　）

ア 細菌　　**イ** 真核生物　　**ウ** アーキア

(3) 三ドメイン説では，次の生物はそれぞれ**A**～**C**のどのドメインに属するか。

① ユレモ（　　　） ② スズメ（　　　） ③ シイタケ（　　　）
④ 大腸菌（　　　） ⑤ メタン菌（　　　）

ヒント 真核生物は，細菌よりもアーキアに近縁である。

26 ［分子進化］ テスト

右の表は4種類の動物についてヘモグロビンα鎖のアミノ酸配列の違いを示したものである。これをもとに次の各問いに答えよ。

ヒト	0			
イヌ	23	0		
イモリ	62	65	0	
コイ	68	67	74	0
	ヒト	イヌ	イモリ	コイ

(1) 表のすべての動物が共通の祖先から進化した場合，最初に分かれたと考えられる動物はどれか。 （　　　）

(2) 化石の研究から，ヒトとイヌは約1億年前に分岐したと考えられる。このことからヒトとコイは約何億年前に分岐したと考えられるか。 **約**（　　　）**億年前**

ヒント (1)(2) アミノ酸配列の違いの数は，比較する2種が共通の祖先から分岐してからの時間に比例する。

6章 生物の分類と系統

19 □原核生物─細菌ドメイン・アーキアドメイン

- 細菌（バクテリア）ドメイン…細胞膜はエステル脂質，細胞壁はペプチドグリカン。←炭水化物とタンパク質の複合体
  - 従属栄養：呼吸をする…大腸菌，コレラ菌　発酵をする…乳酸菌
  - 独立栄養
    - **光合成細菌**（バクテリオクロロフィル）…緑色硫黄細菌
    - **シアノバクテリア**（クロロフィル a）…ネンジュモ
    - **化学合成細菌**…硫黄細菌，硝酸菌
- アーキア（古細菌）ドメイン…細胞膜はエーテル脂質，細胞壁は薄くペプチドグリカンをもたない。 例 メタン菌

20 □真核生物ドメイン

① **原生生物**…真核生物の単細胞生物，あるいは多細胞でもそのからだの構造が簡単なもの。

分類		特徴	例
原生動物		単細胞の真核生物で細胞口・食胞・収縮胞・繊毛など特殊な細胞小器官が発達。	アメーバ，トリパノソーマ
藻類	単細胞藻類	ケイ藻類・ミドリムシ類・渦鞭毛藻類（うずべんもう）（ツノモなど）	
	紅藻類	クロロフィル a，フコエリトリンなど。	アサクサノリ
	褐藻類	クロロフィル a と c，フィコキサンチンなど。	ワカメ
	緑藻類	クロロフィル a と b，キサントフィル類など。	アオサ
	シャジクモ類	クロロフィル a と b。造卵器様の雌性生殖器官	フラスコモ
粘菌類	変形菌	生活史：胞子→単細胞生活（仮足で動く）→集合して1個体となる→**子実体**を形成，胞子をつくる。	ムラサキホコリ
	細胞性粘菌		キイロタマホコリカビ

② **菌類**…からだは糸状の**菌糸**が集まって形成されており**胞子**で増える。**従属栄養**で消化酵素を体外に分泌して体外で有機物を分解する。

分類	特徴	例
接合菌類	子実体なし。菌糸の接合で生殖…**接合胞子**	クモノスカビ
子（し）のう菌類	子実体の中に袋状の**子のう**をつくる…**子のう胞子**	アカパンカビ
担子菌類	キノコ状の子実体に**担子器**…**担子胞子**	マツタケ，シイタケ

③ 植物

分類名	特徴	例
コケ植物	**胞子**によって繁殖する。 根・茎・葉の区別がない。 **維管束**をもたない。	スギゴケ, ゼニゴケ
シダ植物	**胞子**によって繁殖する。 根・茎・葉の区別がある。 発達した**維管束**をもつ。	マツバラン, ヒカゲノカズラ, ワラビ
種子植物	種子によって繁殖する。 根・茎・葉の区別がある。 発達した維管束をもつ。 裸子植物,被子植物。	サクラ, ミズナラ, スギ, イチョウ

裸子植物…子房がなく胚珠は裸出している。
例 イチョウ・ソテツ(精子が受精),マツ(精細胞が受精)
被子植物…**胚珠は子房で包まれている**。**重複受精**($2n$ の受精卵と $3n$ の胚乳)
単子葉類(例 イネ・ススキ),**双子葉類**(例 ダイズ・キク)

④ 動物

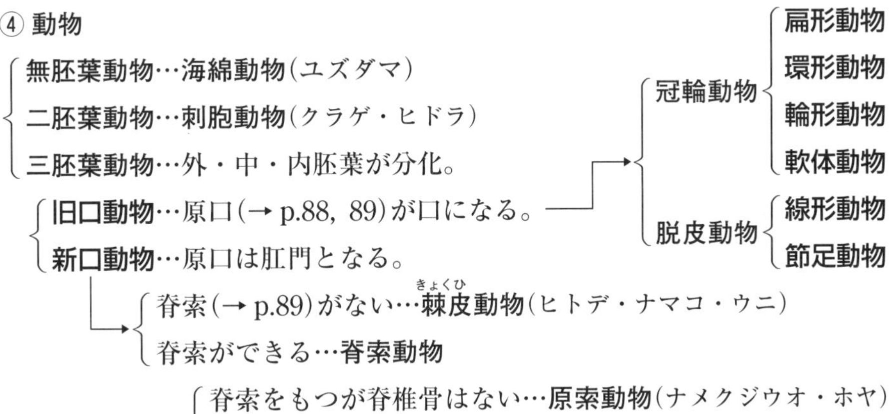

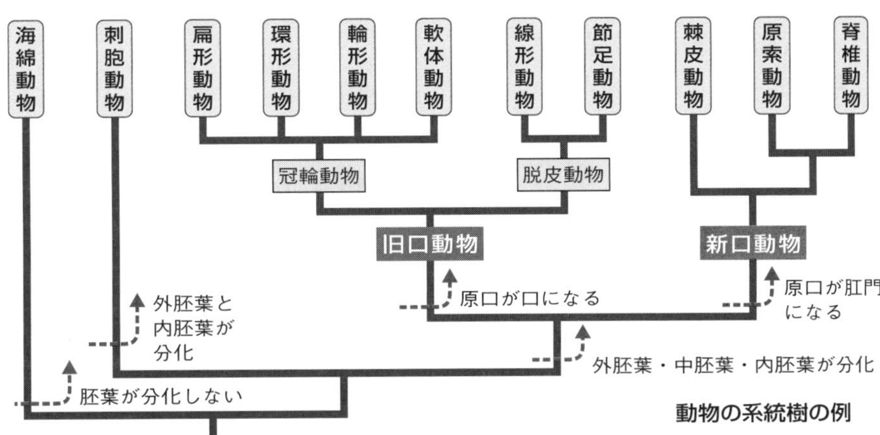

動物の系統樹の例

基礎の基礎を固める！

（　）に適語を入れよ。　答➡別冊 *p.7*

22 原核生物・原生生物・菌類　🔑19, 20

① **原核生物**…原核生物は，生命進化の初期に（❶　　　　）と（❷　　　　）に分かれた。❶には，従属栄養の大腸菌やコレラ菌，独立栄養の（❸　　　　）細菌（バクテリオクロロフィルをもつ），化学合成細菌，シアノバクテリア（クロロフィルaをもつ）などがある。また，❷には，メタン生成菌（メタン菌）などがある。

② **原生生物**…（❹　　　　）細胞からなる生物のうち，単細胞のものあるいは多細胞でも，そのからだの構造が簡単なもの。原生動物・藻類・粘菌類など。

③ **菌類**…からだは糸状の（❺　　　　）ででき，従属栄養で（❻　　　　）で有機物を分解する。生殖細胞の（❼　　　　）は，無性的に生じるものと❺どうしの接合を伴う有性生殖でできるものがある。

23 植物　🔑20

● すべて**独立栄養**の陸上植物で，葉緑体をもち光合成を行う。

- （❽　　　　）**植物**…単純な体制をしている。例 スギゴケ，ゼニゴケ
- （❾　　　　）**植物**…根・茎・葉の区別がある。
  - （❿　　　　）**植物**…胞子生殖をする。例 ヒカゲノカズラ，マツバラン
  - **種子植物**…種子で増える。
    - （⓫　　　　）**植物**…胚珠が裸出している。例 イチョウ，スギ，ソテツ
    - （⓬　　　　）**植物**…胚珠が子房壁で囲まれており，重複受精を行う。
      - （⓭　　　　）**類**…網状脈・主根と側根。例 サクラ，バラ
      - （⓮　　　　）**類**…平行脈・ひげ根。例 ススキ，チューリップ

24 動物　🔑20

● すべて**従属栄養**の多細胞生物。

- （⓯　　　　）**動物**…胚葉を形成しない無胚葉動物。カイメンのなかま
- （⓰　　　　）**動物**…中胚葉のできない二胚葉動物。クラゲ，イソギンチャクのなかま
- 三胚葉動物
  - （⓱　　　　）**動物**…原口が口になる。
    - **脱皮動物**→（⓲　　　　）**動物と線形動物**
    - **冠輪動物**→（⓳　　　　）**動物，輪形動物，環形動物，扁形動物**
  - （⓴　　　　）**動物**…原口が肛門になり，その反対側に口ができる。
    - **脊索がない**→（㉑　　　　）**動物** 例 ウニ，ヒトデ
    - **脊索ができる**→**原索動物**・（㉒　　　　）**動物**

テストによく出る問題を解こう！

答➡別冊 p.7

27 ［原核生物］ 必修

原核生物は，地球上ではじめに出現した生物と考えられている。原核生物について次の各問いに答えよ。

(1) 原核生物が真核生物と異なる点を２つ説明せよ。

（　　　　　　　　　　）（　　　　　　　　　　）

(2) 原核生物は，大きく２つの系統に分けられる。次の①，②の特徴をもつ系統をそれぞれ何というか。　①（　　　　）　②（　　　　）

① 細胞壁はペプチドグリカンからなり，セルロースを主成分とする植物とは異なる。

② ほかの生物が生息できない熱水の中や塩類濃度の高い沼や湿地でも生息する。

(3) 次の**ア～オ**の生物を，(2)の①，②のいずれに属するか，分類せよ。

①（　　　　）　②（　　　　）

ア メタン生成菌　**イ** シアノバクテリア　**ウ** 大腸菌

エ 乳酸菌　**オ** 緑色硫黄細菌

(4) (3)の**ア～オ**のなかで，従属栄養のものをすべて選べ。（　　　　）

(5) (3)の**ア～オ**のなかで，光合成をするものをすべて選べ。（　　　　）

ヒント メタン生成菌（メタン菌）は，水素と二酸化炭素からエネルギーを取り出し，そのエネルギーをもとに二酸化炭素から有機物を合成するため，有機物を栄養分として必要としない。

28 ［原生生物の分類］ 必修

原生生物は真核生物のなかで単細胞あるいはからだの構造の簡単な多細胞生物である。原生生物に属する生物群について次の各問いに答えよ。

(1) 細胞壁や葉緑体をもたない単細胞の真核生物を何というか。（　　　　）

(2) 葉緑体をもち光合成を行い，水中で生活する真核生物を何というか。

（　　　　）

(3) 生活史の中で単細胞のアメーバ状の時期を経た後，集合して１個体となり，子実体を形成して胞子をつくる原生生物のグループを１つ答えよ。（　　　　）

(4) 藻類は葉緑体をもち光合成を行う。どの藻類でも共通してもつ光合成色素は何か。

（　　　　）

(5) 次に示す特徴や生物例をもつ藻類を答えよ。

① クロロフィルａとｃをもつ。コンブやワカメが属する。（　　　　）

② クロロフィルａとｂをもつ。アオサやアオノリが属する。（　　　　）

③ クロロフィルａをもつ。テングサやアサクサノリが属する。（　　　　）

29 ［陸上植物の分類］ テスト

下に示した陸上植物に関する各問いに答えよ。

a ゼンマイ　**b** スギゴケ　**c** ソテツ　**d** イネ　**e** スギ
f ダイズ　**g** ゼニゴケ　**h** マツバラン

(1) **a**～**h**の植物を①コケ植物，②シダ植物，③裸子植物，④被子植物に分類せよ。
①(　　　)　②(　　　)　③(　　　)　④(　　　)

(2) 根は仮根で維管束をもたないものを**a**～**h**の記号で答えよ。(　　　)

(3) 胞子をつくり，根・茎・葉の区別があるものを**a**～**h**の記号で答えよ。
(　　　)

(4) 種子をつくるものを**a**～**h**の記号で答えよ。(　　　)

(5) 双子葉類であるものを**a**～**h**の記号で答えよ。(　　　)

(6) 胚珠が子房で囲まれていないものを**a**～**h**の記号で答えよ。(　　　)

(7) 胚珠が子房で囲まれているものを**a**～**h**の記号で答えよ。(　　　)

(8) 受精のときに精子ではなく精細胞が受精するものを**a**～**h**の記号で答えよ。
(　　　)

30 ［コケ植物・シダ植物の生活環］ 難

コケ植物，シダ植物の一生を示した次の図を見て，以下の各問いに答えよ。

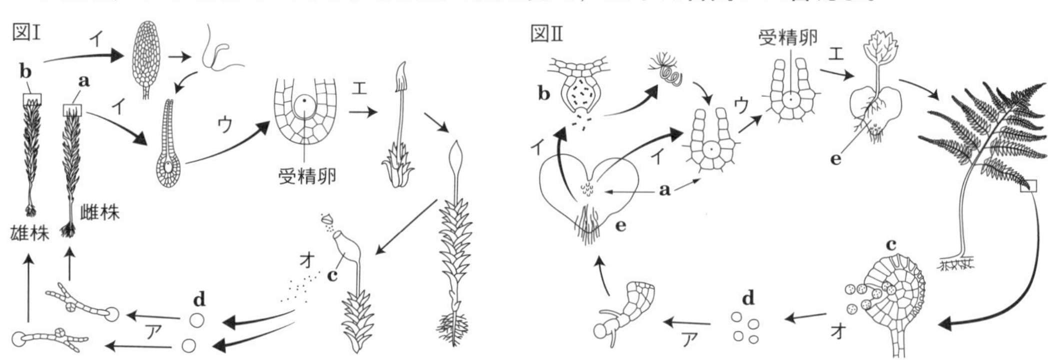

(1) 図Ⅰ，Ⅱはそれぞれコケ植物，シダ植物どちらを示したものか。
Ⅰ(　　　)　Ⅱ(　　　)

(2) コケ植物，シダ植物のうち，維管束をもつものを答えよ。また，根・茎・葉の区別があるものを答えよ。　**維管束**(　　　)　**根・茎・葉の区別**(　　　)

(3) 図中の**a**～**e**の名称をそれぞれ下から選び答えよ。
a(　　　)　**b**(　　　)　**c**(　　　)
d(　　　)　**e**(　　　)

前葉体　造卵器　造精器　精細胞　精子　胞子　胞子のう　胚乳

(4) 図Ⅰ，Ⅱでは減数分裂はそれぞれ**ア**～**オ**のどの段階で行われるか。
Ⅰ(　　　)　Ⅱ(　　　)

31 ［菌類］

(1) 菌類のからだを形成する糸状の構造を何というか。 (　　　　　)

(2) 菌類がつくる生殖細胞を何というか。 (　　　　　)

(3) 次の生物のうち菌類に属するものをすべて選び記号で記せ。

ア アオカビ　**イ** マツタケ　**ウ** スギナ　**エ** マダケ

オ イシクラゲ　**カ** シメジ　**キ** 酵母 (　　　　　)

32 ［動物の系統］ テスト

動物の系統に関する次の各問いに答えよ。

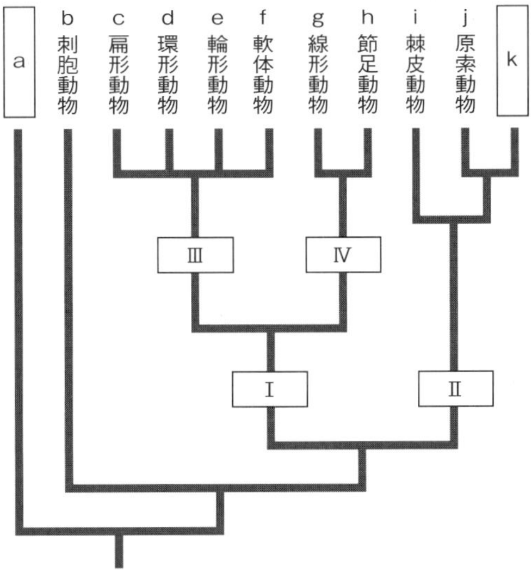

a
b 刺胞動物
c 扁形動物
d 環形動物
e 輪形動物
f 軟体動物
g 線形動物
h 節足動物
i 棘皮動物
j 原索動物
k
Ⅲ
Ⅳ
Ⅰ
Ⅱ

(1) 図中のⅠ，Ⅱは発生の過程で口がどのようにできるかで動物を分けたものである。それぞれ何動物とよばれるか。

Ⅰ (　　　) 動物

Ⅱ (　　　) 動物

(2) 図中のⅢ，Ⅳはそれぞれ何動物とよばれるか。

Ⅲ (　　　) 動物

Ⅳ (　　　) 動物

(3) 図の **a** と **k** のうち，脊椎動物はどちらか。 (　　　　　)

(4) 次の動物はそれぞれ図の **a** ～ **k** のどれに該当するかを答えよ。

① ヒドラ (　　　)　② ミミズ (　　　)　③ プラナリア (　　　)

④ ナメクジウオ (　　　)　⑤ ハマグリ (　　　)　⑥ ウニ (　　　)

⑦ クラゲ (　　　)　⑧ フナ (　　　)

33 ［動物の分類］

次の(1)～(5)の文に適する動物のグループ名(門)をそれぞれ答えよ。

(1) 口は肛門を兼ねていてかご形神経系，排出管として原腎管をもつ。 (　　　　　)

(2) からだは外(がい)とう膜でおおわれ，トロコフォア幼生の時期をもつ。 (　　　　　)

(3) 管状神経系をもち，それを終生脊索で支えている。 (　　　　　)

(4) からだはキチン質の外骨格で包まれ，はしご形神経系をもつ。 (　　　　　)

(5) からだは五放射相称で，水管系が循環系の役割を果たす。 (　　　　　)

7章 人類の系統と進化

21 □ 霊長類の特徴

① 約6500万年前にツパイから進化。

② 樹上生活に適応

平爪でものをつかむのに適した**拇指対向性**。
眼が頭部の前面についている ➡ **立体視**できる範囲が広い。

22 □ 類人猿とヒト

① **類人猿**…テナガザル，オランウータン，ゴリラ，チンパンジー，ボノボの5種。

② **類人猿と比較したヒトの特徴**

脳容積…大きい。

大後頭孔の位置…頭骨の真下。
脊柱…S字状に湾曲。
（以上2つ）頭部を垂直に支える。

骨盤…横に広い。

➡ これらは**直立二足歩行**に適した構造。

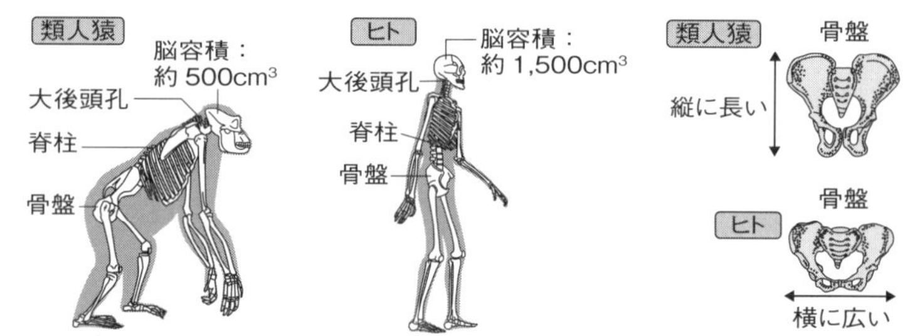

23 □ 人類の出現と変遷

① 約400万年前…アウストラロピテクス類(猿人)
直立二足歩行を行う。脳の容積は現在のヒトの $\frac{1}{3}$ ほど。

② 約250万年前…ホモ・エレクトス(原人)
火を使用していた。脳の容積は現在のヒトの $\frac{2}{3}$ ほど。

③ 約40万年前…ホモ・ネアンデルターレンシス(旧人)
脳の容積は現在のヒトと同じくらい。

④ 約20万年前…ホモ・サピエンス(新人)
現在のヒト。**おとがい**（下あごの先端部分）をもつ。

基礎の基礎を固める！

(　　)に適語を入れよ。　答➡別冊 *p.8*

25 霊長類の特徴　🔑21

① 6500 万年前，(❶　　　　)のような原始的な哺乳類のなかから，森林における(❷　　　　)生活に適応したサルのなかまである(❸　　　　)が出現した。

② 手足に5本の指があり，指の爪は枝などをつかむのに適した(❹　　　　)である。また，親指が小さく，ほかの4本の指と離れて向かい合うようになっている(❺　　　　)という構造を示す。

③ 2つの眼が頭部の(❻　　　　)についているため，立体視できる範囲が(❼　　　　)。

26 類人猿とヒト　🔑22

① 類人猿はテナガザル，(❽　　　　)，ゴリラ，チンパンジー，ボノボの5種である。

② 類人猿とヒトを比較すると次の表のようになる。

	類人猿	ヒト
脳の容積	(❾　　　　)	(❿　　　　)
(⓫　　　　)	斜め後方に開口	頭骨の真下に開口
脊柱	後方へ湾曲	(⓬　　　　)状に湾曲
骨盤	縦に長い	(⓭　　　　)

ヒトのからだの構造は，(⓮　　　　)をするのに適している。

27 人類の出現と変遷　🔑23

① 約400万年前のアウストラロピテクス類は(⓯　　　　)人とよばれ，アフリカ東部から中部・南部にかけてさまざまな種が出現した。(⓰　　　　)歩行を行っていた。

② 約250万年前に出現したホモ・エレクトスは(⓱　　　　)人とよばれ，アフリカ大陸からユーラシア大陸へと広がった。(⓲　　　　)を使用していたと考えられる。

③ 約40万年前に出現したホモ・ネアンデルターレンシスは(⓳　　　　)人とよばれ，脳の容積は現在のヒトと比べて(⓴　　　　)くらいであった。

④ 約20万年前に出現した(㉑　　　　)は新人とよばれ，洞窟に壁画を描いたり，用途別の石器を使用したりしていた。下あごに(㉒　　　　)をもつ。

テストによく出る問題を解こう！

答➡別冊 *p.8*

34 ［霊長類の進化と人類の出現］ テスト

人類の出現と進化に関する各問いに答えよ。

ₐ約2000万年前，初期の霊長類から生じたサルのなかまは，森林の枝の上を移動する真猿類と，枝にぶら下がって移動を行う $_b$類人猿の２系統に分かれた。やがてアフリカ大陸で起こった大規模な造山運動による森林の後退で類人猿のグループから草原に進出するものが現れ，このなかから $_c$背筋を伸ばした姿勢で歩行するものが現れた。

(1) 文中の下線部 **a** は地質時代では何代の何紀に属するか。（　　　　）

(2) 文中の下線部 **b** の類人猿に属する現生の動物名を３種類あげよ。
（　　　　）（　　　　）（　　　　）

(3) (2)は樹上生活に適した特徴をもっている。木の枝をつかむのに適応した手の形態的特徴を２つあげよ。
（　　　　）
（　　　　）

(4) 霊長類は多くが植物食性であるにもかかわらず，動物食性動物のように眼が前方に向かってついている。これは樹上生活をする上でどのように有利と考えられるか。
（　　　　）

(5) 文中の下線部 **c** のような歩行を何というか。（　　　　）

(6) (5)の歩行様式は人類が脳を発達させる上で有利であったと考えられている。どのような点か，２つあげよ。
（　　　　）
（　　　　）

(7) ヒトと類人猿が共通の祖先から分岐した年代として最も適当なものを次から選べ。
50万年前　100万年前　700万年前　1500万年前　（　　　　）**万年前**

35 ［類人猿とヒトの比較］ 必修

次の表は類人猿とヒトを比較したものである。空欄①～⑥に入る適当な語句を答えよ。

	類人猿	ヒト
脳の容積	小さい	（ ① ）
おとがい	なし	（ ② ）
大後頭孔	斜め後方に開口	頭骨の（ ③ ）に開口
骨盤	（ ④ ）に長い	（ ⑤ ）に広い
脊柱	後方へ湾曲	（ ⑥ ）に湾曲

①（　　　　）②（　　　　）③（　　　　）
④（　　　　）⑤（　　　　）⑥（　　　　）

ヒント ヒトのからだの構造は，直立二足歩行をするのに適している。

36 [類人猿と人類の出現]

類人猿と人類の出現に関する各問いに答えよ。

類人猿は約2900万年前に出現した。約400万年前には，アフリカ東部から中部・南部にかけて，(①)が現れた。約250万年前には(②)が現れ，アフリカ大陸からユーラシア大陸へと広がった。約40万年前には(③)が現れ，約20万年前には(④)が現れた。人類は手が自由に使えるようになったとともに，頭蓋骨が脊柱の真上に位置することで，大きな脳を支えることが可能となった。こうした体勢の変化により，高度な知能を発達させることができたと考えられている。

(1) 文中の①～④にあてはまる語句を，次の語群からそれぞれ選べ。

〔語群〕 猿人　旧人　新人　原人

①(　　　) ②(　　　) ③(　　　) ④(　　　)

(2) 文中の下線部について，類人猿として適当なものを次の**ア**～**カ**からすべて選べ。

(　　　　　)

ア ニホンザル　**イ** ゴリラ　**ウ** オランウータン

エ テナガザル　**オ** ボノボ　**カ** マントヒヒ

(3) おとがいをもつのは，次の**ア**～**エ**のうちのどれか。　(　　)

ア ホモ・エレクトス　**イ** ホモ・サピエンス

ウ アウストラロピテクス類　**エ** ホモ・ネアンデルターレンシス

(4) アウストラロピテクス類の脳の容積は，類人猿であるチンパンジーの脳の容積と大きな差はない。しかし，アウストラロピテクス類は類人猿ではなく人類に分類される。その理由を述べよ。

(　　　　　　　　　　　　　　)

37 [人類の進化]

人類の進化に関する次の各問いに答えよ。

(1) すでに絶滅して化石にのみ見られる人類を何というか。　(　　　　　)

(2) 次の**ア**～**エ**の人類を出現した年代の古い順に並べよ。　(　　　　　)

ア アウストラロピテクス類　**イ** ラミダス猿人

ウ ホモ・ネアンデルターレンシス　**エ** ホモ・エレクトス

(3) 「約40万年前に現れ，ヨーロッパや西アジアで化石が見られる。現代人と同等の脳容積をもち，眼の上の突起が大きく，額が傾斜していた。死者を埋葬した痕跡が見つかっている。」この説明にあてはまるのは(2)の**ア**～**エ**のうちどれか。　(　　　　)

入試問題にチャレンジ！

答➡別冊 p.9

1 **次の文中の空欄にあてはまる語句を下の語群から選べ。**

最初の生物は単細胞の原核生物であり，約①□年前に誕生したと推定されている。その生物は②□を通じて生成した海洋中の有機物を吸収して利用する水生の従属栄養生物であり，③□的に有機物を分解してエネルギーを得ていたとされている。このような生物の増加により周囲の有機物が減少したため，硫化水素などの無機物の酸化や太陽エネルギーなどを利用して二酸化炭素を④□して光合成を行う化学合成細菌や光合成細菌が現れた。さらに地球上の限られた場所にしかない硫化水素などではなく水を利用して光合成を行う生物が現れ，この生物の登場によって水中や大気に酸素が放出された。この生物は，約⑤□年前には現れていたと考えられている。また，今から約⑥□年前に核やさまざまな細胞小器官をもつ真核生物が現れたことも化石などから推定されている。真核細胞の細胞小器官であるミトコンドリアや葉緑体は，原始的な細胞に好気性細菌や⑦□が取り込まれた後，⑧□して生じたと考えられている。

〔語群〕 多様性獲得　系統進化　化学進化　絶対　独立　従属
嫌気　好気　酸化　還元　中和　通性　すみわけ　寄生　共生　組換え
シアノバクテリア　ケイ藻　棘皮動物　120億　40億　35億　25億　21億　2億
400万　100万　20万　2000

（関西学院大 改）

2 **過去約4億年にわたる維管束植物の化石の記録について文献を調査し，シダ植物，裸子植物，被子植物が維管束植物全体に占める割合を計算したところ，図のような結果が得られた。以下の各問いに答えよ。**

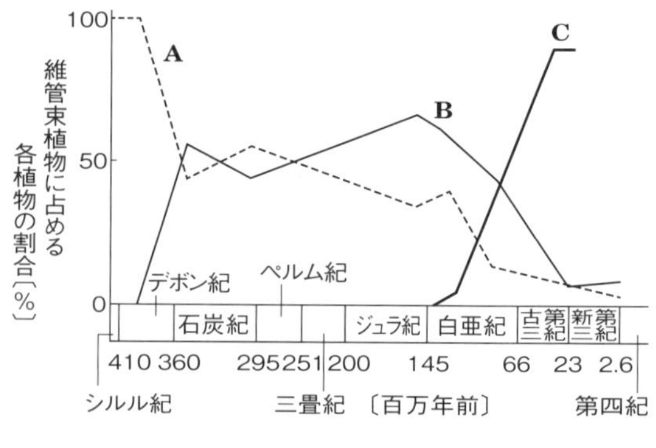

(1) 陸上植物のうち維管束をもたない植物を一般に何というか。

(2) 図のA，B，Cは，それぞれシダ植物，裸子植物，被子植物のどれに相当するか。

(3) 今から約6600万年前，地球規模の環境変化が起こり恐竜やアンモナイトなどの生物が短期間に大量絶滅した。このとき環境がどう変化したのか，図に示された植物の割合の変遷をもとに簡単に述べよ。

(4) 4億年前よりも古い時代に出現した動物の組み合わせとして正しいものはどれか。次の**ア**～**オ**から最も適当なものを選び，記号で答えよ。

ア　三葉虫・アンモナイト・恐竜　　イ　三葉虫・サンゴ・哺乳類
ウ　クラゲ・カイメン・始祖鳥　　エ　サンゴ・二枚貝・魚類
オ　オウムガイ・カイメン・ハ虫類

（金沢大 改）

3 進化論に関する次の文を読み，以下の問いに答えよ。

初期の進化論には①［　　］が著書『動物哲学』に記した②［　　］説がある。しかしこの説は現在の進化論の主流にはなっていない。一方，ダーウィンが著書『③［　　］』において唱えた自然選択説は，その後修正や追加が加えられ現在に受け継がれている。

生物の進化に関与する要因の１つとして突然変異があげられる。突然変異体は集団内のほかの個体と異なる遺伝子構成となる。新たな遺伝子構成が定着して新たな種が形成されるためには，異なる遺伝子構成の生物集団が地理的に④［　　］されることが重要である。しかし地理的なことだけでは不十分で，開花時期の差により交配が妨げられるなどの⑤［　　］的な④も必要である。このようにさまざまな要因が関与して生物が進化すると考えられている。

(1)　文中の空欄①～⑤に，適当な語句を入れよ。

(2)　下線部の理由を句読点を含めて15字以内で述べよ。

（弘前大 改）

4 集団遺伝に関する次の文を読み，下の各問いに答えよ。

進化は，集団における対立遺伝子の頻度の変化と考えることができる。A 集団内に突然変異や①［　　］が起こらず，個体がランダムに交配し，遺伝的流動や遺伝的浮動がなければ，対立遺伝子の頻度は一定で，集団の進化は起きない。ただし多くの集団ではこれらの条件が完全に成り立つことはない。イギリスに生息するオオシモフリエダシャクというガには，翅の白い明色型と黒い暗色型が存在する。この翅色の２型は，１つの遺伝子座の遺伝子型によって決定され，暗色遺伝子 D は明色遺伝子 d に対して顕性で，明色型の遺伝子型は dd，暗色型の遺伝子型は②［　　］または③［　　］である。

B ある集団で暗色型の個体数の割合は64％であった（残りの個体は明色型）。このとき，暗色遺伝子の頻度は④［　　］である。また，集団における遺伝子型 Dd のガの割合は，⑤［　　］％である。

(1)　文中の空欄に適当な語句または数値を入れよ。

(2)　下線部 **A** について，この法則を何というか。

(3)　下線部 **B** について，このガは翅の色によって鳥に捕食される割合が大きく異なることが知られている。捕食の影響を調べるため，この集団のある世代において明色型の個体のみをすべて集団から除いた。次世代における明色遺伝子の頻度を求めよ。

（熊本大）

5 生物の分類と学名に関する次の文を読み，問いに答えよ。

多様に進化した生物の分類の基礎は，リンネ(Carolus Linnaeus)により確立された。学名には［　　］語が用いられ，二名法という方法で命名される。例えば，<u>桜のソメイヨシノは，*Prunus yedoensis* Matsum.(prunus；スモモ，プラム，yedoensis；江戸の)，そしてカバは，*Hippopotamus amphibius* Linnaeus(hippo；馬，potamus；河，amphibius；水陸両生の)である</u>。Matsum. は Matsumura の略で，Matsumura と Linnaeus は命名者名である。

(1) ［　　］に入る最も適当な語句を記せ。

(2) 下線部の *Prunus* や *Hippopotamus* は分類上のどの階層か，記せ。また，*Prunus*，*Hippopotamus* のそれぞれ似たものをまとめて1つ上の階層とすると，それぞれ Rosaceae，Hippopotamidae とされる。これらは，分類上のどの階層か，記せ。

（浜松医大）

6 分子系統樹に関する次の問いに答えよ。

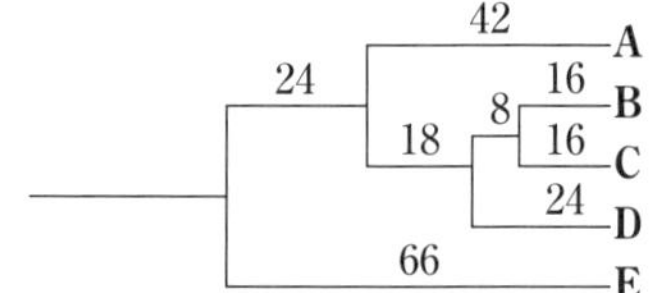

右図は，**A**～**E** の生物種間で，あるタンパク質のアミノ酸配列を比較して作成した分子系統樹である。図に記載されている数字は，ある生物種の分岐後もしくは分岐点間のアミノ酸置換数を示している。生物種 **B** と **C** は約8千万年前に共通の祖先から分岐したことが判明している。一方，図に記載されていない生物種 **F** は，**B** と3億9千万年前に共通の祖先から分岐したことがわかった。これらの情報から，図の分子系統樹に線を加えることによって生物種 **F** を含む分子系統樹を完成させよ。それとともに生物種 **F** のアミノ酸置換数を推測し，分子系統樹上に数字を記せ。なお，アミノ酸1個が置換するのに要する時間はほぼ一定とする。（山口大）

7 次の文を読み，あとの問いに答えよ。

生物の基本単位である細胞は，原核細胞と真核細胞に分けられる。原核細胞は細胞内の構造が単純である。一方，真核細胞は核をはじめ，複雑な細胞小器官をもつ。ホイタッカーは，原核細胞からなる原核生物を含むすべての生物を分類するにあたり，生物は原核生物界，［①］，菌界，動物界，および植物界からなるという，［②］説を提唱した。その後，ウーズ(ウース)らは，遺伝子の塩基配列を比較することで，すべての生物を<u>大きな3つの生物群(ドメイン)</u>に分けることを提案した。

(1) 真核細胞と原核細胞の両方に見られる構造を，次の**ア**～**エ**から2つ選び，記号で答えよ。

ア ゴルジ体　**イ** 細胞膜　**ウ** 中心体　**エ** リボソーム

(2) 原核生物を，次の**ア**～**エ**から2つ選び，記号で答えよ。

ア 酵母　**イ** 根粒菌　**ウ** 細胞性粘菌　**エ** 硝化菌

(3) 文中の①，②にあてはまる用語を，それぞれ記せ。

(4) 葉緑体をもつ生物を，次の**ア～カ**からすべて選び，記号で答えよ。

ア ゾウリムシ　**イ** ネンジュモ　**ウ** マツタケ　**エ** ラッパムシ

オ ワカメ　**カ** ワラビ

(5) 下線部では，原核生物は，**A** 大腸菌やコレラ菌などが含まれる生物群，**B** 好熱菌やメタン生成菌などが含まれる生物群，の２つに分類されている。もう１つの生物群は，真核生物全体からなり，**B** の生物群に系統的に近いと考えられている。**A** と **B** の生物群の名称を，それぞれ記せ。

（山形大）

8 **次の文を読み，問い(1)，(2)に答えよ。**

陸上植物とよばれるのは，陸上で生活する①［　］植物と②［　］植物，③［　］植物であり，③［　］植物は④［　］がよく発達し，根・茎・葉が分化しており，花という特別な器官が形成される。③［　］植物で胚珠が⑤［　］に包まれているものを⑥［　］植物，むき出しのものを［ **a** ］という。⑥［　］植物は，子葉の数と葉脈から，⑦［　］類と⑧［　］類に大別されている。

(1) 文中の①～⑧に適当な語を入れよ。

(2) **a** の植物を何とよぶか。またその植物を下記のなかから３つ選び，記号で答えよ。

ア ブナ　**イ** スギ　**ウ** ヤマザクラ　**エ** イチョウ

オ アカマツ　**カ** ツバキ　**キ** クスノキ　**ク** アジサイ

ケ ケヤキ　**コ** タブノキ

（三重大）

9 **古生代を代表する生物である①三葉虫と，中生代を代表する生物である②アンモナイトが属する各グループについて，次の各問いに答えよ。**

(1) ①，②のグループとして正しいものを次の **A** ～ **H** から選び，それぞれ記号で答えよ。

A 刺胞動物　**B** 環形動物　**C** 海綿動物　**D** 軟体動物

E 扁形動物　**F** 棘皮動物　**G** 線形動物　**H** 節足動物

(2) これら２つのグループが共通してもつ特徴として正しいものをそれぞれ次の **A** ～ **E** からすべて選び，記号で答えよ。

A 無性生殖を行う。

B 原口が口になる。

C 水中生活する種類も陸上生活する種類もいる。

D 体内には水の通る独特の管があり，そこから体外に多数の細長い管が伸びる。

E 神経は網目状に分布する散在神経系である。

（北海道大 改）

2編 生命現象と物質

1章 細胞の構造と働き

1 □原核細胞

① **原核細胞**は核をもたず，ミトコンドリアや葉緑体などの細胞小器官ももたない。

② からだが原核細胞からなる生物が**原核生物**。系統上，**細菌**（バクテリア）とアーキア（**古細菌**）に分けられる（→ p.26）。

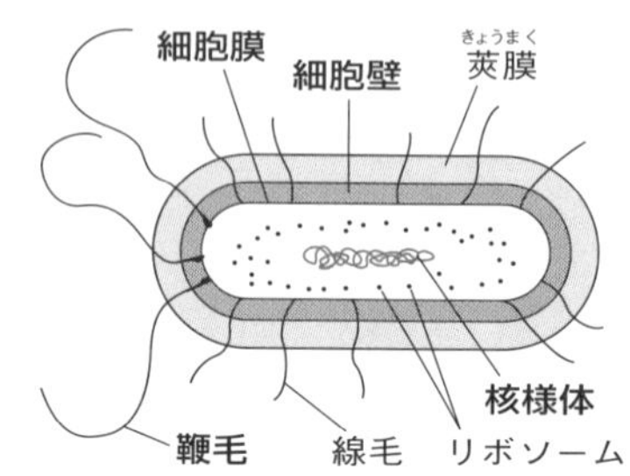

2 □真核細胞とその構造

① **真核細胞**…核膜で包まれた核をもつ細胞。ミトコンドリア・葉緑体などの細胞小器官ももつ。

② からだが真核細胞からなる生物を**真核生物**といい，単細胞と多細胞のものがある。

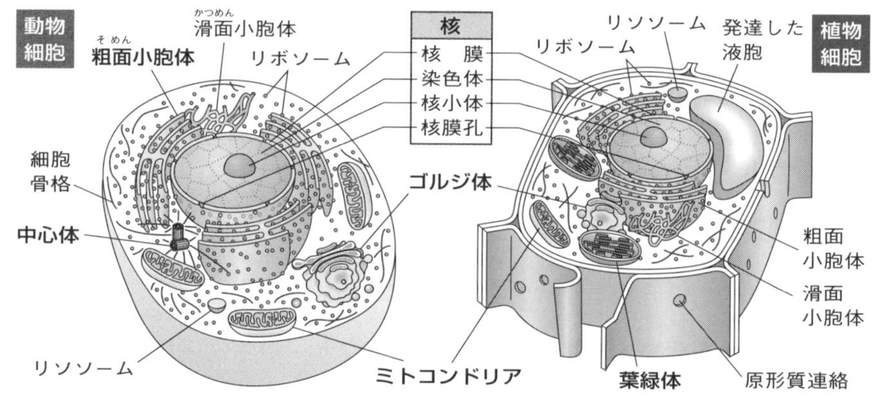

核…二重の膜からなる。内部の染色体は，DNA がタンパク質の一種**ヒストン**に巻き付き，**クロマチン**（染色質）という構造をつくっている。

ミトコンドリア…呼吸を行う。有機物を分解して ATP を得る。

葉緑体…光合成色素を含み，**光合成**で CO_2 と H_2O から有機物を合成。

小胞体…一重の膜からなる扁平な袋状・管状構造。

- 粗面小胞体…**リボソーム**が合成したタンパク質を取り込み輸送。
- 滑面小胞体…リボソームが付着していない。脂質の合成などに関与。

ゴルジ体…小胞を授受して細胞内外の物質輸送に関与。**分泌細胞で発達**。

リソソーム…分解酵素を含む小胞で，細胞内の異物や不要物を分解。**オートファジー**（**自食作用**）にかかわる。

基礎の基礎を固める！

（　）に適語を入れよ。　答➡別冊 *p.11*

1 原核細胞　🔑1

① **原核細胞**は（❶　　　　）をもたず，ミトコンドリアや葉緑体などの**細胞小器官ももたない**。DNA は細胞質の核様体とよばれる部分に偏在し，（❷　　　　）の成分はセルロースとは異なる物質である。

② からだが原核細胞からなる生物を（❸　　　　）という。大腸菌・乳酸菌などの細菌，メタン生成菌などの（❹　　　　）がある。

2 真核細胞　🔑2

① **真核細胞**は核膜で包まれた（❺　　　　）をもち，（❻　　　　）とタンパク質からなる染色体を中にもつ。また，ミトコンドリア・葉緑体などの（❼　　　　）をもつ。

② からだが真核細胞からなる生物を（❽　　　　）といい，**単細胞生物**と多数の細胞からなる**多細胞生物**がある。この生物群は，大きく原生生物，動物，植物，菌類の 4 界(→ p.26)に分けられる。

3 細胞内の構造　🔑2

① **核**は二重の膜からなる。内部に，DNA がヒストンという（❾　　　　）に巻き付いたクロマチン(染色質)が存在する。分裂時にはこれが凝縮して，光学顕微鏡で観察できる（❿　　　　）の構造をつくる。

② **ミトコンドリア**は内外 2 枚の膜からなり，酸素を使って有機物を分解して細胞の活動に必要な（⓫　　　　）をつくる（⓬　　　　）の場である。

③ **葉緑体**は内外 2 枚の膜からなり，クロロフィルなどの光合成色素を含み，無機物である CO_2 と H_2O から有機物をつくる（⓭　　　　）を行う場である。

④ **小胞体**は，核を取り巻くように存在する扁平な膜構造で物質の輸送に関係している。表面に多数のリボソームが付着したものを（⓮　　　　）**小胞体**，リボソームが付着していないものを（⓯　　　　）**小胞体**という。

⑤ **リボソーム**は，mRNA の遺伝情報を翻訳して（⓰　　　　）を合成する場所である。リボソームで合成された物質は粗面小胞体を通って移動し，小胞を介して細胞質中を運ばれる。

⑥ **リソソーム**は，細胞内の不要物を分解する（⓱　　　　）を含む小胞である。

⑦ **ゴルジ体**は，リボソームで合成されたタンパク質を小胞体からの小胞で受け取り，濃縮して再び小胞に包んで出す。分泌細胞で発達。

テストによく出る問題を解こう！

答➡別冊 *p.11*

1 ［細胞の構造］ 必修

右図は，ある細胞を電子顕微鏡で観察したときの構造を模式的に示したものである。次の各問いに答えよ。

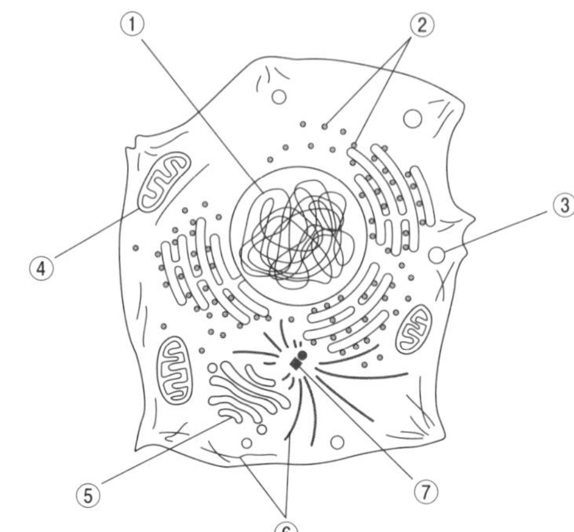

(1) 右図は，動物細胞，植物細胞どちらを示した図か。 （　　　　）

(2) 次の文は，図中で示された各部の働きを説明したものである。それぞれの名称を答えよ。

① DNAとヒストンが結び付いてできたクロマチン(染色質)からなるものである。 （　　　　）

② タンパク質合成の場である。 （　　　　）

③ 細胞内の不要物などを分解する酵素を含んでいる。 （　　　　）

④ 呼吸によってATPを合成する細胞小器官である。 （　　　　）

⑤ 細胞内で合成されたタンパク質を小胞体から受け取って濃縮する場である。 （　　　　）

⑥ 細胞内の構造を支えたり，細胞の形を維持する。 （　　　　）

⑦ 1対の中心小体からなり，細胞分裂の際に紡錘糸の起点となる。 （　　　　）

ヒント ⑥細胞はタンパク質の繊維でできた「骨格」で支えられている。

2 ［原核生物の特徴］

次のア～オのなかから，原核細胞の特徴といえるものをすべて選べ。

（　　　　）

ア 核膜をもたない。

イ DNAはクロマチン(染色質)をつくる。

ウ ミトコンドリアをもつ。

エ クロロフィルをもつものもある。

オ 小胞体をもつ。

ヒント リボソームはすべての生物がもつが，小胞体は真核細胞だけがもつ。

3 ［原核細胞の構造］ テスト

右図は，ある原核生物の細胞を示した図である。次の各問いに答えよ。

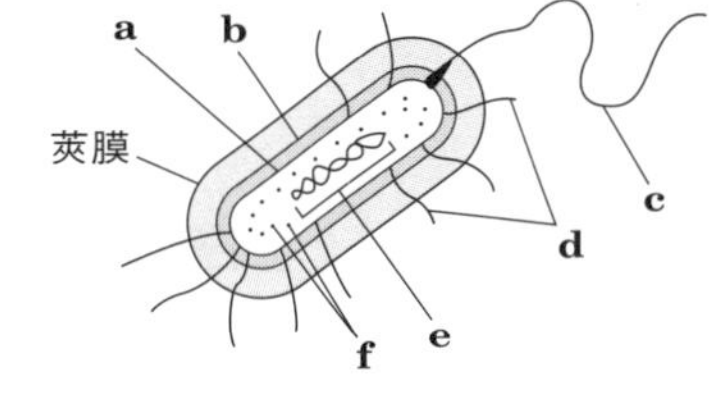

(1) 次の①～④の各文に該当する部分を図中の a～f より選び，名称を下の**ア～オ**から選んでそれぞれ記号で答えよ。

① ペプチドと結合した多糖類よりなり，細胞の形を保つ。 (　　)(　　)

② 運動器官の1つである。 (　　)(　　)

③ タンパク質合成の場である。 (　　)(　　)

④ 遺伝子となる遺伝物質が存在している。 (　　)(　　)

ア 核様体　イ 細胞膜　ウ 細胞壁　エ リボソーム　オ 鞭毛

(2) からだが原核細胞からなる生物を次から2つ選べ。

ワカメ　アメーバ　大腸菌　ミジンコ　アオカビ　ユレモ　ミミズ

(　　　)(　　　)

ヒント 植物細胞の形を保つ細胞壁の成分はセルロースである。

4 ［核の働きと細胞小器官のかかわり］

真核細胞の核の構造と働きについて次の文を読み，問いに答えよ。

真核細胞の核は二重の生体膜でできた①(　　　　)によって囲まれている。核内に存在する染色体は，DNA が②(　　　　)というタンパク質に巻き付いてできたクロマチン(染色質)からなる。A DNA の遺伝情報は核内で mRNA に写し取られ，mRNA は核膜孔を通って細胞質に移動する。この B mRNA にリボソームが付着して遺伝情報が示すタンパク質を合成する。合成されたタンパク質は扁平な袋状の③(　　　　)に入って移動し，小胞に包まれて細胞質に送り出される。小胞は④(　　　　)に取り込まれ，タンパク質は濃縮や加工をされて細胞内で利用されたり細胞外に分泌される。

(1) 文中の①～④の空欄に適当な語句を記せ。

(2) 文中の下線部 A，B の過程をそれぞれ何というか。

A(　　　　)　B(　　　　)

ヒント ④の小器官は動物の粘液やホルモンを分泌する細胞でよく発達している。

5 ［植物細胞の細胞内構造］

植物細胞に関する次の文を読み，空欄に入る適当な語を答えよ。

植物細胞の細胞壁の主成分は①(　　　　)で，植物細胞は細胞壁にあいている②(　　　　)という孔でほかの細胞とつながっている。植物細胞は液胞に細胞内の代謝物や老廃物を蓄えている。この液胞中の液体を③(　　　　)という。

2章 生体膜と細胞骨格

3 □ 生体膜

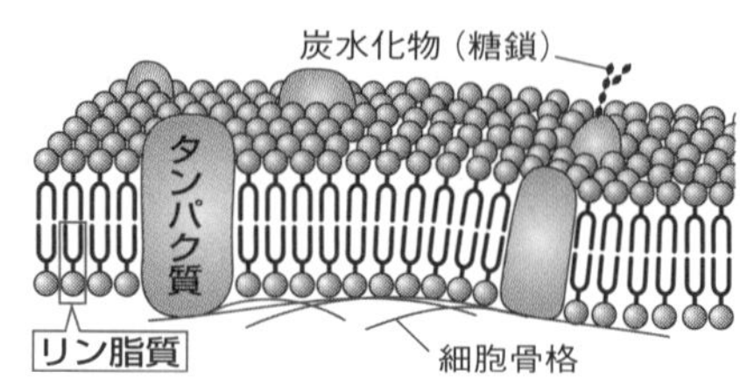

① **膜の構造**…細胞膜や細胞小器官の膜を構成する**生体膜**は，**リン脂質**が向かい合って集まり二重層になっている膜に**タンパク質**分子がはまり込んだ構造。

② **流動モザイクモデル**…個々のリン脂質分子もタンパク質も固定されず，膜の中で比較的自由に動くことができる。

③ **生体膜の働き**…外部から仕切られた独自の代謝系を内部につくる。膜を通して内外の物質輸送を行う。

4 □ 生体膜と物質の出入り

受動輸送…**拡散**による移動。濃度差が均一になるように物質が濃度の高いほうから低いほうに向かって（濃度勾配に従って）移動する。

能動輸送…**ポンプ**とよばれる膜タンパク質がATPのエネルギーを使って濃度勾配に逆らって物質を運ぶ。

5 □ 膜輸送タンパク質と選択的透過性

① **選択的透過性**…物質の種類による膜の透過しやすさの違い。脂質になじみやすい物質や輸送タンパク質に適合した物質は通過しやすい。

② **膜輸送タンパク質**…生体膜上に存在し，それぞれ通す物質が決まっている。

チャネル…開閉して K^+，Na^+ などのイオンの移動を調節する通路。

アクアポリン…チャネルの一種で水を通す。

担体（**輸送体**）…グルコースなどの物質の受動輸送に関与。

ポンプ…**能動輸送**を行う。例 ナトリウムポンプ（Na^+ ➡細胞外へ，K^+ ➡細胞の中へ）

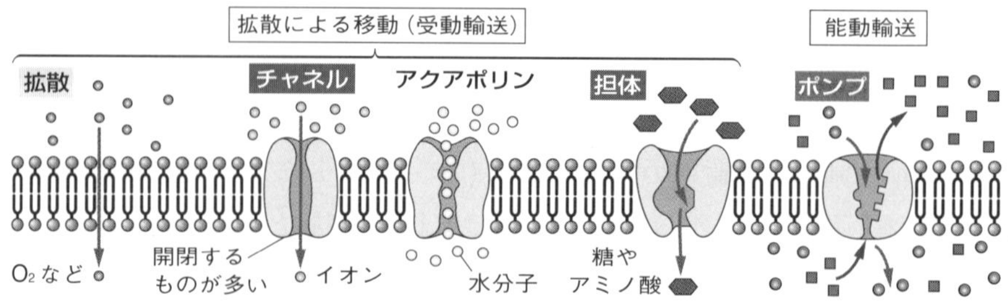

6 □細胞膜の変化を伴う物質の出入り

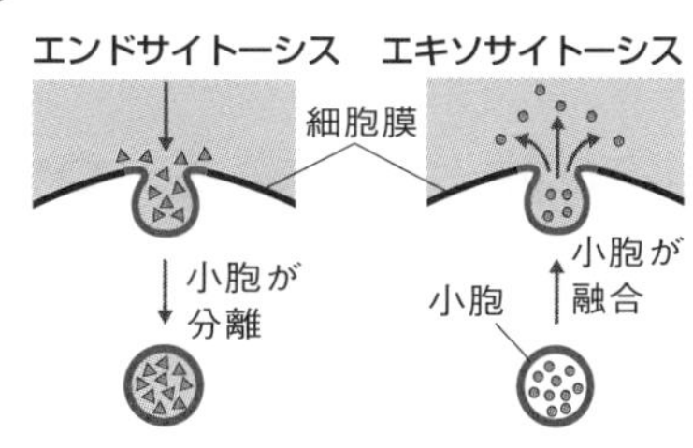

① **エンドサイトーシス**(**飲食作用**)

細胞膜を変形させてイオンや大きな物質などを**取り込む**。

② **エキソサイトーシス**(**開口分泌**)

小胞が細胞膜に融合し，中の物質を**細胞外に放出**する。

7 □細胞骨格

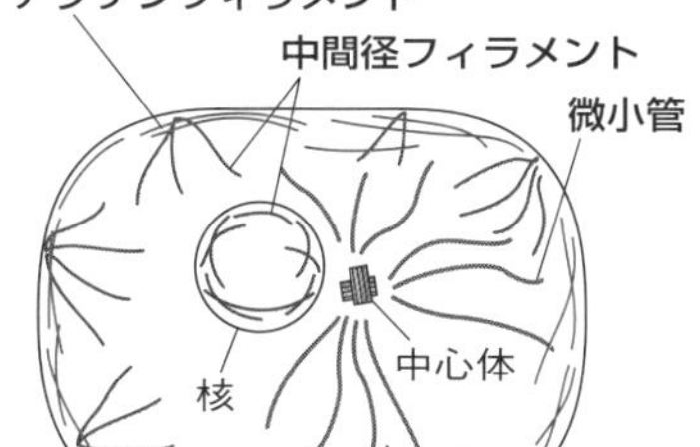

細胞の形や細胞小器官を支えるタンパク質の繊維からなる構造。

① **アクチンフィラメント**…**筋収縮，アメーバ運動，細胞質分裂，細胞質流動**に関係。３種類のなかで最も細い。

② **微小管**…チューブリンとよばれる球状タンパク質が鎖状に結合したもの。**小胞や細胞小器官を輸送する軌道，繊毛や鞭毛の構造**をつくる。３種類のなかで最も太い。

③ **中間径フィラメント**…細胞膜や核膜の内側に張り付いて細胞や核の形を保つ。

8 □細胞接着

カドヘリンなどの接着タンパク質とよばれる膜タンパク質が，細胞どうしまたは細胞とほかの物質を接着。

- **密着結合**…上皮細胞どうしを密着させ，細胞の間に物質が漏れるのを防ぐ。
- **固定結合**…カドヘリンが集中した接着結合やボタン状のタンパク質による接着の**デスモソーム**など。細胞どうしを強固に結合し，接着に働くタンパク質と細胞内部で細胞骨格が結合して細胞の形態を保持。
- **ギャップ結合**…管状の膜タンパク質による結合で，隣り合う細胞間をイオンや糖質，アミノ酸などの低分子が通る通路にもなっている。

9 □情報伝達と受容体

① **受容体**(**レセプター**)…細胞が分泌したホルモンや情報伝達物質を受容するタンパク質。

② **細胞間の情報伝達の方法**…内分泌型，神経型，接触型，傍分泌型がある。

基礎の基礎を固める！

(　　)に適語を入れよ。　答➡別冊 *p.12*

4 生体膜とその構造　3

細胞膜や核，ミトコンドリアなど細胞小器官を構成する膜をまとめて(❶　　　　　)という。これは(❷　　　　　)の二重層からなり，その二重層に(❸　　　　　)分子がはまり込んでいる。その構造は(❹　　　　　)モデルで表される。これらの膜は，外界と細胞内を膜で仕切って独自の代謝系を内部につくり，物質の出入りを調節する。

5 生体膜と物質の出入り　4, 5, 6

① **輸送タンパク質**

(❺　　　　　)…濃度勾配に従う物質の出入り。
イオンを通す(❻　　　　　)，水を通す(❼　　　　　)，
グルコースなどの透過にかかわる**担体**(輸送体)。

(❽　　　　　)…ATPのエネルギーを使って物質を濃度勾配に逆らって運ぶ。
これに働くタンパク質は**ポンプ**とよばれる。

② **膜の変形と融合・分離による物質の出入り**

(❾　　　　　)…細胞膜がへこみ，物質などを包み込み取り入れる。

(❿　　　　　)…小胞が細胞膜に融合し，物質を細胞外に分泌。

6 細胞骨格　7

① (⓫　　　　　)…アメーバ運動や**筋収縮**，**細胞質流動**に関係。

② (⓬　　　　　)…チューブリンとよばれる球状タンパク質が鎖状に結合した細胞骨格で，３種類のうち最も太い。**中心体**や細胞分裂の**紡錘体**，**繊毛**や**鞭毛**をつくる。

③ **中間径フィラメント**…細胞膜や核膜の内部に張り付いて細胞や核の形を維持する。

7 細胞間結合　8

(⓭　　　　　)**結合**…接着タンパク質で上皮細胞どうしを密着させ，組織の細胞の間から物質が漏れるのを防ぐ。

(⓮　　　　　)**結合**…接着タンパク質の(⓯　　　　　)やインテグリンによる接着。ボタン状の構造である(⓰　　　　　)では⓯が強固に結合し，これらが細胞の内側で細胞骨格と結合することで細胞の形態を保持。

(⓱　　　　　)**結合**…管状の輸送タンパク質による結合。低分子な物質の細胞間移動の通り道となる。

テストによく出る問題を解こう！

答➡別冊 p.12

6 ［生体膜］ テスト

右図は生体膜の構造を示したものである。次の各問いに答えよ。

(1) 図中の **a** ～ **c** の各部分に適する名称を下の語群から選び答えよ。

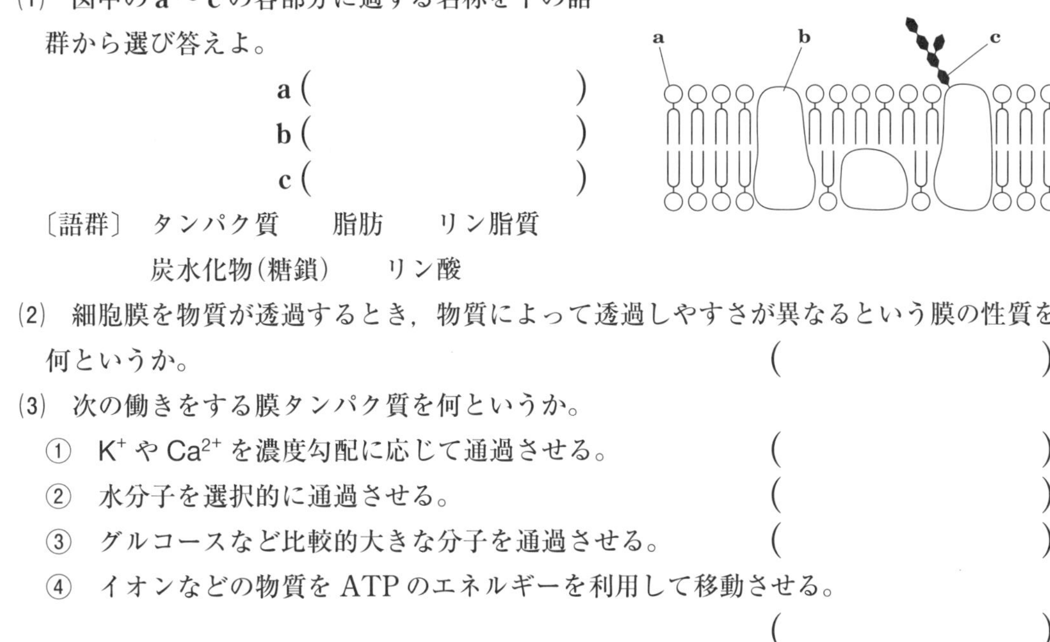

a（　　　　　　　　）
b（　　　　　　　　）
c（　　　　　　　　）

〔語群〕 タンパク質　　脂肪　　リン脂質
炭水化物(糖鎖)　　リン酸

(2) 細胞膜を物質が透過するとき，物質によって透過しやすさが異なるという膜の性質を何というか。 （　　　　　　　）

(3) 次の働きをする膜タンパク質を何というか。

① K^+ や Ca^{2+} を濃度勾配に応じて通過させる。 （　　　　　　　）

② 水分子を選択的に通過させる。 （　　　　　　　）

③ グルコースなど比較的大きな分子を通過させる。 （　　　　　　　）

④ イオンなどの物質を ATP のエネルギーを利用して移動させる。 （　　　　　　　）

ヒント (2) 脂質になじみやすい物質や膜輸送に関係する膜タンパク質に適合した物質を選択して透過させる性質ということができる。

7 ［物質の移動の原則］ 必修

次の文を読み，文中の空欄に適当な語句を記せ。

煙突から排出された煙は，はじめは濃いが，やがて薄くなって見えなくなる。このように物質は濃度の①（　　　　　）ところから②（　　　　　）ところに向かって，濃度勾配に従って移動して，やがて均一な濃度になる。この現象を③（　　　　　）という。

細胞膜などの生体膜を通して物質が移動する場合，原則的には③によって移動する。細胞膜にある膜貫通タンパク質には物質輸送に関係するものがあり，輸送タンパク質とよばれる。イオンや小さい分子などは④（　　　　　　）とよばれる輸送タンパク質の孔を通って細胞膜を透過する。④は透過させる物質によってさまざまなものがあり，水を通すものを特に⑤（　　　　　　）という。④には孔を開閉し物質の透過を調節するものが多い。また，輸送タンパク質の中には⑥（　　　　　）のエネルギーを利用して，濃度勾配に逆らって物質を濃度の低い側から高い側へ輸送する場合がある。このような輸送タンパク質の働きを⑦（　　　　　　）という。

8 ［細胞膜］

細胞膜を構成するリン脂質やタンパク質を透過できない大きな物質を細胞の内外に運ぶしくみとして，Aエンドサイトーシスと Bエキソサイトーシスがある。次の文で示した物質輸送にはそのどちらが関係しているか，A，Bの記号で答えよ。

⑴　ゴルジ体から分離した分泌小胞が細胞膜と融合し，小胞膜は細胞膜の一部になるとともに，内部の物質を細胞外へ放出する。（　　）

⑵　マクロファージが体外から侵入してきた異物を取り込む。（　　）

⑶　植物細胞が細胞膜の外側に細胞壁の成分であるペクチンを運ぶ。（　　）

⑷　細胞内で合成したホルモンを細胞外へ分泌する。（　　）

ヒント「エンド」は「内へ」,「エキソ」は「外へ」という意味の接頭語。

9 ［細胞骨格］

図は，3種類の細胞骨格を模式的に示したものである。次の各問いに答えよ。

⑴　細胞骨格を構成する物質は何か。

（　　　　　　）

⑵　右図のA～Cの細胞骨格の名称をそれぞれ次の**ア**～**ウ**から選び，記号で答えよ。

ア　微小管　　　**イ**　中間径フィラメント

ウ　アクチンフィラメント

A（　　）　B（　　）　C（　　）

⑶　次の文の①～⑧と右下図のa～cに該当する細胞骨格の名称を⑵の**ア**～**ウ**から選び，それぞれ記号で答えよ。

①　中心体を起点に伸長する。（　　）

②　動物細胞の細胞分裂時のくびれに関与する。（　　）

③　繊維状タンパク質を束ねた構造で強度がある。細胞内を網目状に分布し，細胞や核の形を保つのに重要である。（　　）

④　筋収縮やアメーバ運動に重要な働きをする。（　　）

⑤　細胞質流動に関係する。（　　）

⑥　細胞内で小胞などを輸送する軌道（レール）の役割を果たす。（　　）

⑦　細胞分裂のときに見られる紡錘糸を構成する。（　　）

⑧　繊毛や鞭毛にも含まれ，その運動に関与する。（　　）

a（　　）　b（　　）　c（　　）

ヒント ⑶　アクチンフィラメントは細胞の伸展・収縮などの動きを伴う働きに関与する。

10 ［細胞間結合］ 難

多細胞生物では，同じ種類の細胞が互いに認識して膜タンパク質を使って細胞間結合をしている。細胞間の結合を模式的に示した図と文に関する以下の問いに答えよ。

ア　接着タンパク質が細胞膜どうしを小さい分子も通さないほどすき間なく接着する。

イ　隣り合う細胞どうしが接着タンパク質と細胞骨格によって丈夫な結合をつくる。

ウ　中空の膜貫通タンパク質によって隣り合う細胞を結合する。中空の孔の部分を通って無機イオンや糖質などの低分子が隣り合う細胞間を移動する。

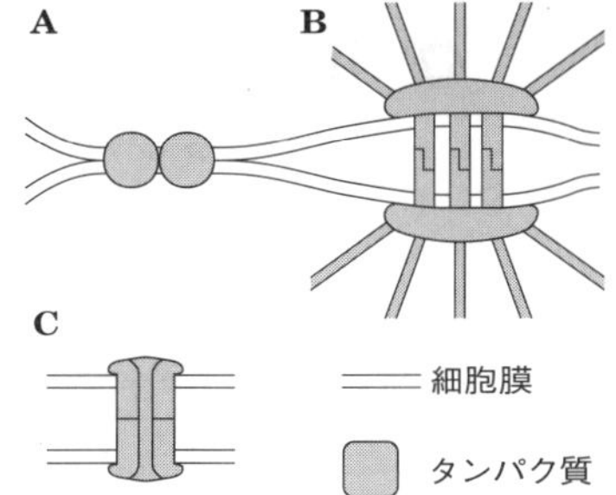

問　次の3種類の細胞間結合について，上の文**ア**～**ウ**と図**A**～**C**からあてはまるものをそれぞれ選び，記号で答えよ。

① ギャップ結合　（　　　）（　　　）

② 密着結合　（　　　）（　　　）

③ 固定結合　（　　　）（　　　）

ヒント　ギャップ結合の「ギャップ」はすき間という意味。密着結合は隣り合う細胞どうしの細胞膜をすき間なく密着させる。固定結合には細胞骨格が関係するデスモソーム結合などがある。

11 ［情報伝達の方法］

次の文を読み，下の各問いに答えよ。

細胞から細胞への情報伝達は，細胞が分泌した情報伝達物質が（ ① ）とよばれるタンパク質と結合することで伝えられる。細胞表面にある①には，情報伝達物質が結合すると特定のイオンを通過させて細胞の興奮などを引き起こす（ ② ）型と，①のタンパク質が活性化して細胞内の化学変化を調節するものがある。

細胞から細胞への情報が伝達される方法には，いくつかの種類がある。例えば，細胞から情報伝達物質が血液中に分泌され，運ばれる（ ③ ）型，神経細胞（ニューロン）のように長い細胞を通じて別の細胞に働きかける（ ④ ）型，分泌された情報伝達物質が局所的にすぐ近くの細胞に作用する傍分泌型，接触した細胞どうしがその細胞表面の情報を提示する（ ⑤ ）型などがある。

(1)　文中の空欄に入る語を次の語群からそれぞれ選べ。

〔語群〕 細胞骨格　アクチン　受容体　接触　神経　イオンチャネル　内分泌

①（　　　）　②（　　　）　③（　　　）

④（　　　）　⑤（　　　）

(2)　次の2つの情報伝達方法は，何型といえるか。(1)の語群からあてはまるものをそれぞれ選べ。

A　インスリンによる情報伝達　（　　　）型

B　樹状細胞からT細胞への情報伝達　（　　　）型

3章 タンパク質

10 □ タンパク質の構造

① **タンパク質**…ペプチド結合によりアミノ酸が多数結合したペプチド鎖（ポリペプチド）からなる高分子化合物。

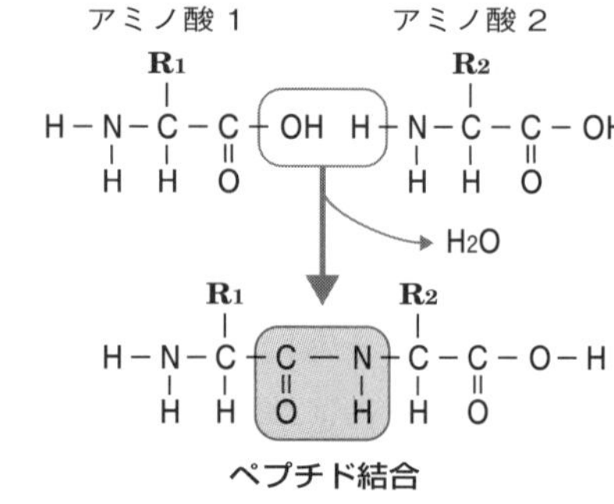

② **アミノ酸**…炭素原子に**アミノ基**（$-NH_2$），**カルボキシ基**（$-COOH$），水素（-H），**側鎖**（-R で表す）が結合した有機化合物。

③ **ペプチド結合**…アミノ酸どうしの結合。一方のアミノ酸のアミノ基と他方のアミノ酸のカルボキシ基から H_2O が1分子とれる。

④ **タンパク質の立体構造**

- **一次構造**… 20種類のアミノ酸の配列順序と数。
- **二次構造**… α ヘリックス（らせん構造）や β シート（ジグザグ構造）。**水素結合**による。
- **三次構造**…ポリペプチド鎖が折りたたまれてできる全体の立体構造。システインの硫黄どうしでS－S結合（**ジスルフィド結合**）することもある。
- **四次構造**…複数のポリペプチド鎖が集合。例 ヘモグロビン

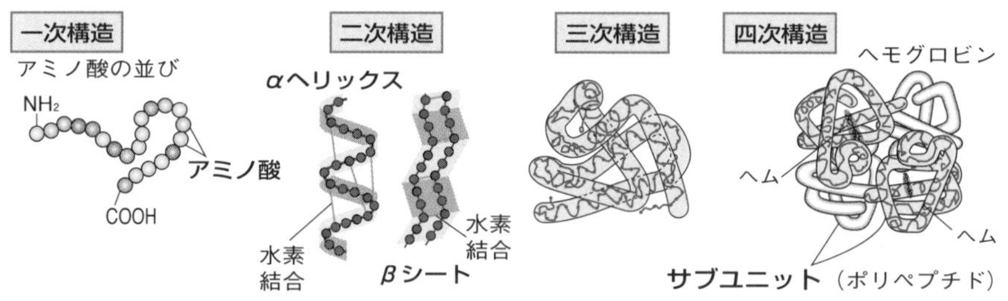

⑤ **変性**…**熱**や**酸・アルカリ**などによって立体構造が壊れることを**変性**といい，変性によりタンパク質の活性が失われることを**失活**という。

⑥ タンパク質は，**酵素**（→ p.54），**膜輸送タンパク質**（→ p.44）・**細胞骨格・細胞接着**（→ p.45），**抗体**（**免疫グロブリン**），**筋収縮**（→ p.118）など生体内のさまざまな働きに関係。

11 □ タンパク質のフォールディング

① **フォールディング**…タンパク質の立体構造が形成される過程。

② **シャペロン**…ポリペプチドのフォールディングを補助するタンパク質。

基礎の基礎を固める！

（　　）に適語を入れよ。　答➡別冊 *p.13*

8 アミノ酸とタンパク質　10

① タンパク質は，多数の(❶　　　　　)が(❷　　　　　)結合してできた高分子化合物である。

② アミノ酸は，炭素原子に(❸　　　　　)基(-NH_2)，(❹　　　　　)基(-COOH)，水素(H)，一般式 R で表される**側鎖**が結合した有機化合物である。タンパク質を構成するアミノ酸は側鎖の異なるものが(❺　　　　　)種類ある。アミノ酸どうしの結合では，アミノ基とカルボキシ基から，(❻　　　　　)が1分子とれる。

9 タンパク質の立体構造　10

① DNAの遺伝情報に従ってアミノ酸が多数結合し，ポリペプチド鎖をつくる。アミノ酸の配列順序・数からなる構造をタンパク質の(❼　　　　　)**構造**という。

② ポリペプチド鎖は，部分的に**α**へリックスや(❽　　　　　)などの立体構造をつくる。これを(❾　　　　　)**構造**という。

③ ポリペプチド鎖は**水素結合**や**S－S結合**(ジスルフィド結合)などによって折りたたまれて，分子全体としての立体構造をもつ。これを(❿　　　　　)**構造**という。

④ 4本のポリペプチド鎖からなる**ヘモグロビン**のように，複数のポリペプチド鎖でできているものもある。この立体構造を(⓫　　　　　)**構造**という。

⑤ 熱や酸・アルカリによってタンパク質の立体構造が壊れることを(⓬　　　　　)といい，タンパク質が⓬して働きを失うことを(⓭　　　　　)という。

10 タンパク質の働き　10

① (⓮　　　　　)…化学反応を触媒する(生体触媒)。細胞の内外で働く。

② **膜輸送タンパク質**
- (⓯　　　　　)，**アクアポリン**，**担体(輸送体)**…**受動輸送**。
- (⓰　　　　　)…**能動輸送**によって物質を輸送。

③ **繊維状タンパク質**は，細胞の構造を維持する(⓱　　　　　)となる。⓱には鞭毛や繊毛，筋繊維を構成するものもある。

④ 体液によって全身に運ばれて働く**抗体**や，ホルモンの多くもタンパク質である。

11 タンパク質のフォールディング　11

タンパク質の立体構造が形成される過程を(⓲　　　　　)といい，この過程を補助するタンパク質を(⓳　　　　　)という。

テストによく出る問題を解こう！

答➡別冊 *p.14*

12 ［アミノ酸とその結合］ 必修

右図は，アミノ酸の一般的な構造を示したものである。次の各問いに答えよ。

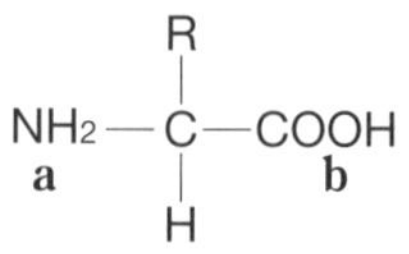

⑴　右図の **a**，**b** で示された部分をそれぞれ何とよぶか。

a（　　　　　　　　）

b（　　　　　　　　）

⑵　タンパク質を構成するアミノ酸は，図中の R で示された部分の異なるものが何種類あるか。（　　　　）

⑶　２分子のアミノ酸が結合するとき，一方のアミノ酸の図の **a** と他方のアミノ酸の図の **b** の部分から生じる物質は何か。（　　　　）

⑷　⑶の結合を何とよぶか。（　　　　）

⑸　⑷の結合をくり返して鎖状にアミノ酸が配列したものを何とよぶか。

（　　　　）

ヒント アミノ酸の配列は，DNA の塩基配列によって決定される。

13 ［タンパク質の構造］ テスト

タンパク質は，多数のアミノ酸が鎖状に結合してできた高分子化合物で，一般に複雑な立体構造をもっている。また，その立体構造がタンパク質の生理活性に重要な働きをしている。次の各問いに答えよ。

⑴　タンパク質の構成成分であるアミノ酸は何種類あるか。（　　　　）

⑵　タンパク質を構成するすべての元素を元素記号で答えよ。

（　　　　）

⑶　数百個のアミノ酸が結合したものを何とよぶか。（　　　　）

⑷　10 個のアミノ酸が結合してできた化合物は，理論上，約何種類できることになるか。下から選べ。

ア　200 種類　　**イ**　10 万 (10^5) 種類　　**ウ**　10 億 (10^9) 種類

エ　10 兆 (10^{13}) 種類　　**オ**　10 京 (10^{17}) 種類　（　　　　）

⑸　生物がつくるタンパク質のアミノ酸配列を決定する物質は何か。（　　　　）

⑹　タンパク質を合成する場となる細胞内構造は何か。（　　　　）

⑺　⑹の構造をもつ生物について，あてはまるものを下から選べ。（　　　　）

ア　真核生物のみ　　**イ**　原核生物のみ

ウ　真核生物と原核生物の両者

ヒント タンパク質はすべての生物が合成する。

14 ［タンパク質の働き］

次の文はタンパク質の働きを説明したものである。それぞれ該当するものを下の語群より選べ。

(1) 体液中に分泌され，ごく微量で標的器官の働きを調節する。（　　　　）
(2) 体液中に分泌され，抗原となる異物と結合し凝集する。（　　　　）
(3) 細胞膜に貫通した状態で存在し，水の透過を調節している。（　　　　）
(4) 細胞膜に貫通した状態で存在し，エネルギーを使ってイオンなどを濃度勾配に逆らって移動させる。（　　　　）
(5) 細胞どうしをつなぐ細胞接着に働くタンパク質の1つである。（　　　　）
(6) 細胞の形態を保持したり，細胞小器官を輸送する軌道になったりする繊維状のタンパク質である。（　　　　）

〔語群〕 ポンプ　　アクアポリン　　抗体　　ホルモン　　細胞骨格　　カドヘリン

ヒント 細胞は繊維状タンパク質が骨格の働きをして，その構造を維持している。

15 ［タンパク質の性質］

タンパク質の性質に関する次の各問いに答えよ。

(1) タンパク質の立体構造をつくるのに重要な働きをする結合を2つ答えよ。
（　　　　）（　　　　）
(2) 熱や酸などでタンパク質の立体構造が変化することを何というか。（　　　　）
(3) タンパク質が熱などによって働かなくなることを何というか。（　　　　）

ヒント ポリペプチドに含まれる水素を介した結合は二次構造を形成するのに重要な働きをし，分子中の硫黄どうしの結合は強くポリペプチド鎖を特定の形に折りたたむのに役立つ。

16 ［タンパク質の立体構造］

次の文を読み，下の各問いに答えよ。

タンパク質の構造には，アミノ酸の配列順序や数からなる①（　　　　）構造，αヘリックスやβシートのような部分的な立体構造をとる②（　　　　）構造，ポリペプチド鎖が折りたたまれて分子全体としての立体構造をもつ③（　　　　）構造，さらに複数のポリペプチド鎖が集合した④（　　　　）構造がある。

ポリペプチドが誤った立体構造をとった際，⑤（　　　　）というタンパク質が働き，誤って折りたたまれたタンパク質を正常なタンパク質へと回復させる。

(1) 文中の①～⑤の空欄に適当な語句を記せ。
(2) タンパク質が特有の立体構造を形成する過程を何というか。
（　　　　）

4章 酵素

12 □ 酵素とは

活性化エネルギーを低下させると，小さいエネルギーで反応が起こる。

① 酵素は，**タンパク質**でできた**触媒**で，活性化エネルギーを減少させて，常温・常圧の生体内で化学反応を速やかに進行させる。

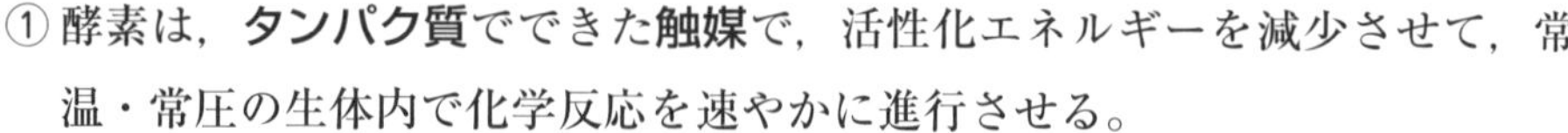

② 酵素自身は反応の前後で変化せず，くり返し反応する。酵素作用を受ける物質を**基質**，反応でできた物質を**生成物**という。

13 □ 酵素の性質

① **基質特異性**…酵素は，複雑な立体構造をもつ特定の部分(**活性部位**)をもち，これと合致する物質(ふつう1種類の酵素は1種類)だけを基質とする。

② **最適温度・最適 pH** …酵素タンパク質の立体構造は，**熱**や**酸**や**アルカリ**で変性して**失活**し，特定の温度や特定の pH で最も活性が高くなる。

③ **基質濃度と反応速度**…基質濃度の上昇に伴って反応速度は大きくなるが，ある濃度に達すると反応速度は一定となる。

基質濃度が一定以上になるとすべての酵素が基質と結合している状態となる。

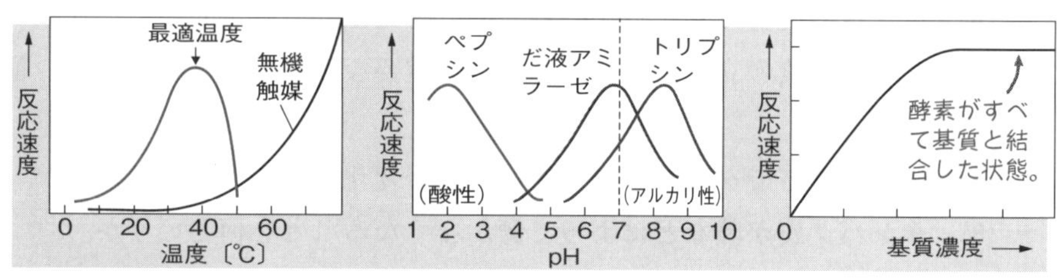

14 □ 補酵素

分離した酵素タンパク質と補酵素を混ぜ合わせると，また働くようになるよ。

① 機能するために特定の低分子有機化合物(**補酵素**)や金属イオンを必要とする酵素もある。

② 多くの補酵素は比較的熱に強い。

③ **透析**…補酵素と酵素タンパク質との結合が弱い場合，半透膜を通して分離することができる。

④ **脱水素酵素の補酵素**…水素の受容体として呼吸や光合成で重要な働きをする。NAD^+，FAD，$NADP^+$ など。

15 □ 酵素反応の調節

① **フィードバック調節**…一連の化学反応の最終産物が，初期反応に関係する酵素作用を調節することによって反応系全体の進行を調節する。

② **アロステリック酵素**…基質以外の物質が活性部位と異なる部位(**アロステリック部位**)で酵素に結合することで酵素の活性が変化する(**非競争的阻害**)。

基礎の基礎を固める！

(　　)に適語を入れよ。　答➡別冊 *p.14*

12 酵素－生体触媒　O 12

① 酵素は，(❶　　　　　　)からなる触媒で，(❷　　　　　　)エネルギーを減少させることで，常温・常圧の生体内で化学反応を速やかに進行させる。

② 酵素作用を受ける物質を(❸　　　　　　)，反応でできた物質を(❹　　　　　　)という。酵素自身は反応の前後で変化せず，くり返し反応する。

13 酵素の性質　O 13

① 酵素は，複雑な立体構造をもつタンパク質からなり，特定の部分が(❺　　　　　　)となっているので，その部分と合致する特定の物質だけが基質となる。このような性質を(❻　　　　　　)という。

② 酵素をつくるタンパク質は，熱や酸やアルカリで立体構造が変性して(❼　　　　　　)する。そのため，酵素反応は特定の温度や特定の pH で最も活性が高くなる。この温度を(❽　　　　　　)，pH を(❾　　　　　　)という。

③ 酵素は，基質と結合して(❿　　　　　　)を形成して反応する。したがって，基質濃度が上昇するとそれに伴って反応速度は(⓫　　　　　　)なるが，すべての酵素が働く基質濃度に達すると反応速度は(⓬　　　　　　)となる。

14 補酵素　O 14

① 酵素のなかには，活性部位に(⓭　　　　　　)とよばれる低分子有機化合物が結合してはじめて酵素活性を示すものもある。

② 補酵素は半透膜を用いた(⓮　　　　　　)によって酵素タンパク質から容易に分離することができ，比較的熱の影響を受け(⓯　　　　　　)い。

15 酵素反応の調節　O 15

① 一連の化学反応の最終産物が，初期反応を触媒する酵素の作用を調節することによって反応系全体の進行を調節する場合を(⓰　　　　　　)調節という。

② ①の調節には，基質以外の特定の物質が活性部位以外の部位に結合すると立体構造が変わり活性に変化が生じる(⓱　　　　　　)酵素がかかわることが多い。

テストによく出る問題を解こう！

答➡別冊 *p.14*

17 ［酵素の性質］ テスト

酵素に関する次の文を読んで，(1)～(6)の問いに答えよ。

酵素は，酸化マンガン(Ⅳ)などの(①)触媒とは異なり，タンパク質を主成分とする(②)触媒であるため，酸化マンガン(Ⅳ)などとは異なるいろいろな特性をもっている。酵素の作用を受ける物質を(③)，酵素反応によってできる物質を(④)というが，酵素は，ふつう，$_a$1種類の酵素は1種類の③としか反応しない性質をもっている。また，酵素の働きは$_b$温度や$_c$pHの影響を受ける。

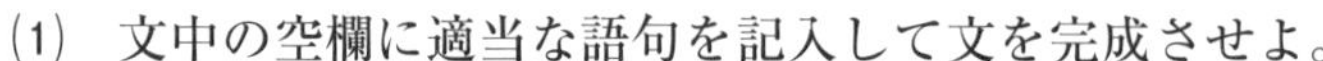

(1) 文中の空欄に適当な語句を記入して文を完成させよ。

①(　　　　)　②(　　　　)
③(　　　　)　④(　　　　)

(2) 文中の下線部**a**のような性質を何というか。(　　　　)

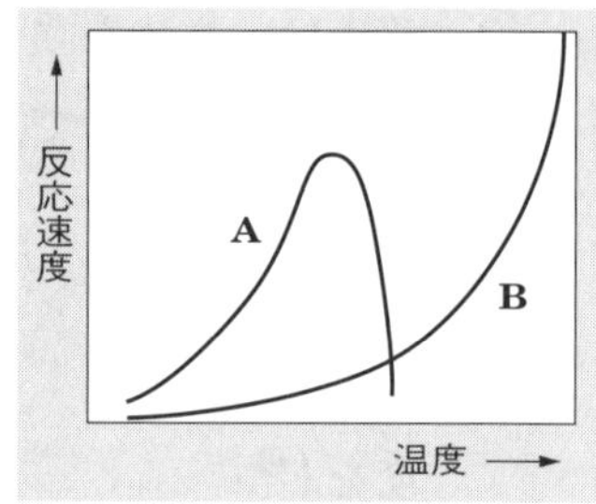

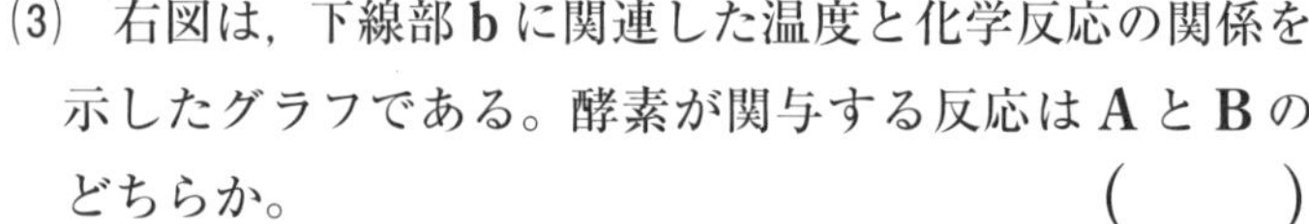

(3) 右図は，下線部**b**に関連した温度と化学反応の関係を示したグラフである。酵素が関与する反応は**A**と**B**のどちらか。(　　)

(4) (3)のようなグラフになるのはなぜか。　**高温では酵素が(　　　　)ため**

(5) 下線部**c**の酵素が最もよく働くpHを何というか。(　　　　)

(6) (5)がほぼ中性(pH7)の酵素を下から選べ。(　　)

ア ペプシン　**イ** トリプシン　**ウ** だ液アミラーゼ

18 ［酵素の反応速度］ 難

図の実線は，酵素濃度を一定にしたときの基質濃度と酵素の反応速度の関係を示したグラフである。次の各問いに答えよ。

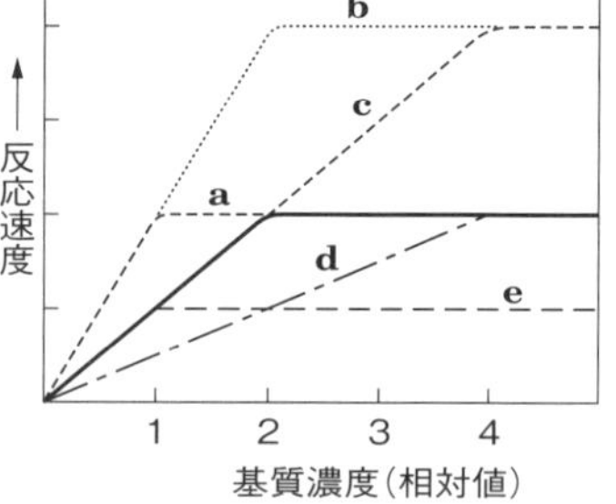

(1) 基質濃度2までは，基質濃度が高くなるに従って反応速度が増加している。この理由として適当なものを下から選べ。(　　)

ア 酵素と基質が出あうまでの時間が減少するから。

イ 酵素が失活するから。

ウ すべての酵素が基質と結合しているから。

(2) 基質濃度が2以上では反応速度が一定となるのはなぜか。(1)の**ア**～**ウ**から選べ。(　　)

(3) 酵素濃度を2倍にしたときのグラフは**a**～**e**のうちどれか。(　　)

ヒント (1)(2) 反応速度は時間あたりの触媒する反応の回数で決まる。基質と結合して生成物を生じるまでの時間は一定なので，次の反応までの基質と結合していない時間が問題となる。

19 ［酵素反応を調べる実験］

試験管に肝臓片を入れ，①～⑤の条件にして酵素反応を調べた。次の各問いに答えよ。

① 肝臓片 1 g ＋蒸留水10mL

② 肝臓片 1 g ＋ 3 %過酸化水素水10mL

③ 煮沸した肝臓片 1 g ＋ 3 %過酸化水素水10mL

④ 肝臓片 1 g ＋ 3 %過酸化水素水10mL ＋10 %塩酸 4 mL

⑤ 肝臓片 1 g ＋ 3 %過酸化水素水20mL

(1) 上記の試験管で気体が発生するものを発生量の多いものから順に 2 つ並べよ。

（　　　　）

(2) (1)の試験管で見られた化学反応を反応式で答えよ。

（　　　　）

(3) 肝臓片に含まれ，(2)の化学反応を触媒した酵素の名称を答えよ。

（　　　　）

(4) 肝臓片に含まれた酵素と同じ働きをする無機触媒の名称を答えよ。

（　　　　）

ヒント 酵素と pH の関係，酵素と基質との関係を考えよう。

20 ［酵素の補助因子の実験］

右図のように，脱水素酵素をセロハン膜で包んで蒸留水に一昼夜浸した。セロハン膜内の液を a，外液を b とした。

① **a** 液のみ　② **b** 液のみ　③ **a** 液＋ **b** 液

④ 煮沸 **a** 液＋ **b** 液　⑤ **a** 液＋煮沸 **b** 液

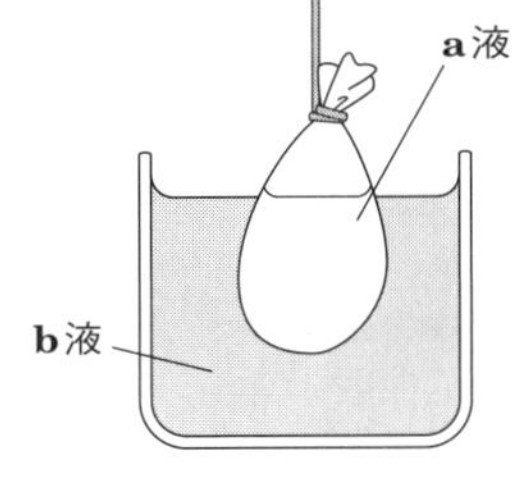

(1) もとの液と同様の酵素反応を示すのは①～⑤のどれか，すべて答えよ。（　　　　）

(2) **a** 液，**b** 液に含まれる物質をそれぞれ何というか。

a 液（　　　　）　**b** 液（　　　　）

21 ［酵素反応の調節］

右図は連続する酵素反応の過程を示したものである。次の各問いに答えよ。

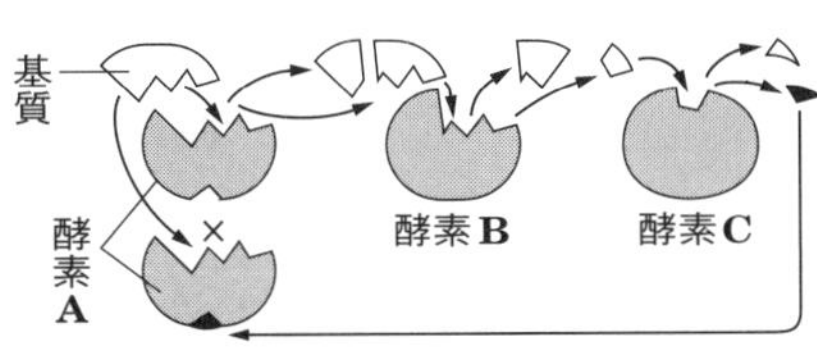

(1) 図のように特定の物質が活性部位以外の箇所に結合することで活性に影響を受ける酵素を何というか。

（　　　　）

(2) このように一連の反応の最終産物が一連の過程の初期反応を止めるような調節のしくみを何というか。（　　　　）

5章 呼吸と発酵

16 □ 代謝とエネルギー

① **代謝**…生体内で起こる化学反応全体。簡単な物質から複雑な物質を合成する**同化**と複雑な物質を簡単な物質に分解する**異化**がある。

② **ATP(アデノシン三リン酸)**…アデニン＋リボース＋3個の**リン酸**。
ATP分子に見られるリン酸どうしの結合➡**高エネルギーリン酸結合**。

③ **酸化還元反応と補酵素**…還元型から酸化型に変わる際に**エネルギー放出**。
(酸化型⇄還元型の順に) 光合成：$NADP^+ \rightleftharpoons NADPH$
呼吸：$NAD^+ \rightleftharpoons NADH$ と $FAD \rightleftharpoons FADH_2$

17 □ 呼吸とは

① **呼吸**…酸素を利用して有機物を CO_2 と H_2O に完全に分解する過程。

② 呼吸は**解糖系**，**クエン酸回路**，**電子伝達系**の3つの過程からなる。

18 □ 解糖系

① **細胞質基質**内での反応。

② グルコースを分解して，2分子の**ピルビン酸**(C_3)と2NADHを生成。

③ 2分子消費，4分子合成，差し引き**2ATP**を生成(基質レベルのリン酸化)。

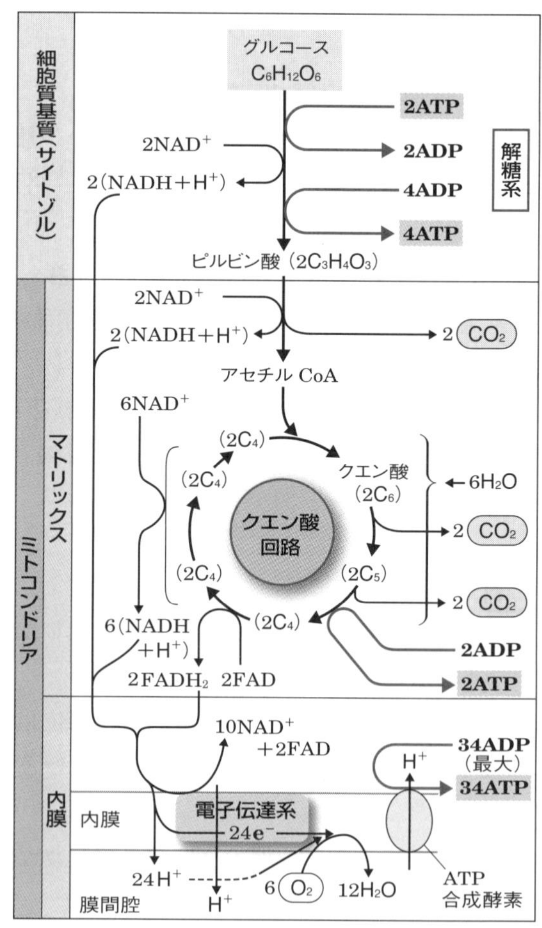

19 □ クエン酸回路

① **マトリックス**での反応。

② 2分子のピルビン酸は**アセチルCoA**に変化した後，回路反応に入って**脱水素**，**脱炭酸**反応をくり返し6分子の**二酸化炭素** CO_2 と**8NADH**，**$2FADH_2$**が生成される。

③ **2ATP**が生成する(基質レベルのリン酸化)。

20 □ 電子伝達系

① **ミトコンドリアの内膜**で起こる反応。

② 解糖系やクエン酸回路で生じたNADHや$FADH_2$がH^+と電子を放出し，内膜の膜タンパク質が電子を受け取り，次々に伝達しながらH^+をマトリックスから膜間にくみ出す。H^+が濃度勾配に従ってATP合成酵素を通過してマトリックスへ移動するときにATPを合成する（**酸化的リン酸化**）。

③ **呼吸全体の反応式**

$$C_6H_{12}O_6+6O_2+6H_2O \longrightarrow 6CO_2+12H_2O+\text{最大}38ATP$$

21 □ いろいろな発酵

① **発酵とは**…酸素を使わずに呼吸基質を分解してエネルギーを取り出す過程。

② 呼吸基質は完全に分解されず，有機物が残る。差し引き**2ATP**を生成。

③ **アルコール発酵**…酵母がグルコースを，**エタノール**とCO_2に分解する。

$$\underset{\text{グルコース}}{C_6H_{12}O_6} \longrightarrow \underset{\text{エタノール}}{2C_2H_5OH} + \underset{\text{二酸化炭素}}{2CO_2} + 2ATP$$

④ **乳酸発酵**…乳酸菌がグルコースを分解して**乳酸**を生成する。

$$C_6H_{12}O_6 \longrightarrow \underset{\text{乳酸}}{2C_3H_6O_3} + 2ATP$$

⑤ **解糖**…筋肉や発芽種子などがグリコーゲンやグルコースを**乳酸**に分解する過程。反応は乳酸発酵と同じ。

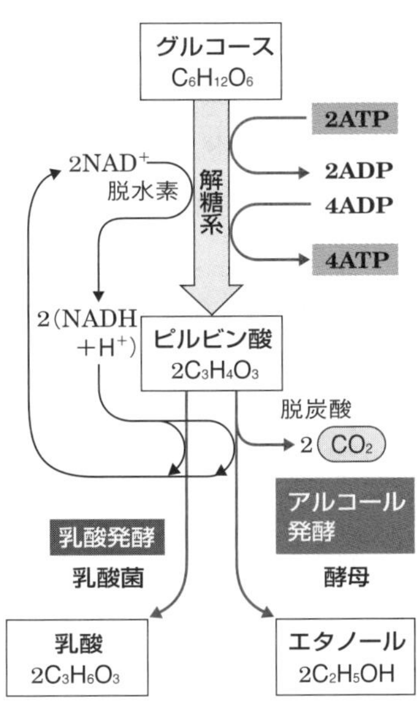

22 □ いろいろな呼吸基質

呼吸によって分解される物質を**呼吸基質**といい，おもに**炭水化物**が利用される。炭水化物が不足する状態では，**脂肪**や**タンパク質**も次の経路で分解されて呼吸に利用される。

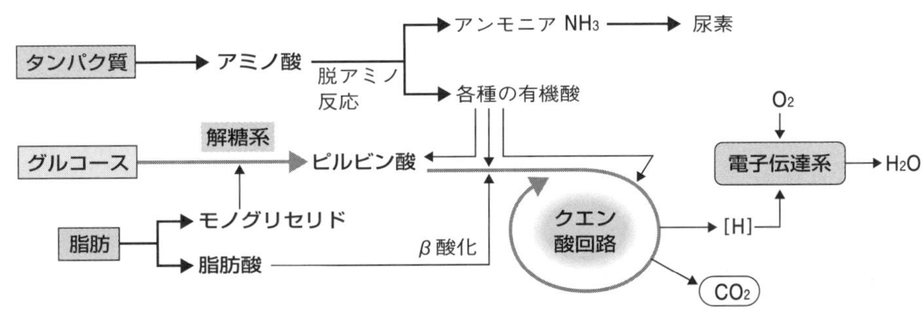

基礎の基礎を固める！

(　　)に適語を入れよ。 答➡別冊 *p.15*

16 代謝とエネルギー　🔑16

① 生体内で起こる化学反応全体を(❶　　　　　)といい，CO_2 と H_2O などの簡単な物質から生体物質を合成する(❷　　　　　)と，生体物質を CO_2 や H_2O などの簡単な物質に分解する(❸　　　　　)に大別される。後者の代表には(❹　　　　　)がある。

② ❶におけるエネルギーのやりとりは，エネルギーの通貨とよばれる(❺　　　　　)という物質を介して行われる。この物質は **ADP** にリン酸が１つ結合してできている。

17 呼吸のしくみ　🔑17, 18, 19, 20

① **細胞質基質**で行われる(❻　　　　　)では，グルコースが２分子の(❼　　　　　)に分解され，**2NADH**，**2H**$^+$ が生じ，**ATP** は差し引き(❽　　　)分子生成される。

② **ミトコンドリアのマトリックス**で行われる(❾　　　　　)では，ピルビン酸は**脱炭酸**されてアセチル CoA となった後，クエン酸回路のオキサロ酢酸と結合してクエン酸となる。クエン酸は段階的に**脱炭酸**と脱水素反応を受けて分解され，**8NADH ＋8H**$^+$**＋2FADH**$_2$ および，リン酸化で(❿　　　)ATP を生成する。

③ **ミトコンドリアの内膜**で行われる(⓫　　　　　)では，❻および❾で生じた(⓬　　　　　)や $FADH_2$ が運んできた電子を数々の膜タンパク質が伝達する過程で(⓭　　　)が膜間へ能動輸送され，これが濃度勾配に従って膜間からマトリックス側にもどるとき(⓮　　　　　)を通過し，(⓯　　　　　)**的リン酸化**で最大34分子の ATP が合成される。

④ 全体の反応式は，

$C_6H_{12}O_6$ + (⓰　　　) O_2 + $6H_2O$ ⟶ (⓱　　　) CO_2 + $12H_2O$ + 最大38**ATP**

となる。

18 発酵　🔑21

① (⓲　　　　　)が行う**乳酸発酵**では，グルコースを分解して(⓳　　　　　)($C_3H_4O_3$)にする過程で生じた(⓴　　　　　)で，再び⓳を還元して**乳酸**($C_3H_6O_3$)にする。この反応で NADH を NAD^+ にもどして再利用する。

② (㉑　　　　　)が行う**アルコール発酵**では，⓳($C_3H_4O_3$)から，CO_2 を除去してアセトアルデヒドとし，これを NADH を使って還元して(㉒　　　　　)(C_2H_5OH)とする。このとき NADH を NAD^+ に酸化して再利用する。

テストによく出る問題を解こう！

答➡別冊 *p.15*

22 ［代謝］

次の文を読んで，下の各問いに答えよ。

a 生体内ではいろいろな化学反応が起こっている。緑葉のさく状組織の細胞などでは，太陽の光エネルギーを使って b 二酸化炭素と水からグルコースなどの有機物を合成している。また，動物細胞では外界から食物として取り入れた c グルコースを酸素を使って二酸化炭素と水に分解し，このとき生じるエネルギーを d ある化合物の中に蓄えて，そこから出るエネルギーを生命活動に利用している。

(1) 下線部 **a** の生体内で起こる化学反応全体を何とよぶか。（　　　）

(2) 文中の下線部 **b**，**c** のような反応全体をそれぞれ何というか。また，その反応をおもに行っている細胞小器官の名称をそれぞれ答えよ。

反応… b（　　　）c（　　　）

細胞小器官… b（　　　）c（　　　）

(3) 下線部 **b** のように簡単な物質から複雑な物質をつくる過程および下線部 **c** のように複雑な物質を分解して簡単な物質をつくる過程をそれぞれ総称して何というか。

b（　　　）c（　　　）

(4) 下線部 **d** の「ある化合物」とは何か。（　　　）

ヒント 外界から得られる物質から生体物質を合成する過程が同化，その逆が異化。

23 ［ATP］ 必修

右図は，代謝に関係するある化合物の模式図である。次の各問いに答えよ。

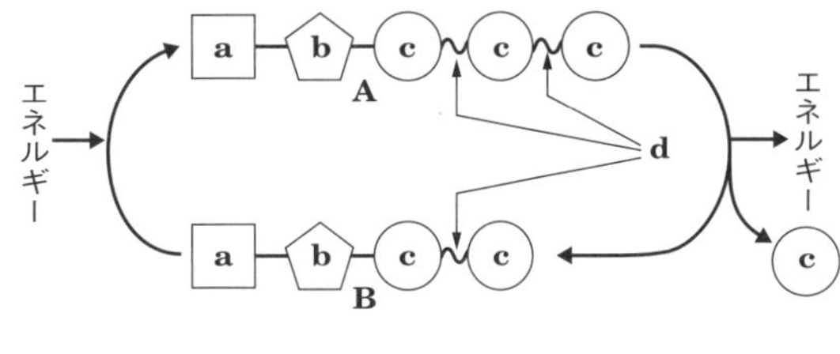

(1) 図中の **A**，**B** の化合物をそれぞれ何というか。

A（　　　）

B（　　　）

(2) 図中の **A**，**B** を構成する **a** ～ **c** をそれぞれ何というか。下の語群より選べ。

a（　　　）　b（　　　）　c（　　　）

〔語群〕 リン酸　　リボース　　タンパク質　　アデニン　　アミノ酸

(3) 図中の **d** の結合を何というか。（　　　）

(4) 生物が行う次の過程のなかで，図中の **A** を合成する反応を含むものをすべて選べ。

呼吸　　デンプンの消化　　光合成　　発酵

（　　　）

ヒント 異化の過程では生命活動に利用される ATP を合成する。同化では物質を合成するためのエネルギーとして，ATP を合成して用意しなければならない。

24 [呼吸と燃焼]

呼吸と燃焼はいずれも物質が酸化されてエネルギーを放出する反応である。次の文のうち呼吸について説明しているものをすべて選び，記号で答えよ。（　　　）

ア　多量の熱や光を放出する。　　**イ**　ゆっくりとした段階的な酸化の過程である。

ウ　有機物を分解する。　　**エ**　急激な酸化の過程である。

25 [呼吸のしくみ] テスト

下図は，呼吸の過程を模式的に示したものである。各問いに答えよ。

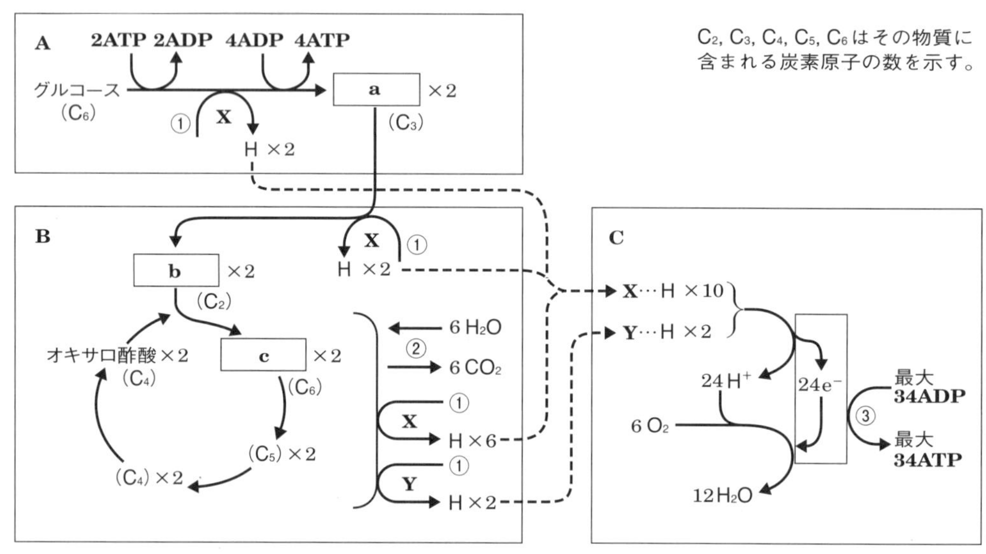

(1)　図中の **A** ～ **C** の過程をそれぞれ何というか。

A（　　　　　　）　**B**（　　　　　　）　**C**（　　　　　　）

(2)　図中の **A** ～ **C** の過程はどこで行われるか。

A（　　　　　　　　　）

B（　　　　　　　　　）

C（　　　　　　　　　）

(3)　図中の **a** ～ **c** にあたる物質名を記せ。

a（　　　　　　）　**b**（　　　　　　）　**c**（　　　　　　）

(4)　図中の **X**，**Y** で示された酵素の補酵素として適当なものを下から選べ。

FAD　　NAD^+　　$NADP^+$　　**X**（　　　　）　**Y**（　　　　）

(5)　図中①～③の反応で働く酵素の総称を何というか。

①（　　　　　　）　②（　　　　　　）　③（　　　　　　）

(6)　図中 **A** ～ **C** の過程で，酸素を消費するのはどの過程か。（　　）

(7)　グルコースが基質となる呼吸全体の反応式を，生成する ATP も含めて書け。

（　　　　　　　　　　　　　　　　　　　　　　　　　　　　）

ヒント　呼吸で使われる脱水素酵素の補酵素は NAD^+ と FAD で，NAD^+ は解糖系とクエン酸回路の両方で水素を受け取る。

26 [酵母による異化]

酵母に関する次の文を読んで，下の各問いに答えよ。

酵母は，一生単細胞で生活するカビの一種で，真核生物である。したがって，呼吸を行う細胞小器官である①(　　　　　　　)をもっている。

酵母は，酸素がある条件下では①が発達し，おもに a グルコースを CO_2 と H_2O に分解して能率よく②(　　　　)を得ている。しかし，酸素が存在しない条件下では，①はしだいに退化して，おもに b 発酵を行い少量の②を得ている。

(1) 文中の空欄に適当な語句を記せ。

(2) 文中の下線部 **a**，**b** の代謝をそれぞれ何というか。

a (　　　　　　　　)　**b** (　　　　　　　　)

(3) 下線部 **b** の生成物は何か。 (　　　　　　　　)

(4) 下線部 **b** の反応式を答えよ。 (　　　　　　　　　　　　)

ヒント 酵母は酸素がある条件下ではアルコール発酵を行わず，呼吸基質を CO_2 と H_2O に完全に分解してしまう(パスツール効果という)。

27 [乳酸発酵と解糖]

乳酸を生成する乳酸発酵と解糖について，次の各問いに答えよ。

(1) 乳酸発酵を行う生物の名称を答えよ。 (　　　　)

(2) (1)の生物が乳酸発酵によって ATP を生産するのは細胞のどの部分か。

(　　　　)

(3) 真核生物が行う解糖では，細胞のどの部分で ATP が生産されるか。

(　　　　)

28 [呼吸と発酵の反応式] 難

次の反応式は，いろいろな異化の過程を示したものである。各問いに答えよ。

ア $C_6H_{12}O_6 \longrightarrow 2C_3H_4O_3 + 2ATP$

イ $C_6H_{12}O_6 \longrightarrow 2C_2H_5OH + 2CO_2 + 2ATP$

ウ $C_6H_{12}O_6 + 6O_2 + 6H_2O \longrightarrow 6CO_2 + 12H_2O$ + (最大)38ATP

エ $C_6H_{12}O_6 \longrightarrow 2C_3H_6O_3 + 2ATP$

(1) 上の 4 つの反応式のうち，呼吸の反応式を示したものはどれか。 (　　)

(2) 上の 4 つの反応式のうち，発酵の過程を示したものはどれか。該当するものをすべて選べ。 (　　　)

(3) 上の反応式のうち，呼吸と発酵に共通する反応式を示したものはどれか。 (　　)

(4) 上の反応式のうち，酵母が行う反応をすべて選べ。 (　　　)

(5) 上の反応式のうち，乳酸菌や筋肉が行う反応をすべて選べ。 (　　　)

ヒント 4 つの反応式では呼吸基質の化学式はいずれも同じ。生成物の化学式のうち $C_3H_6O_3$ は乳酸，$C_3H_4O_3$ はピルビン酸，C_2H_5OH はエタノールを表す。

6章 光合成と化学合成

23 □ 光合成色素

① **光合成色素**…光エネルギーを吸収し光合成に利用。**クロロフィル a**(青緑色), **クロロフィル b**(黄緑色), **カロテン**(橙(だいだい)色), **キサントフィル**(黄色)。

② 光の波長のうち, おもに**赤色光**と**青紫色光**が吸収され光合成に利用される。

24 □ 光合成のしくみ

〔葉緑体のチラコイドでの反応〕

① **光化学系Ⅱ・Ⅰ**…光エネルギーにより**クロロフィルが活性化**。

② **水の分解と還元物質(NADPH)の生成, ATP の合成**

光化学系Ⅱで電子を放出したクロロフィルが H_2O から**電子 e^-** を奪い O_2 と H^+ に分解。O_2 は放出され, e^- は電子伝達系に送られる。➡光化学系Ⅰへ送られた e^- を $2H^+$ と **$NADP^+$** が受け取って **NADPH** + H^+ となる。電子伝達系で生じたエネルギーを利用してストロマからチラコイドの内側へ H^+ を能動輸送, H^+ が受動輸送でもどる際に ATP を合成(**光リン酸化**)。

〔葉緑体のストロマでの反応〕

③ **カルビン回路**… ATP と NADPH を使って CO_2 を還元, 有機物を合成。

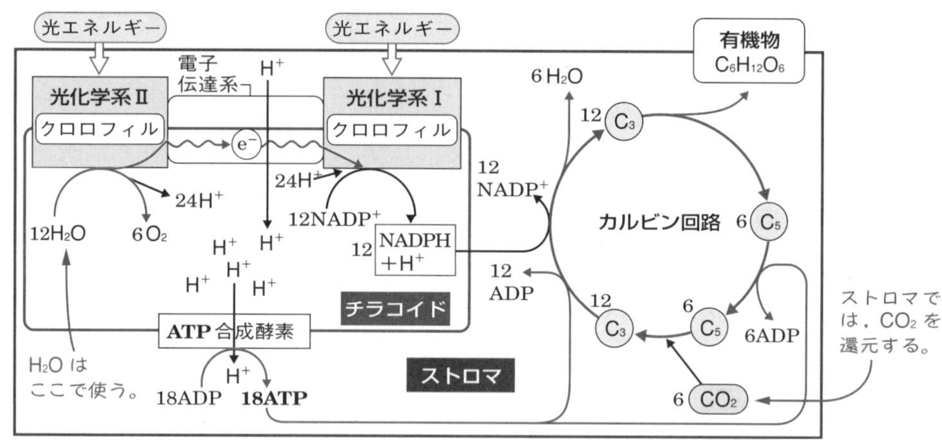

$$6CO_2 + 12H_2O + \text{光エネルギー} \longrightarrow C_6H_{12}O_6 + 6O_2 + 6H_2O$$

25 □ 細菌の光合成・化学合成

① **シアノバクテリア**…緑色植物とよく似たしくみで光合成を行う。

② **光合成細菌**…**バクテリオクロロフィル**を使って光合成を行う。

$$6CO_2 + 12H_2S + \text{光エネルギー} \longrightarrow C_6H_{12}O_6 + 6H_2O + 12\underline{S}$$

③ **化学合成細菌**…無機物の酸化で生じる化学エネルギーで炭酸同化を行う。

基礎の基礎を固める！

（　）に適語を入れよ。 答➡別冊 *p.17*

19 光合成色素 ⊶23

① 葉緑体のチラコイドの部分には，緑色の光合成色素である（❶　　　　）a と b，橙色の（❷　　　　），黄色の**キサントフィル**などが含まれている。

② 光の波長のうち，光合成に利用されるのはおもに（❸　　　　）**色光**と**青紫色光**である。

20 光合成のしくみ ⊶24

① 葉緑体にある光化学系が光エネルギーを受け取ると，エネルギーは**反応中心のクロロフィル a** に集められ，（❹　　　　）されたクロロフィル a は（❺　　　　）を放出する。❺を放出したクロロフィル a は（❻　　　　）を分解して❺を奪う。このとき H^+ とともに生じた（❼　　　　）は気孔から放出される。

② ❺**は光化学系Ⅱ**から**光化学系Ⅰ**へと（❽　　　　）**系**を通過する。このとき❽系ではストロマからチラコイド膜の内側へ（❾　　　　）が能動輸送で運ばれて濃度勾配ができる。チラコイド内の濃度が高くなった❾は，受動輸送によって（❿　　　　）**酵素**でもある膜タンパク質を通ってストロマ側にもどる。このとき（⓫　　　　）が合成される。（**光リン酸化**）

③ 光化学系Ⅰでは，電子と H^+ と $NADP^+$ から（⓬　　　　）**が生成**される。①〜③の反応は（⓭　　　　）**膜**で起こる。

④ **ストロマ**では，ATP と NADPH を使って（⓮　　　　）**回路**とよばれる反応を進め，CO_2 を取り込んでデンプンなどの有機物が合成される。

⑤ **光合成全体の反応式**

（⓯　　　　）CO_2 + $12H_2O$ + **光エネルギー** ⟶ $C_6H_{12}O_6$ + $6O_2$ + $6H_2O$

21 細菌の光合成・化学合成 ⊶25

① ユレモやネンジュモといった（⓰　　　　）は，緑色植物とよく似たしくみで光合成を行う。

② 細菌のなかには，光合成色素として（⓱　　　　）をもち，光エネルギーを利用して炭酸同化を行う紅色硫黄細菌や緑色硫黄細菌などがある。電子を取り出すのに H_2O を用いず，H_2S を使うため，O_2 が発生（⓲　　　　）。

③ 無機物を酸化し，このときに生じる化学エネルギーを使って炭酸同化を行う細菌を，（⓳　　　　）**細菌**といい，亜硝酸菌，硝酸菌，硫黄細菌などがある。

テストによく出る問題を解こう！

答➡別冊 p.17

29 ［光合成と光合成の場］ 必修

植物の光合成に関する次の文を読んで，下の各問いに答えよ。

光合成は，（ ① ）同化の代表的な反応の1つで，光エネルギーを利用して（ ② ）と水から有機物を合成する。光合成によって，光エネルギーは（ ③ ）エネルギーに変換され，蓄えられる。この過程は右図で示した細胞小器官の1つである（ ④ ）で行われる。

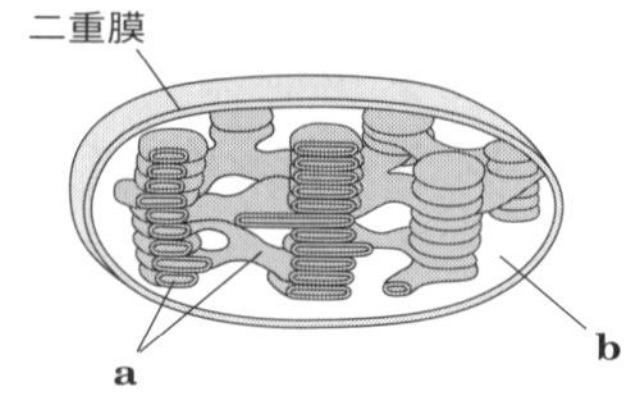

(1) 文中の空欄①～④に適当な語句を記せ。

①（　　　　） ②（　　　　） ③（　　　　）
④（　　　　）

(2) 図中のa，bの各部をそれぞれ何というか。

a（　　　　） b（　　　　）

30 ［光合成色素の分離］

TLCシートを用いて緑葉の色素を分離する実験を行った。次の文を読み，各問いに答えよ。

ホウレンソウの葉を乳鉢に入れてすりつぶした後，抽出液を加えて色素を抽出した。次にこの抽出液をガラス毛細管を使ってTLCシートの原点部分につけて乾かした。これを展開液(石油エーテル：アセトン＝7：3体積比)を加えた試験管に入れ，原点の1cm程度下まで展開液につけて密封し，しばらくすると右図のようになった。

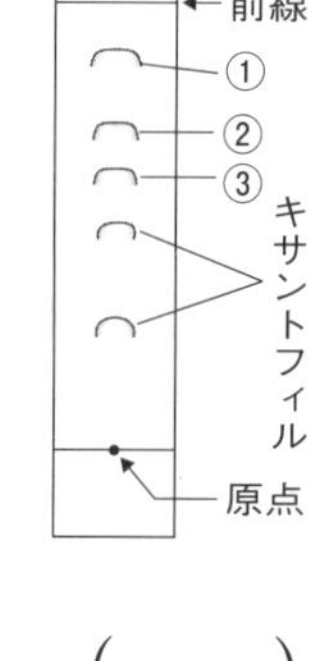

(1) 文中の下線部の抽出液として適当なものを次の**ア**～**オ**より選べ。

（　　）

ア スクロース　**イ** グリセリン　**ウ** 酢酸
エ ジエチルエーテル　**オ** 水

(2) このような色素の分離方法を何というか。（　　　　）

(3) 図中の①～③の色素の名称を答えよ。

①（　　　　） ②（　　　　） ③（　　　　）

(4) 光合成の反応中心となる色素はどれか。図中の番号で答えよ。（　　）

(5) 図中の①～③の色素のうち，橙(だいだい)色に見えるのはどれか。図中の番号で答えよ。

（　　）

ヒント 緑色植物の光合成色素は，クロロフィルa，bとカロテノイド色素のカロテンとキサントフィルである。

31 [光合成のしくみ] テスト

右図は光合成のしくみを示したものである。次の各問いに答えよ。

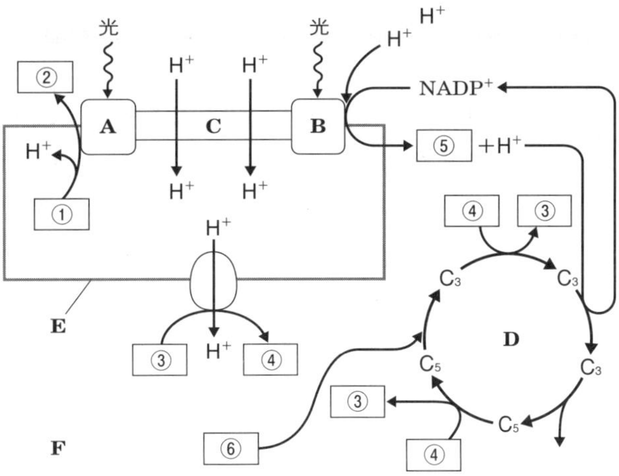

(1) 光化学系Ⅰは，図中のA，Bのいずれか。 (　　)

(2) 図中のC，Dの反応系を何というか。

C (　　　　　　　)

D (　　　　　　　)

(3) 反応の場であるE，Fは，それぞれ何とよばれるか。

E (　　　　　　　)　F (　　　　　　　)

(4) 図中の①～⑥にあてはまる物質名を答えよ。

①(　　　　)　②(　　　　)　③(　　　　)

④(　　　　)　⑤(　　　　)　⑥(　　　　)

(5) 光合成全体の反応を反応式で示せ。

(　　　　　　　　　　　　　　　　)

ヒント 水が分解することで電子とH^+が生じるが，電子は電子伝達系でH^+の輸送に使われてATPの合成を進め，光化学系ⅠでNADPHの合成に使われる。H^+はさらにカルビン回路で二酸化炭素の還元に使われて，有機物が合成される。

32 [細菌の光合成・化学合成]

次の文を読んで，あとの問いに答えよ。

原核生物にも光合成を行うものがいる。$_a$あるものは植物とよく似たしくみで光合成を行うが，温泉地帯には，$_b$植物とは異なる光合成色素をもち，それを使って$_c$光エネルギーを受容し，炭酸同化を行っている細菌が水中に生息していることがあり，光合成細菌とよばれる。

また，光の届かない深海の熱水噴出孔付近でも，独立栄養細菌が多く生息している。これらの細菌は$_d$無機物を酸化して，このときに生じる化学エネルギーで炭酸同化を行う。

(1) 文中の下線部aにあたる原核生物の名称を答えよ。 (　　　　　　)

(2) 文中の下線部bの色素の名称を答えよ。 (　　　　　　)

(3) 文中の下線部cで示される光合成細菌の名称を2つ答えよ。

(　　　　　　)　(　　　　　　)

(4) (3)の細菌が光合成を行う際に，有機物のほかに生成される物質は何か。

(　　　　)

(5) 文中の下線部dの細菌をまとめて何というか。 (　　　　　　)

ヒント (3) 光合成細菌は水の代わりに硫化水素を利用している。

入試問題にチャレンジ！

答➡別冊 p.18

1 **細胞膜の働きに関する次の文章を読み，以下の問いに答えよ。**

細胞膜を構成する（ ① ）の二重層の中には，タンパク質がモザイク状にはめ込まれていて，それらのタンパク質は細胞膜内をある程度自由に動くことができると考えられている。細胞膜に存在するタンパク質の中で，細胞膜を貫通して細胞膜に小孔を開けているポンプやチャネルはナトリウムイオンやカリウムイオンなどの輸送に関与する。ポンプは細胞内外の濃度勾配に逆らった向きの（ ② ）輸送を行い，チャネルは濃度勾配に従った向きの（ ③ ）輸送を行う。一般に，チャネルの開閉には刺激が必要であり，例えば，電位依存性チャネルは膜電位の変化によって開き，イオンを通す。

⑴　文章中の①～③に入る適切な語句を答えよ。

⑵　下線部で示した細胞膜構造のモデルの名称を答えよ。

⑶　神経細胞や赤血球の細胞膜に見られるナトリウムポンプが細胞内に取り込むイオンと細胞外に排出するイオンをそれぞれ答えよ。

⑷　神経細胞や赤血球の細胞膜に見られるナトリウムポンプのイオン輸送に必要な物質を答えよ。

⑸　神経細胞のナトリウムチャネルは，ナトリウムイオンを細胞内外のどちら側からどちら側に通すか。

⑹　細胞膜には，チャネルやポンプのほかに，さまざまな物質の受容体タンパク質が存在し，細胞間や組織間の情報伝達にかかわっている。この受容体タンパク質はどのような物質と結合するか，2つ例をあげよ。

（大阪市大 改）

2 **次の文中の空欄①～⑧に適切な語句または数字をそれぞれ入れよ。**

酵素の本体はほとんどの場合，アミノ酸が連なったタンパク質である。タンパク質がつくられるとき，アミノ酸の①［　　］基と別のアミノ酸のアミノ基間で結合を形成し，その際，②［　　］分子が③［　　］個取れる。アミノ酸の配列順序と種類によっては，隣り合っていないアミノ酸間で水素を介した結合が形成され，その結果，タンパク質は④［　　］構造や⑤［　　］構造などの部分的な立体構造を形成する。これらの構造がさらに組み合わされることにより，タンパク質はさらに複雑な立体構造を形成する。酵素にはいろいろな種類があり，それらの1つとしてATPをADPとリン酸に分解する酵素（ATP分解酵素またはATPアーゼと総称される）がある。

ATPは，糖の一種である⑥［　　］と塩基の一種である⑦［　　］と⑧［　　］個のリン酸からなる化合物である。ATPは高エネルギーリン酸結合をもち，ADPとリン酸に分解される際にエネルギーが放出される。

（北海道大）

3 次の文章を読み，以下の問いに答えよ。

解糖系はグルコースをピルビン酸に分解する10段階の酵素反応からなる。一方，細胞にはピルビン酸からグルコースを合成する糖新生の反応系も備わって，状況と必要に応じてどちらの反応が進むかが厳密に制御されている。その制御メカニズムの1つは，A反応系の進行がその最終産物によって調節される機構である。例えば，解糖系酵素の1つであるホスホフルクトキナーゼは，細胞質のATP濃度が十分に高いとATPによるBアロステリック効果によって活性を阻害される。

(1) 解糖系は細胞のどこで進む反応か。

(2) ピルビン酸がさらに水と二酸化炭素にまで分解される反応系は何とよばれるか。

(3) 下線部Aの調節機構の名称は何か。

(4) 下線部Bのアロステリック効果を説明せよ。

(5) 図はホスホフルクトキナーゼの基質濃度－反応速度曲線である。この曲線に対しほかの条件が同じとし，①酵素量が$\frac{1}{2}$の場合の曲線，② ATP濃度が高い場合の曲線をそれぞれグラフに記せ。

（滋賀医大）

4 光合成に関する次の文章を読んで，問い(1)～(3)に答えよ。

農業における作物の栽培は，葉緑体でいかに効率よく光合成を行わせるかという技術と関連している。例えば，温室などでは，二酸化炭素濃度を高めた栽培も行われている。また，光合成には光強度，温度，二酸化炭素濃度のほかに，光の質（波長）も重要となる。近年，人工光型植物工場の普及が始まり，赤色光と青紫色光のみを放射するLED光源でレタスを栽培する事例も報告されている。

(1) 葉緑体の構造の断面図を，名称をつけて示せ。

(2) 葉緑体における二酸化炭素固定のしくみに関する下記の説明文中の空欄A～Eに適切な語を記せ。

① 光化学系Ⅱでは活性化されたクロロフィルの作用により［A］が分解され，水素イオン，［B］，酸素を生じる。

② 光化学系Ⅱで生じた［B］は，光化学系Ⅱから光化学系Ⅰに進む過程で［C］を通り，［D］を合成する。

③ ［E］回路の反応過程では，外界から取り入れた二酸化炭素を固定して有機物を合成する。

(3) 下線部で述べられているように，赤色光と青紫色光のみで光合成が可能な理由を説明せよ。

（静岡大）

3編 遺伝情報の発現と発生

1章 DNAとその複製

1 □ DNA

① DNAは，**糖**（デオキシリボース）と**リン酸**と**塩基**（A・T・C・G）からなる**ヌクレオチド**が多数結合したヌクレオチド鎖からできている。

② **二重らせん構造**… 2本のヌクレオチド鎖が，AとT，CとGで相補的な塩基対をつくり結合。

5′末端
3′末端
水素結合
A T
T A
C G
G C
G C
3′末端
糖（デオキシリボース）
塩基
5′末端
リン酸
ヌクレオチド

2 □ DNAの複製(半保存的複製)

① **DNAヘリカーゼ**(酵素)が働き，DNAの二重らせん構造がほどける。

② もとのDNAの2本のヌクレオチド鎖がそれぞれ鋳型となり，これにAとT，CとGの組み合わせで相補的な塩基をもつヌクレオチドが水素結合する。

③ **プライマー**…もとのDNA鎖に結合して新しい鎖の合成の起点となる。

④ **DNA合成酵素(DNAポリメラーゼ)**の働きで新しく並んだヌクレオチドどうしが次々と結合され，新しいヌクレオチド鎖ができる。

⑤ **半保存的複製**…もとのDNAの2本鎖の一方のヌクレオチド鎖が，新しいDNAの2本鎖の一方のヌクレオチド鎖として保存されている。

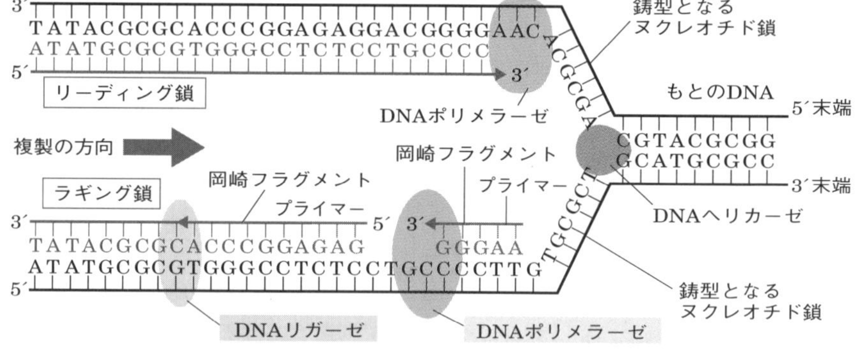

3 □ 複製の方向性

① **ヌクレオチドの方向性**…ヌクレオチド鎖の3′末端に新たなヌクレオチドの5′末端（リン酸側）が結合。**新生鎖は5′から3′の方向にのみ伸長する。**

② **リーディング鎖**…新しくほどける部分に向かって連続的に合成される。

③ **ラギング鎖**…短い断片（**岡崎フラグメント**）が不連続に合成され，これらを**DNAリガーゼ**がつなぐことで形成される。

基礎の基礎を固める！

(　　)に適語を入れよ。 答➡別冊 p.19

1 DNAの構造 🔑1

① **DNA**の構成単位は(❶　　　　　　　　)で，デオキシリボースという(❷　　　　)と，リン酸と(❸　　　　　)(A，T，C，G)からなる。

② ❶は多数結合して，塩基部分を横に突き出した長い鎖状の分子となる。DNAは，この鎖が2本並び，(❹　　　)とT，(❺　　　)とCの組み合わせで**相補的に結合**して，はしごがねじれたような(❻　　　　　　　)**構造**をつくる。

2 DNAの複製 🔑2

① DNAの二重らせんが，(❼　　　　　　　　)という酵素の働きでほどける。

② この2本のDNA鎖(ヌクレオチド鎖)の塩基Aに対して(❽　　　　)，Cに対して(❾　　　　)というふうに相補的な塩基をもつヌクレオチドが水素結合する。

③ もとのDNA鎖に沿って並んだヌクレオチドどうしを(❿　　　　　　　　　　)(**DNA合成酵素**)が次々と結合させていき，新しいヌクレオチド鎖をつくる。

④ このヌクレオチド鎖の合成で，もとのDNA鎖には最初に(⓫　　　　　　　　)という短いヌクレオチド鎖が結合し，ここがDNA合成酵素の働く起点となる。⓫は後で除去される。

⑤ このようにして新しくできる2本鎖のDNAは，もとのDNAからそのまま受けついだ鎖と新しくできた鎖からなる。このような複製を(⓬　　　　　)**的複製**といい，メセルソンとスタールによって証明された。

3 DNAの複製の方向性 🔑3

① デオキシリボースを構成する炭素原子には，1′から5′の番号がつけられ，5′の炭素にリン酸が結合し，このリン酸は1つ前のヌクレオチドの(⓭　　　　)の炭素と結合する。

② DNAポリメラーゼはヌクレオチド鎖の(⓮　　　　)末端の方向にのみヌクレオチドをつなぐ。

③ DNAの複製では，もとの2本鎖がほどけていく一方の鎖では連続的に新しいヌクレオチド鎖が合成される。この鎖を(⓯　　　　　　　)**鎖**といい，他方の鎖で合成される鎖を(⓰　　　　　　　)**鎖**という。(⓱　　　　　　　　　)という酵素は3′末端側の方向にしかヌクレオチドを伸ばすことができないので⓰鎖の合成では不連続的に(⓲　　　　　　　　　)とよばれる小さなDNA断片をつくり，これらを(⓳　　　　　　　　)という酵素でつなぎ，新しいDNA鎖をつくる。

テストによく出る問題を解こう！

答➡別冊 *p.19*

1 ［DNA の構造］ 必修

右の図 1 は，DNA の構造とその構成単位を示したものである。次の各問いに答えよ。

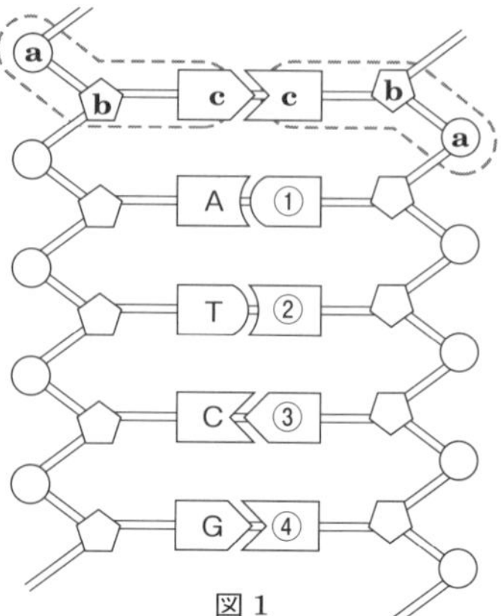

図 1

(1) 図中の破線で囲った部分は DNA の構成単位である。これを何というか。 (　　　　　　)

(2) (1)を構成する **a** ～ **c** の部分をそれぞれ何というか。**ア**～**ク**より選び記号で答えよ。

a (　　) **b** (　　) **c** (　　)

ア デオキシリボース　**イ** セルロース
ウ リン酸　**エ** アミノ酸　**オ** 塩基
カ リン脂質　**キ** タンパク質　**ク** 脂肪

(3) 図 1 中の①～④に対応する **c** の種類を，アルファベット 1 字で示される記号でそれぞれ答えよ。 ①(　　) ②(　　) ③(　　) ④(　　)

(4) 図 2 は図 1 の **b** を示している。**b** を構成する 5 つの炭素原子(C)には番号がつけられている。**ア**，**イ**の炭素はそれぞれどのような番号がつけられているか。下の番号から選べ。 **ア**(　　) **イ**(　　)

〔番号〕 1′　2′　3′　4′　5′

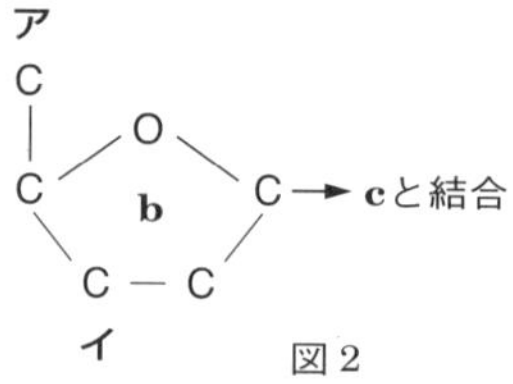

ア
C
O
C　b　C → **c** と結合
C － C
イ

図 2

ヒント (4) DNA を構成する糖の炭素は，酸素原子から時計回りに 1′ → 5′ の番号がつけられる。

2 ［DNA の複製］ テスト

DNA の複製に関する次の文を読み，下の各問いに答えよ。

DNA の複製は，① DNA の 2 本鎖がほどける，② それぞれの鎖にヌクレオチドが結合する，③ 結合したヌクレオチドどうしがつながって新たなヌクレオチド鎖となり，新たな 2 本鎖 DNA が 2 分子できる といった過程で進む。

(1) DNA 分子の特徴的な構造を何というか。 (　　　　　　)

(2) 文中の①で DNA の 2 本鎖をほどく酵素を何というか。 (　　　　　　)

(3) 文中の②で起点となる短いヌクレオチド鎖を何というか。 (　　　　　　)

(4) 文中の③で隣り合うヌクレオチドどうしを連結する酵素を何というか。
(　　　　　　)

(5) このような DNA の複製のしくみを何というか。 (　　　　　　)

3 [メセルソンとスタールの実験] 難

メセルソンとスタールが行った，DNA の複製様式を調べる実験について述べた次の文を読み，下の各問いに答えよ。

窒素源として軽い窒素(^{14}N)のみを含んだ培地で何代も培養した大腸菌は軽い DNA，すなわち ^{14}N-DNA をもつ。この大腸菌を窒素源として重い窒素(^{15}N)のみを含んだ培地で何代も培養すると，すべての大腸菌が重い DNA(^{15}N-DNA)をもつようになる。この大腸菌を再び軽い窒素(^{14}N)の培地に移して分裂を揃える薬剤を入れて培養すると，1回目の分裂を終えた大腸菌の DNA は，すべて ^{14}N-DNA と ^{15}N-DNA の中間の重さの DNA となった。2回目の分裂を終えた大腸菌の DNA は，中間の重さの DNA と軽い DNA の割合が1：1となった。次の各問いに答えよ。

(1) 1回目の分裂を終えた大腸菌の DNA が中間の重さの DNA となったのはなぜか。
( )

(2) 3回目の分裂を終えた大腸菌の DNA では，中間の重さの DNA と軽い DNA の割合はそれぞれどのようになるか。全体の分子の数に対する分数で答えよ。

中間の重さの DNA ( ) **軽い DNA** ( )

(3) 10回目の分裂を終えた大腸菌では3種類の重さの DNA の割合はどのようになるか。

重い DNA：中間の重さの DNA：軽い DNA = ( )

ヒント 1回分裂すると全体の量は2倍に増えるが，重い DNA の1本鎖は最初からずっと変わらない。

4 [DNA 複製の方向性]

右図は，DNA の複製のしくみについて示したものである。次の各問いに答えよ。

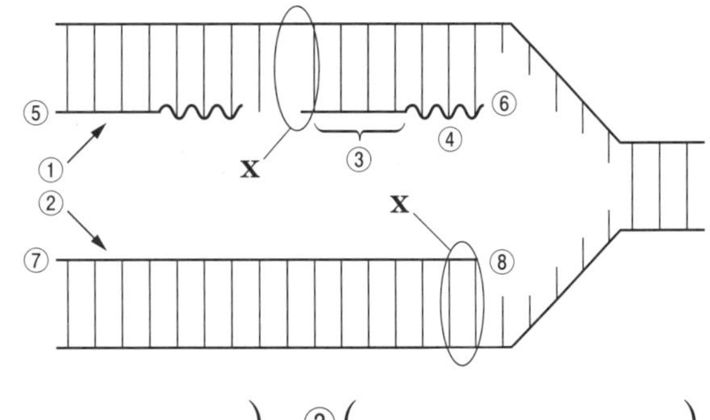

(1) 図中の X で示した酵素の名称を答えよ。
( )

(2) 図中の①，②の DNA 鎖をそれぞれ何鎖とよぶか。 ①( ) ②( )

(3) 図の③は，複製された短い DNA 断片を示している。これを発見者の名をとって何というか。 ( )

(4) 図の④は酵素 X が DNA の新しい鎖を合成する起点となる短いヌクレオチド鎖である。これを何というか。 ( )

(5) 図の⑤～⑧はそれぞれ 3′ 末端と 5′ 末端のどちらにあてはまるか。

⑤( ) ⑥( ) ⑦( ) ⑧( )

ヒント DNA のヌクレオチド鎖は 5′→3′ 方向だけに伸びる。複製方向に伸びる鎖をリーディング鎖，不連続に合成される鎖をラギング鎖という。

2章 遺伝情報の発現

4 □ RNA(リボ核酸)

① **RNA** …タンパク質合成に働く核酸。DNA と以下の点が異なる。

	構造	糖	塩基
DNA	2本鎖	デオキシリボース	A, C, G, T
RNA	1本鎖	リボース	A, C, G, **U**(**ウラシル**)

② **RNA の種類**

- **mRNA**(**伝令 RNA**)…DNA の塩基配列を転写してリボソームに伝える。
- **tRNA**(**転移 RNA**)… mRNA の情報に従ってアミノ酸を運ぶ。
- **rRNA**(**リボソーム RNA**)…タンパク質と結合してリボソームを構成。

5 □ 真核細胞のタンパク質合成のしくみ

① **転写**… DNA の二重らせんがほどけて2本鎖のうち一方の鎖に RNA のヌクレオチドが結合，このヌクレオチドどうしが結合して RNA が合成される。

DNA…	**A**	**C**	**G**	**T**
	↓	↓	↓	↓
RNA…	**U**	**G**	**C**	**A**

② **プロモーター**… DNA の塩基配列のうち，**RNA ポリメラーゼ**(**RNA 合成酵素**)が結合して転写の起点となる領域。

DNA 2本鎖のうち，RNA に転写される鎖をアンチセンス鎖，もう一方をセンス鎖という。

③ **スプライシング**…転写された mRNA 前駆体のうち翻訳されない領域の**イントロン**を除いて翻訳される**エキソン**をつなぎ合わせる過程。

④ スプライシングされてできた mRNA は，核膜孔を通って細胞質に出る。

⑤ **翻訳**… tRNA が運んできたアミノ酸どうしを**リボソーム**が mRNA の遺伝暗号に指定された順にペプチド結合させてタンパク質が合成される過程。

センス鎖は T と U の違い以外は mRNA と同じ配列ということになるね。

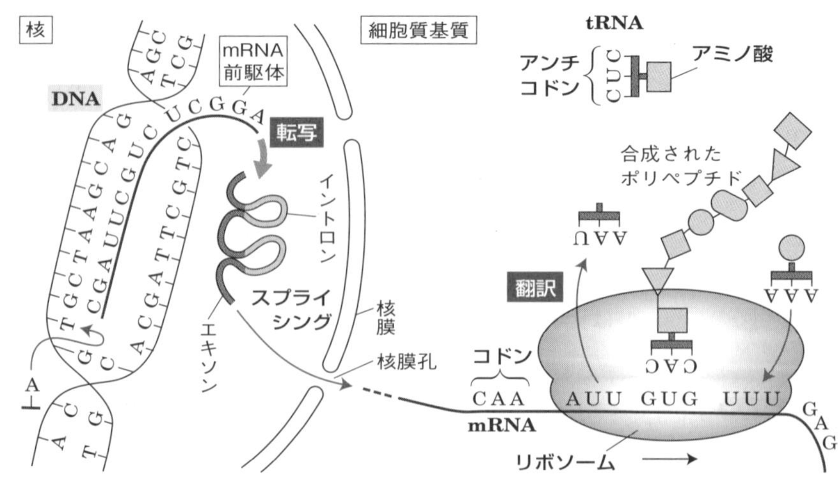

⑥ コドン… mRNA の３つ組塩基配列（トリプレット）。遺伝暗号として１個のアミノ酸を決定。これに相補的な tRNA の塩基配列を**アンチコドン**という。

6 □ 遺伝暗号表（mRNA）

ニーレンバーグとコラナらの研究によって，64（＝4^3）通りのコドンが指定するアミノ酸およびタンパク質合成の**開始**や**終止**を示す暗号が明らかとなった。

第1番目の塩基		第2番目の塩基 ウラシル(U)	シトシン(C)	アデニン(A)	グアニン(G)	第3番目の塩基
U	UUU	UUU フェニルアラニン	UCU セリン	UAU チロシン	UGU システイン	U
U	UUC	UUC	UCC	UAC	UGC	C
U	UUA	UUA ロイシン	UCA	UAA （終止）	UGA （終止）	A
U	UUG	UUG	UCG	UAG （終止）	UGG トリプトファン	G
C	CUU	CUU ロイシン	CCU プロリン	CAU ヒスチジン	CGU アルギニン	U
C	CUC	CUC	CCC	CAC	CGC	C
C	CUA	CUA	CCA	CAA グルタミン	CGA	A
C	CUG	CUG	CCG	CAG	CGG	G
A	AUU	AUU イソロイシン	ACU トレオニン	AAU アスパラギン	AGU セリン	U
A	AUC	AUC	ACC	AAC	AGC	C
A	AUA	AUA	ACA	AAA リシン	AGA アルギニン	A
A	AUG	AUG メチオニン（開始）	ACG	AAG	AGG	G
G	GUU	GUU バリン	GCU アラニン	GAU アスパラギン酸	GGU グリシン	U
G	GUC	GUC	GCC	GAC	GGC	C
G	GUA	GUA	GCA	GAA グルタミン酸	GGA	A
G	GUG	GUG	GCG	GAG	GGG	G

7 □ 原核細胞のタンパク質合成のしくみ

原核細胞には核膜がなく，転写の際にスプライシングがほとんど起こらないので，転写の後，合成されたmRNA にリボソームが結合してただちに翻訳が始まり，タンパク質が合成される（転写と翻訳が同じ場所で連続して起こる）。

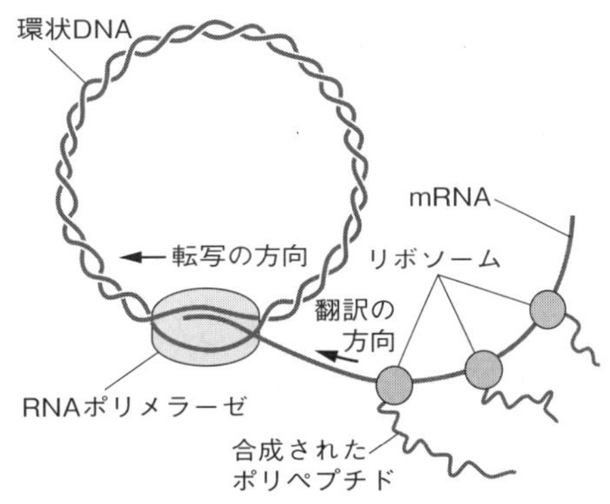

基礎の基礎を固める！

（　　）に適語を入れよ。　答➡別冊 *p.21*

4 RNA の構造と働き　4

① 核酸には DNA と（❶　　　　）があり，両者とも構成単位はヌクレオチド。

② ❶のヌクレオチドはリン酸，糖，塩基よりなる。糖の種類は（❷　　　　）で，塩基は A，U，C，G の 4 種類で，DNA と異なる U は（❸　　　　）である。

③ RNA は 3 種類に分けられ，DNA の遺伝情報を核外に伝える（❹　　　　），❹の情報に従ってアミノ酸を運ぶ（❺　　　　）。タンパク質と結合してリボソームを構成する（❻　　　　）の 3 つに大別される。

5 真核細胞のタンパク質合成のしくみ　5, 6

① DNA の 2 本鎖のうち，塩基配列を RNA に写し取られる鎖を（❼　　　　）鎖，もう一方の鎖を（❽　　　　）鎖という。❼鎖の塩基配列が CATCAT なら，これをもとに（❾　　　　）という配列の mRNA が合成される。この過程を遺伝情報の（❿　　　　）という。

② 真核生物の遺伝子では，DNA の塩基配列に，翻訳されない（⓫　　　　）と翻訳される（⓬　　　　）があり，合成された mRNA 前駆体のうち（⓭　　　　）に対応する部分だけをつなぎ合わせる（⓮　　　　）を経て mRNA ができる。

③ mRNA は（⓯　　　　）を通って細胞質に出て（⓰　　　　）と結合する。

④ DNA や RNA の塩基は（⓱　　　　）つが 1 組で 1 個のアミノ酸を決定する遺伝暗号となり，（⓲　　　　）とよばれる。mRNA の⓲を（⓳　　　　）といい，リボソームはこの遺伝暗号に対応した（⓴　　　　）を次々とペプチド結合させてタンパク質を合成する。この過程を（㉑　　　　）といい，リボソームへアミノ酸を運ぶのは（㉒　　　　）である。㉒がもつ，⓳に対して相補的な⓲を（㉓　　　　）という。

⑤ ⓳の遺伝暗号の意味は（㉔　　　　）とコラナらによって解読された。

6 原核細胞のタンパク質合成のしくみ　7

① 原核細胞のタンパク質合成ではイントロンを除去する（㉕　　　　）はほとんど起こらず，（㉖　　　　）された RNA はそのまま mRNA となる。

② mRNA が合成されると，これにただちにリボソームが結合して（㉗　　　　）が始まりタンパク質が合成される。すなわち㉖と㉗が同じ場所で連続して起こる。

テストによく出る問題を解こう！

答➡別冊 *p.21*

5 ［RNA の構造と働き］

RNA の構造に関する次の各問いに答えよ。

(1) RNA の構成単位は何か。 (　　　　　　)

(2) RNA の(1)をつくる糖の名称を答えよ。 (　　　　　　)

(3) RNA の(1)をつくる塩基の名称を 4 つ答えよ。

(　　　　) (　　　　) (　　　　) (　　　　)

(4) 次の①～③の働きをする RNA をそれぞれ略称で答えよ。

① DNA の塩基配列を転写してリボソームに伝える。 (　　　)

② リボソームの構成成分となる。 (　　　)

③ mRNA の情報に従ってアミノ酸を運ぶ。 (　　　)

ヒント RNA は，伝令（メッセンジャー）RNA，転移（トランスファー）RNA，リボソーム RNA の 3 つに大別される。

6 ［原核細胞のタンパク質合成］

右図は，大腸菌のタンパク質合成のしくみを模式的に示したものである。次の各問いに答えよ。

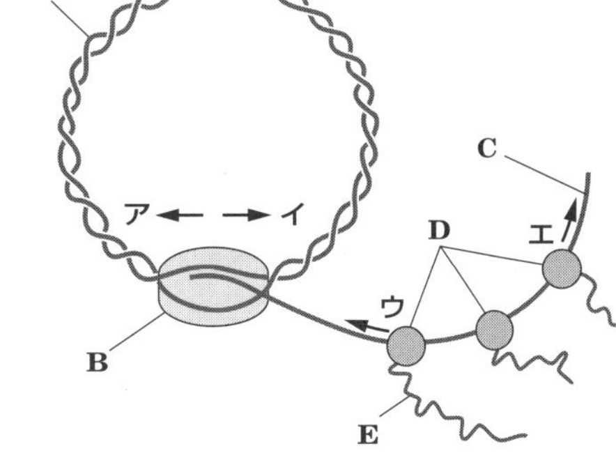

(1) 右図の **A**～**E** は，それぞれ下の語群のどれを示したものか。用語で答えよ。

A (　　　　　　)
B (　　　　　　)
C (　　　　　　)
D (　　　　　　)
E (　　　　　　)

〔語群〕 mRNA　RNA ポリメラーゼ　ペプチド鎖　DNA　リボソーム

(2) 図中の **B** が進む方向は**ア**，**イ**のいずれか。また **D** の進む方向は**ウ**，**エ**のいずれか。

B (　　　　) **D** (　　　　)

ヒント 原核細胞では，転写と翻訳が同じ場所で連続して進む。

7 ［真核細胞のタンパク質合成］

次の図は，ヒトの細胞内で起こるタンパク質合成の過程を示したものである。下の各問いに答えよ。

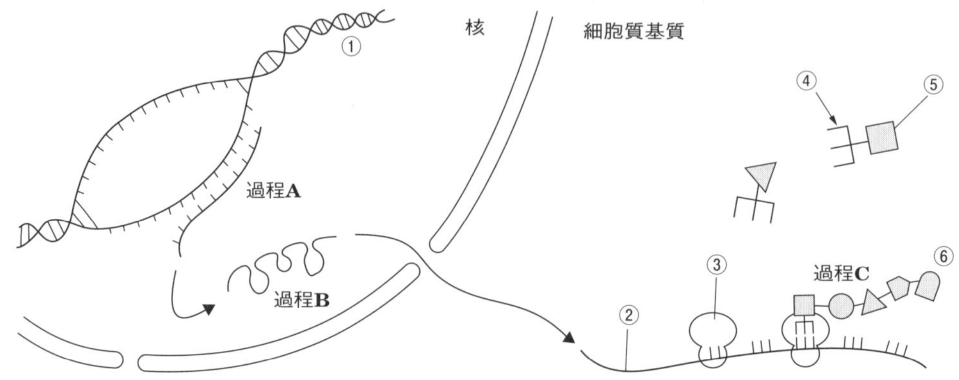

⑴ 図中の過程A～Cをそれぞれ何というか。

A（　　　　　　　）　B（　　　　　　　）
C（　　　　　　　）

⑵ 図中の①～⑥はそれぞれ何を示しているか。下の語群より適当な語句を選んで記せ。

①（　　　　）　②（　　　　）　③（　　　　）
④（　　　　）　⑤（　　　　）　⑥（　　　　）

〔語群〕 アミノ酸　DNA　mRNA　rRNA　tRNA　ペプチド鎖
リボソーム　ゴルジ体　中心体　リン脂質　酵素

⑶ DNAの塩基配列のうち，過程Aで写し取られた後，過程Bで削除される領域を何というか。（　　　　）

ヒント 遺伝子のうち，翻訳されない塩基配列をイントロンというが，近年，イントロンの部分も多くは遺伝子発現を調節する働きをもつことがわかってきた。

8 ［コドンとアミノ酸］

次の文を読み，文中の空欄①～③にあてはまる語句をそれぞれ答えよ。

大腸菌をすりつぶして，人工的に合成したmRNAとアミノ酸，tRNAを加えると，開始コドンが含まれていない場合でもそのmRNAの配列に対応したポリペプチドを合成することができる。このような実験系において，UGをくり返す人工mRNAからはバリンとシステインが交互につながったポリペプチドが合成された。また，UGGをくり返す人工mRNAからは，バリンのみからなるポリペプチド，グリシンのみからなるポリペプチド，トリプトファンのみからなるポリペプチドが合成された。この結果から，コドン（ ① ）はバリンを，コドン（ ② ）はシステインを，コドン（ ③ ）とGGUはそれぞれグリシンとトリプトファンのいずれかを指定することがわかる。

①（　　　　）　②（　　　　）　③（　　　　）

9 ［遺伝暗号表と翻訳］

次の表は，mRNA の遺伝暗号とタンパク質を構成する 20 種類のアミノ酸の対応を示した表（遺伝暗号表）で，その下の塩基配列 X はある遺伝子の塩基配列の一部である。下の各問いに答えよ。

		第2番目の塩基					
		ウラシル(U)	シトシン(C)	アデニン(A)	グアニン(G)		
第1番目の塩基	U	UUU UUC } フェニルアラニン UUA UUG } ロイシン	UCU UCC UCA UCG } セリン	UAU UAC } チロシン UAA （終止） UAG （終止）	UGU UGC } システイン UGA （終止） UGG トリプトファン	U C A G	第3番目の塩基
	C	CUU CUC CUA CUG } ロイシン	CCU CCC CCA CCG } プロリン	CAU CAC } ヒスチジン CAA CAG } グルタミン	CGU CGC CGA CGG } アルギニン	U C A G	
	A	AUU AUC AUA } イソロイシン AUG メチオニン(開始)	ACU ACC ACA ACG } トレオニン	AAU AAC } アスパラギン AAA AAG } リシン	AGU AGC } セリン AGA AGG } アルギニン	U C A G	
	G	GUU GUC GUA GUG } バリン	GCU GCC GCA GCG } アラニン	GAU GAC } アスパラギン酸 GAA GAG } グルタミン酸	GGU GGC GGA GGG } グリシン	U C A G	

塩基配列 X … GGACTCCTCCCCACT

(1) 上の塩基配列 X が DNA のアンチセンス鎖のものである場合，この部分が転写されたときの mRNA の配列を答えよ。（　　　）

(2) 塩基配列 X が 1 番左の塩基から転写される場合，遺伝暗号表を参考にして対応するアミノ酸を順に答えよ。（　　　）

(3) 塩基配列 X の左から 5 番目の塩基 T が A に置きかわるときがある。このとき翻訳されるアミノ酸配列を順に答えよ。（　　　）

(4) (3)のような DNA の塩基配列の変化を何というか。次から選べ。（　　　）

欠失　　挿入　　置換

(5) (4)のような DNA の塩基配列に生じる変化を何というか。（　　　）

(6) 300個の塩基からなるある遺伝子について，この遺伝子が転写・翻訳されて生じたポリペプチドは，最大で何個のアミノ酸からなるか。（　　　）

(7) 次のようなアミノ酸配列をもつポリペプチドを指定する mRNA の塩基配列は何通りあるか。遺伝暗号表を参考にして答えよ。

セリン・ロイシン・アラニン・アスパラギン・アルギニン・グルタミン酸

（　　　）

3章 形質発現の調節

8 □ 原核生物の転写調節

① **オペロン説**…機能的に関連する複数の遺伝子（構造遺伝子）が隣接して存在し，共通の制御を受け，まとめて転写されるという説。**ジャコブ**と**モノー**が大腸菌の研究から提唱。

② **オペロン説による形質発現調節に働く領域**

- **構造遺伝子**…タンパク質のアミノ酸配列を直接指定する部分。
- **調節遺伝子**…調節タンパク質を合成し構造遺伝子の転写を制御する。
- **プロモーター**…RNAポリメラーゼが結合し，転写の出発点になる部分。
- **オペレーター**…調節タンパク質がここに結合すると転写開始が妨害される。

グルコースがありラクトースがないとき
プロモーター
オペレーター
構造遺伝子
調節遺伝子
mRNA
転写されない
リプレッサー（抑制因子）
RNAポリメラーゼ
グルコースがなくラクトースがあるとき
プロモーター
mRNA
転写
リプレッサー
ラクトース由来の物質
ラクトース分解酵素（β-ガラクトシダーゼ）

③ **リプレッサー**…構造遺伝子の発現を抑制する調節タンパク質。オペレーターに結合してRNAポリメラーゼの働きを阻害する。

9 □ 真核生物の転写調節

① 真核生物では，DNAの転写が起こるためには，RNAポリメラーゼが**基本転写因子**とともに**プロモーターに結合する**必要がある。

② **転写調節領域**…DNAのこの領域に結合した調節タンパク質が**転写複合体**（基本転写因子＋RNAポリメラーゼ）に作用して転写を調節する。

③ **染色体構造と転写**…DNAが折りたたまれた**クロマチン**のときは転写されず，クロマチンがほどけると調節タンパク質が結合して転写が始まる。

10 □ 遺伝子発現と細胞分化

① **選択的遺伝子発現**…分化した細胞ごとに，それぞれ発現している遺伝子が異なっていること。

② **遺伝子発現調節と細胞分化**…細胞分化の際，新たな調節遺伝子から調節タンパク質がつくられ，その細胞の遺伝子発現のパターンを変化させる。

③ **ハウスキーピング遺伝子**…すべての細胞で発現する。生命維持に重要。

基礎の基礎を固める！

(　　)に適語を入れよ。　答➡別冊 *p.22*

7 原核生物の転写調節　8

① 1961年に(❶　　　　)とモノーが大腸菌について提唱した**オペロン説**では，互いに関連した複数の(❷　　　　)**遺伝子**がまとまって存在し，(❸　　　　)**遺伝子**によってつくられる(❹　　　　)によってそれらが転写されるかされないかがコントロールされる。

② 構造遺伝子が転写されるためにはRNAポリメラーゼが(❺　　　　)に結合する必要があるが，(❻　　　　)**とよばれる特定の塩基配列の領域に調節タンパク質が結合すると転写は行われなくなる。**ラクトースを分解する酵素(ラクターゼ)の遺伝子のオペロンでは，グルコースがなくラクトースが存在すると，ラクトースの代謝産物が調節タンパク質と結合して，調節タンパク質が❻に結合できなくなることでラクターゼの遺伝子が転写され，ラクターゼが合成される。

8 真核生物の転写調節　9

① 真核生物の核内で遺伝子の転写が始まるためには，DNAが(❼　　　　)に巻き付いて(❽　　　　)を形成し，折りたたまれている状態(クロマチン)がほどけていなくてはいけない。

② さらに，RNAポリメラーゼが転写を始めるためには，(❾　　　　)というタンパク質がいっしょに(❿　　　　)に結合する必要がある。**転写調節領域**(転写調節配列)とよばれる領域に(⓫　　　　)が結合すると，この❿へのRNAポリメラーゼと❾の結合が調節される。真核生物の場合は，構造遺伝子に対して調節遺伝子や調節領域は離れた場所にあることが多い。

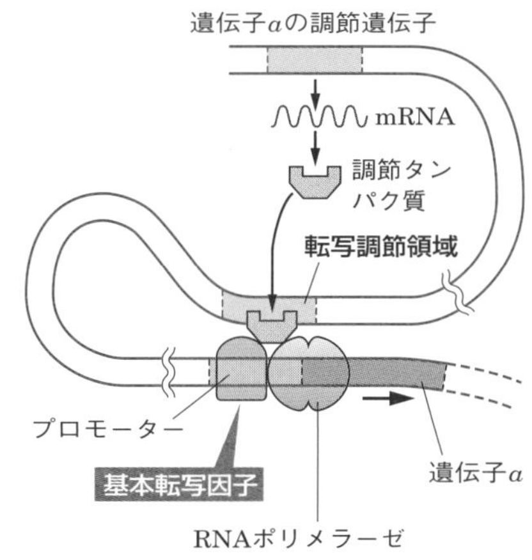

9 遺伝子の発現と細胞分化　10

① 体細胞分裂によって生じた細胞において，特定の遺伝子が発現するようになる。これを(⓬　　　　)という。また，⓬の結果，細胞が特定の働きをもつように変化することがあり，これを(⓭　　　　)という。

② ⓭によりさまざまな細胞が生じるが，その多くの細胞で働いている生命維持に重要な働きをする遺伝子を(⓮　　　　)遺伝子という。

テストによく出る問題を解こう！

答➡別冊 p.22

10 ［遺伝子発現と調節］ 必修

次の文を読み，以下の問いに答えよ。

多細胞生物のからだは，(①)が体細胞分裂をくり返すことによってつくられるので，からだを構成する細胞はすべて①と同じ(②)をもっている。しかし，発生が進むに従って異なる細胞に(③)が起こるのは，それぞれの細胞で働く遺伝情報が異なるからである。酵素などのタンパク質をつくる情報をもつ遺伝子を(④)というのに対して，遺伝子の働きを調節する遺伝子を(⑤)といい，この遺伝子によって合成された<u>ある種のタンパク質</u>がほかの遺伝子の働きを調節しているのである。

⑴　上の文中の空欄に適当な語句を下の語群から選んで語句で答えよ。

①(　　　　)　②(　　　　)　③(　　　　)
④(　　　　)　⑤(　　　　)

〔語群〕 ゲノム　受精卵　生殖細胞　構造遺伝子　調節遺伝子
分裂　分化　複製　遺伝

⑵　文中の下線部のタンパク質を何というか。　(　　　　)

ヒント 遺伝子の発現調節は，おもに転写開始段階の調節タンパク質の働きによって行われる。

11 ［オペロン説］ テスト

図は，大腸菌がラクターゼなどの酵素を合成するときの調節のしくみを示したものである。次の各問いに答えよ。

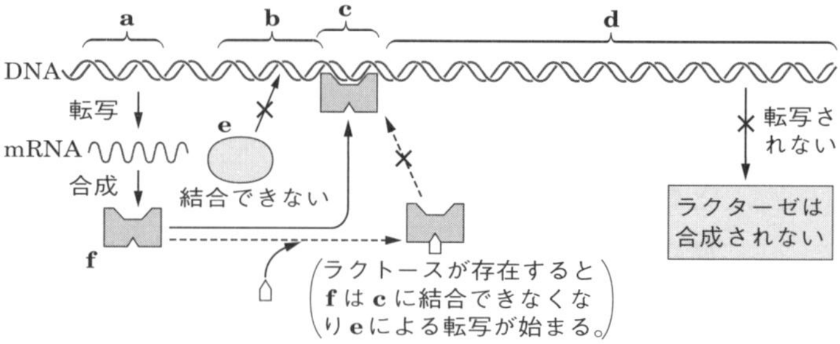

⑴　図中のDNAの **a** ～ **d** の領域をそれぞれ何というか。下の語群より選べ。

a (　　　　)
b (　　　　)
c (　　　　)
d (　　　　)

〔語群〕 プロモーター　オペレーター　構造遺伝子　調節遺伝子

⑵　図中の酵素 **e** を何というか。　(　　　　)

⑶　遺伝子 **a** によって合成され，**c** に結合して酵素 **e** の働きを阻害する調節タンパク質 **f** を何というか。　(　　　　)

⑷　このしくみを提唱した科学者２人を答えよ。　(　　　　)(　　　　)

ヒント 酵素が結合してRNA合成の出発点となる領域がプロモーター，調節タンパク質が結合して形質発現を調節する領域がオペレーターである。

12 ［真核生物の形質発現調節］

次の文を読み，文中の空欄に入る適当な語句を語群から選べ。

代謝に関する酵素などの，生命活動に必要な遺伝子は常に（ ① ）されているが，それ以外の遺伝子は，①によって合成される（ ② ）の量が細胞分裂や分化の段階に応じて細胞ごとに調整されている。真核生物ではRNAポリメラーゼが①を始めるにはRNAポリメラーゼとともに（ ③ ）とよばれるタンパク質が（ ④ ）に結合する必要があるが，この結合は，DNAの（ ⑤ ）とよばれる領域への（ ⑥ ）という調節タンパク質の結合の有無で調節される。⑤は遺伝子(構造遺伝子)とは（ ⑦ ）位置に存在することが多く，1つの遺伝子に対して複数存在する。また，逆に，関連した機能をもつ複数の遺伝子は共通の塩基配列の⑤をもつことで，1つの（ ⑧ ）の発現すなわち同じ⑥によって協働的に発現することができる。

①（　　　　　） ②（　　　　　） ③（　　　　　）
④（　　　　　） ⑤（　　　　　） ⑥（　　　　　）
⑦（　　　　　） ⑧（　　　　　）

〔語群〕 転写　翻訳　複製　プロモーター　オペレーター
基本転写因子　転写調節因子　転写調節領域　リプレッサー
調節遺伝子　隣接した　離れた　mRNA　tRNA

ヒント 転写の開始には，転写の出発点に酵素だけでなく基本転写因子も結合する必要がある。

13 ［選択的遺伝子発現］

多細胞生物ではそれぞれの細胞が特定の働きをもつようになるため，特定の遺伝子が働く必要がある。このような遺伝子発現について，次の各問いに答えよ。

(1) 特定の細胞において，あるいは発生の特定の時期において，特定の遺伝子が発現することがある。このような遺伝子発現を何というか。（　　　　　）

(2) (1)の結果，細胞が特定の働きをもつようになることを何というか。（　　　　　）

(3) (1)について述べている次の**ア**～**エ**のうち，正しくないものを1つ選び，記号で答えよ。

ア 眼の水晶体の細胞においてクリスタリン遺伝子が発現する。（　　）
イ 眼の水晶体の細胞においてクリスタリンタンパク質がつくられる。
ウ 眼の水晶体の細胞において酵素クリスタリンがつくられる。
エ クリスタリン遺伝子は構造遺伝子である。

(4) 次の①，②の細胞でのみ働く遺伝子を，下の**ア**～**カ**からそれぞれ1つずつ選び，記号で答えよ。

① すい臓ランゲルハンス島B細胞（　　）　② 小腸の細胞（　　）

ア インスリン　**イ** グルカゴン　**ウ** アクチン　**エ** ミオシン
オ マルターゼ　**カ** ペプシン

4章 動物の配偶子形成と受精

11 □動物の配偶子形成

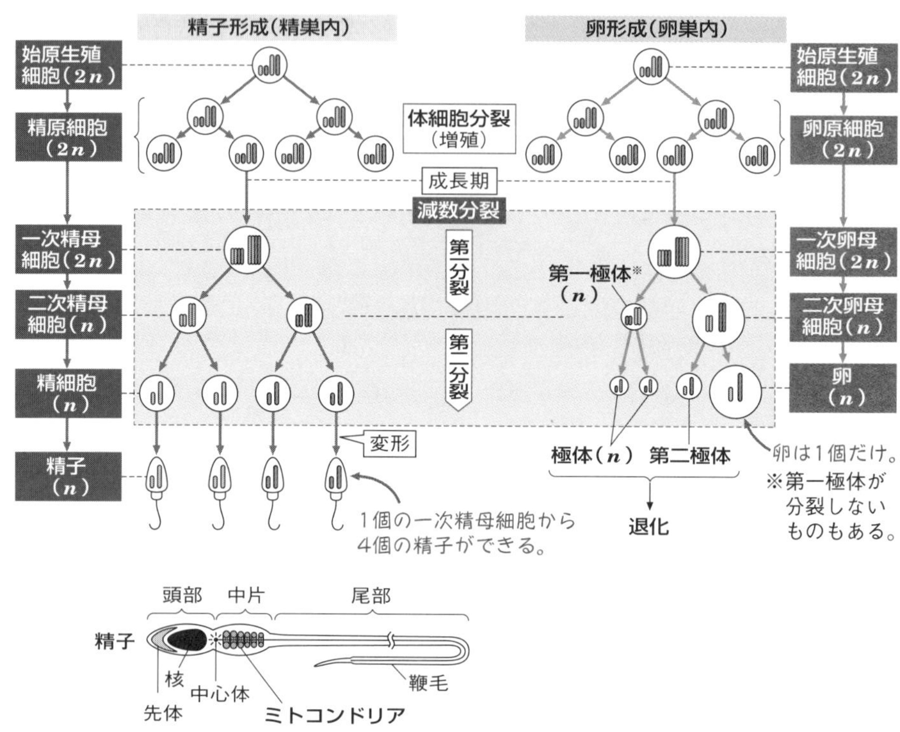

12 □ウニの受精とそのしくみ

① **先体反応**…精子が卵のゼリー層に接触➡頭部にある先体からタンパク質分解酵素などが放出され，さらに**先体突起**が伸びる。

② **表層反応**…精子が卵の細胞膜に接触➡細胞膜に受精丘ができ，表層粒の内容物が卵黄膜(卵膜)と細胞膜の間に放出される。

③ **受精膜の形成…卵黄膜が細胞膜から離れ，受精膜に変化する。➡多精拒否。**

④ **核の融合**…精子由来の星状体が働き，精核と卵核が融合する。

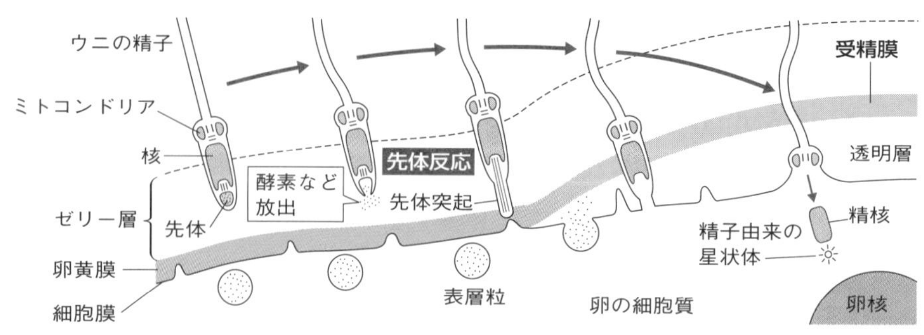

基礎の基礎を固める！

（　　）に適語を入れよ。　答➡別冊 *p.23*

10 精子の形成　🔑11

① 始原生殖細胞は未分化な（❶　　　　）に移動して（❷　　　　　）になる。❷は体細胞分裂をくり返して増殖し，やがて一部が成長して（❸　　　　　）となる。

② ❸は減数分裂を始め，第一分裂で（❹　　　　　）となり，このとき核相は（❺　　　）→（❻　　　）。さらに第二分裂をして，核相が n の，4個の（❼　　　）となる。

③ ❼は，著しい変形をして（❽　　　　）となる。

11 卵の形成　🔑11

① 始原生殖細胞は未分化な（⓫　　　　）に移動して（⓬　　　　　）になる。⓬は体細胞分裂をくり返して増殖し，やがて一部が成長して，細胞質に栄養物を多く蓄えた（⓭　　　　　）となる。

② ⓭は減数分裂を始め，第一分裂は不等分裂で，細胞質のほとんどを引き継ぐ大形の（⓮　　　　　）とほとんど細胞質をもたない小形の（⓯　　　　）となる。この分裂で核相は $2n$ →（⓰　　　　）。

③ 第二分裂では⓮は大形の（⓱　　　　）と小形の（⓲　　　　）になる。この細胞分裂も不等分裂で細胞質のほとんどを⓱が受け継ぐ。⓯も分裂して2個の極体になる場合もある。

12 ウニの受精　🔑12

① ウニでは，精子が卵のゼリー層に達すると（⓳　　　　）**反応**が起こってゼリー層を溶かすとともに**先体突起**が伸び，これが卵の細胞膜に達すると（⓴　　　　）**反応**が起こって**表層粒**の内容物が**卵黄膜**と細胞膜の間に放出される。これによって，卵黄膜が細胞膜から離れ，（㉑　　　　）に変化する。

② ㉑はほかの精子の卵への進入を防ぐ。やがて精核は中心体から微小管が伸びて形成された精子由来の（㉒　　　　）とともに卵核に近づき，精核と卵核の融合が起こる。これによって受精が完了し，発生が開始する。

テストによく出る問題を解こう！

答➡別冊 p.23

14 ［動物の配偶子形成］ 必修

次の A，B は，精子と卵の形成過程をそれぞれ示したものである。これについて，あとの各問いに答えよ。

A；精原細胞 →(a) ①（　　　　　） →(b) 二次精母細胞 →(c) ②（　　　　　） →(d) 精子

B；卵原細胞 →(e) 一次卵母細胞 →(f) ③（　　　　　） →(g) ④（　　　　　）

　　　　　　　　　　　　　　　　　↘ ⑤（　　　　　）　↘ ⑥（　　　　　）…退化

(1)　A，B 中の①～⑥に適当な語句をそれぞれ記せ。

(2)　過程 A，B はそれぞれ何とよばれる器官の中で進むか。

A（　　　　　）　B（　　　　　）

(3)　染色体数が半減するのは，a ～ g のいずれの過程か。すべて選べ。　（　　　　　）

(4)　1 個の一次精母細胞，一次卵母細胞からそれぞれ何個の精子や卵が形成されるか。

精子（　　　　　）　卵（　　　　　）

ヒント　精細胞の形成では 2 回の等分裂，卵の形成では 2 回の不等分裂が起こる。

15 ［精子のつくり］

図は，ヒトの精子の構造を示したものである。図中の a ～ g に入る適当な語を下の語群から選び答えよ。

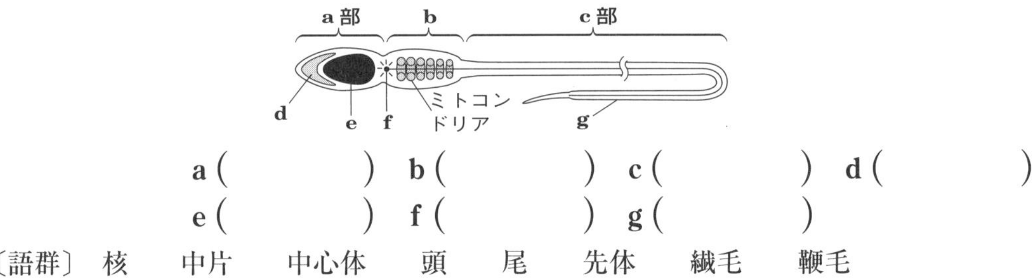

a（　　　　　）　b（　　　　　）　c（　　　　　）　d（　　　　　）

e（　　　　　）　f（　　　　　）　g（　　　　　）

〔語群〕　核　　中片　　中心体　　頭　　尾　　先体　　繊毛　　鞭毛

16 ［卵の形成］

次の文を読み，あとの各問いに答えよ。

　卵原細胞は体細胞分裂をくり返して増殖する。個体が成長すると，卵原細胞の一部は成熟して（ ① ）となる。やがて①は（ ② ）の複製を行い，複製が終了すると，減数分裂の第一分裂が始まる。ふつう，第一分裂の前期は長く，この間に受精後の初期発生に備えて（ ③ ）などのいろいろな成分が細胞質に蓄えられて著しい肥大成長を行う。終期の細胞質分裂は不等分裂を行うため，細胞質の大部分を受け継ぐ（ ④ ）と，細胞質をほとんどもたない（ ⑤ ）に分かれる。続いて起こる第二分裂も不等分裂で，大きな（ ⑥ ）と，小さな（ ⑦ ）となる。動物によっては，第一分裂後に分裂は休止状態となり，精子進入後に第二分裂を始めるものもある。

(1) 文中の空欄①～⑦に適当な語句を**ア**～**ケ**より選び，記号で答えよ。

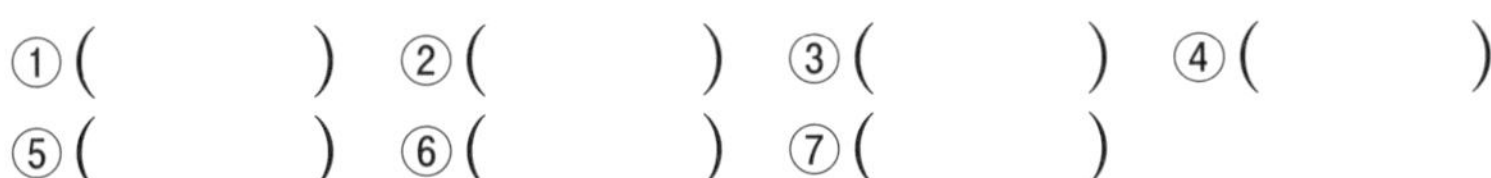

ア DNA　**イ** RNA　**ウ** 卵原細胞　**エ** 始原生殖細胞
オ 一次卵母細胞　**カ** 二次卵母細胞　**キ** 卵
ク 第一極体　**ケ** 第二極体

(2) 右の図の破線は卵形成における1細胞あたりのDNA量の変化を示したもので，図中の番号は文中の番号と対応している。1細胞あたりの染色体数の変化のグラフを，図中の太線に続けてかき込め。

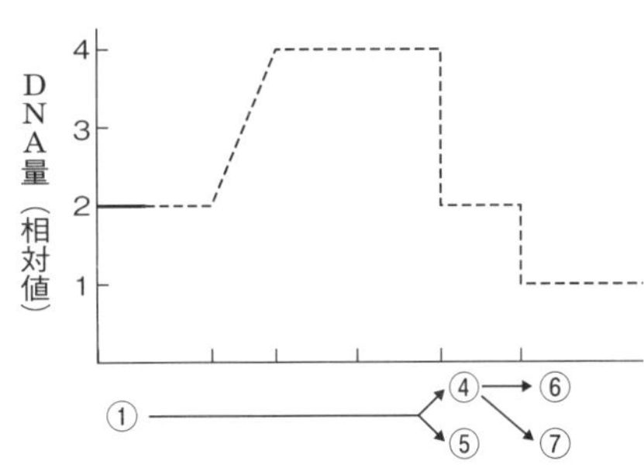

ヒント 減数分裂では，2回の分裂が連続して起こるが，第一分裂と第二分裂の間でDNAの複製は行われない。

17 ［動物の受精］ テスト

次の図は，ウニの受精のようすを示したものである。これについて，あとの各問いに答えよ。

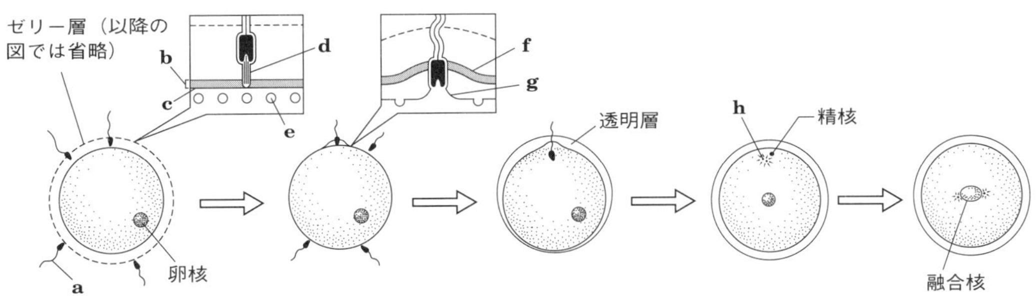

(1) 図中の**a**～**h**の各部の名称をそれぞれ答えよ。ただし**f**は**b**が変化したものである。

a（　　）**b**（　　）**c**（　　）
d（　　）**e**（　　）**f**（　　）
g（　　）**h**（　　）

(2) 卵核と融合核の染色体数を，1ゲノムに含まれる染色体の対の数をnとしてそれぞれ表せ。　**卵核**（　　）**融合核**（　　）

(3) **f**の役割は何か。おもな働きを2つ答えよ。

（　　）
（　　）

ヒント ウニでは，卵の細胞膜の外側に卵黄膜が密着しており，その外側にゼリー層がある。

5章 卵割と動物の発生

13 □ 卵割様式

① **卵割**…成長を伴わない**体細胞分裂**で，卵割によってできた娘細胞を**割球**という。

② **卵の種類と卵割**…卵の種類は**卵黄の量**で決まり，卵割の様式も異なる。

種類	卵の大きさ	卵黄の量	卵割の様式	動物の例
等黄卵	小さい	**少ない**	**全割**	ウニ・哺乳類
端黄卵	大きい	**多い**	**全割**	両生類
端黄卵	非常に大きい	**非常に多い**	**盤割**(ばんかつ)	鳥類・魚類
心黄卵	小さい	**多い**	**表割**	昆虫

14 □ ウニの発生の特徴

① ウニの卵は**等黄卵**で**等割**をするため，**胞胚腔**は**中央**にできる。

② **胞胚期**にふ化して，繊毛を使って泳ぎ始める。

③ 植物極付近に**原口**ができ，**陥入**が起こる。

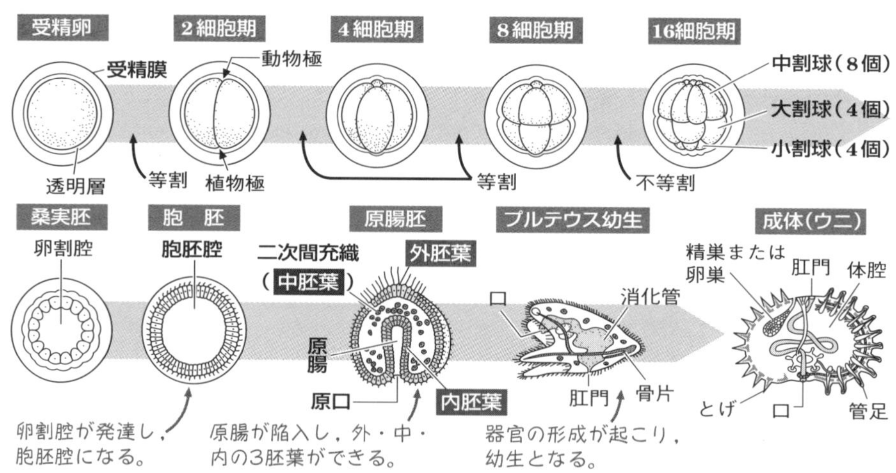

15 □ カエルの発生の特徴

① カエルの卵は**卵黄が植物極側に多い端黄卵**で**不等割**をするため，**胞胚腔は動物極側**にできる。

② 赤道面よりも植物極よりに**原口**ができ，**陥入**が起こる。

③ **神経胚**の時期に，**神経板→神経溝→神経管**と変化（発達）して，**神経管**がつくられる。

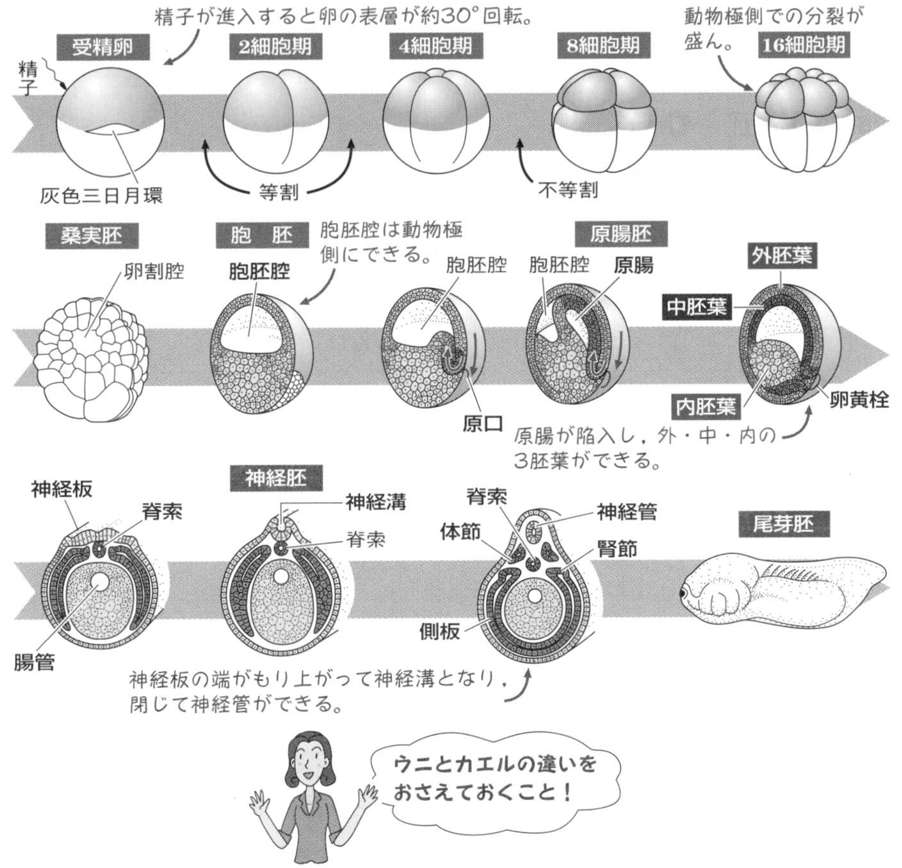

16 □ 胚葉と器官形成

● カエルの**尾芽胚**の各部は，それぞれ**外・中・内胚葉**に由来しており，将来，次のような器官に分化する。

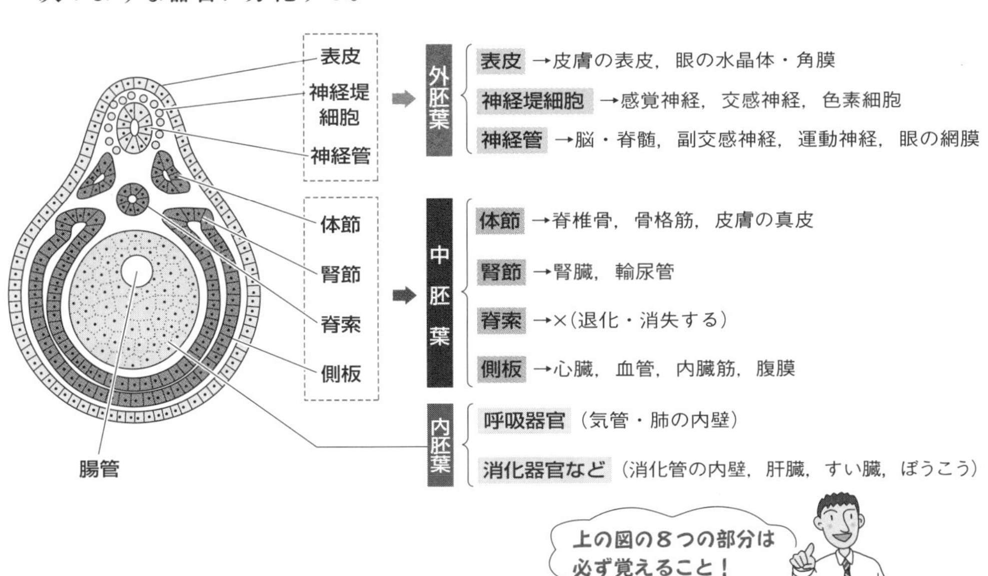

基礎の基礎を固める！

（　）に適語を入れよ。　答➡別冊 *p.24*

13 卵割の様式　🔑13

① 発生初期の細胞分裂は，成長を伴わない体細胞分裂で，(❶　　　　)とよばれる。

② 卵の種類は(❷　　　　)の量で決まり，卵割の様式も異なる。

卵の種類	卵の大きさ	卵黄の量	卵割の様式	動物の例
(❸　　　　)	小さい	少ない	(❹　　　　)	ウニ・ヒト
端黄卵	大きい	多い	全割	(❺　　　　)
(❻　　　　)	非常に大きい	非常に多い	(❼　　　　)	鳥類・魚類
心黄卵	小さい	多い	表割	昆虫

14 ウニとカエルの発生と器官形成　🔑14, 15, 16

① ウニの発生…等黄卵のウニの発生は次のように進み，卵割は(❽　　　　)。

受精卵 ⇢ 桑実胚 → (❾　　　　) → 原腸胚 → (❿　　　　) → 成体

胞胚腔形成　(⓫　　　　)の陥入　器官形成

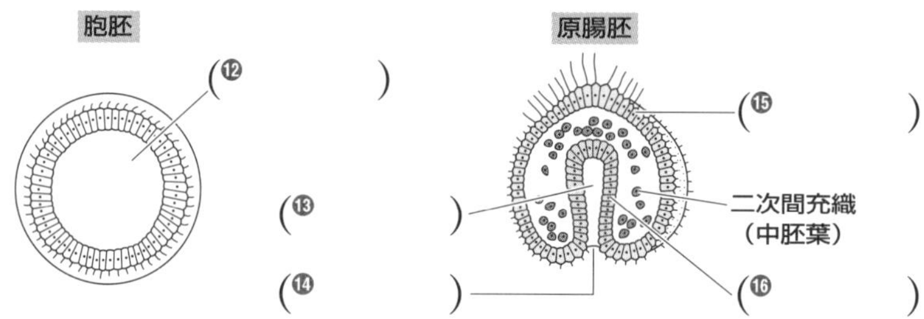

② カエルの発生…端黄卵のカエルの発生は次のように進み，卵割は(⓱　　　　)。

受精卵 ⇢ 胞胚 → 原腸胚 → (⓲　　　　) → 尾芽胚 → 幼生 → 成体

原腸の陥入　(⓳　　　　)形成　器官形成

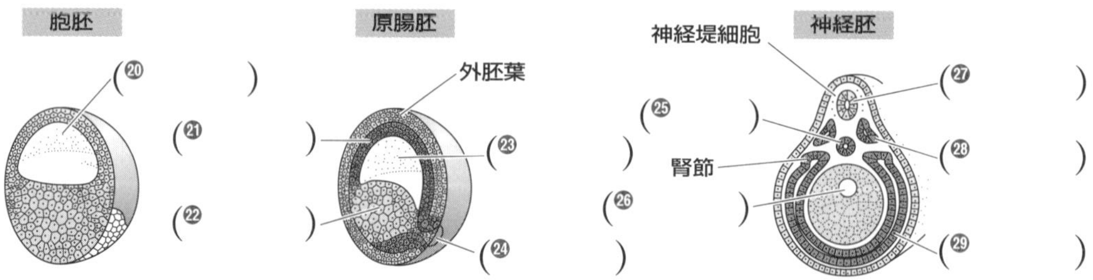

③ カエルの神経胚に見られる中胚葉由来の(㉚　　　　)は，将来，退化する。

テストによく出る問題を解こう！

答➡別冊 *p.24*

18 ［卵の種類と卵割様式］

卵割様式について説明した次の文の空欄に，適当な語句をそれぞれ記せ。

動物の卵の大きさは，およそ①（　　　）の量によって決まっている。ウニの卵は①の量が少なく比較的小形で，②（　　　）とよばれる。②では，卵割を妨（さまた）げる①の量が少ないため，第三卵割では，大きさの等しい8個の割球となる。このような等しい大きさの割球に分かれる卵割を等割とよぶ。

これに対して，カエルの卵は①の量が多く，植物極側にやや偏（かたよ）るため，③（　　　）とよばれる。カエルの初期発生では，第三卵割により，動物極側の④（　　　）な割球4個と，植物極側の⑤（　　　）な割球4個とに分かれる。このような割球に大小が生じる卵割様式を不等割とよぶ。等割や不等割は卵全体の卵割なので，⑥（　　　）とよぶ。

魚類や鳥類は，卵黄の量がきわめて多く，きわめて大きな卵をうむ。これらの卵も卵黄が植物極側に著しく偏在するので③に分類されるが，卵割は動物極側だけで進むので，卵割様式は⑦（　　　）とよばれる。

19 ［ウニの発生の過程］ 必修

次の図は，ウニの発生過程を模式的に示したものである。これについてあとの各問いに答えよ。ただし，図には，胚の外形および断面を示したものが混在している。

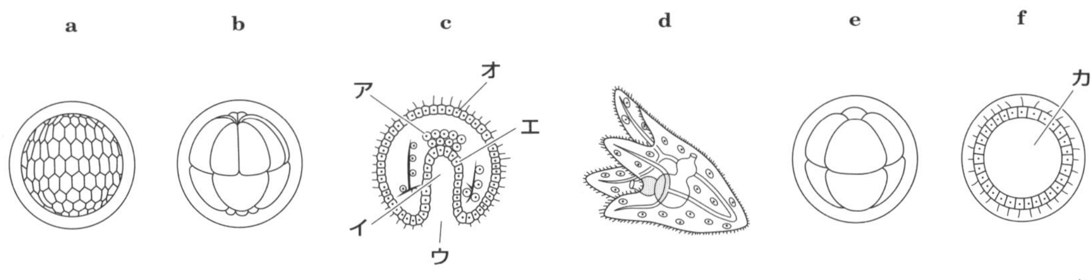

(1) 上の図a～fを正しい発生の順に並べかえよ。（　　　）

(2) 上の図中のc，d，fの各発生時期の名称を答えよ。

c（　　　）　d（　　　）
f（　　　）

(3) 上の図中の**ア**～**カ**の各部分の名称をそれぞれ答えよ。

ア（　　　）　**イ**（　　　）　**ウ**（　　　）
エ（　　　）　**オ**（　　　）　**カ**（　　　）

(4) ウニの卵の種類および卵割様式の名称をそれぞれ答えよ。

卵の種類（　　　）　**卵割様式**（　　　）

ヒント 胞胚腔は，桑実胚のころの卵割腔が拡大したものである。原腸の陥入の始まった部分を原口という。

20 ［カエルの発生の過程］ 必修

次の図は，カエルの発生過程の一部を模式的に示したものである。あとの各問いに答えよ。ただし，図は，胚の断面を示したものである。

a　b　c　d　e
ア　イ　ウ　エ　オ　カ　キ　ク　ケ　コ

⑴ 図a～eを正しい発生の順に並べかえよ。　(　　　　)

⑵ 図a，d，eの各発生時期の名称を答えよ。

a (　　　　) d (　　　　) e (　　　　)

⑶ 図中のア～コの各部分の名称をそれぞれ答えよ。

ア (　　　　) イ (　　　　) ウ (　　　　) エ (　　　　)
オ (　　　　) カ (　　　　) キ (　　　　) ク (　　　　)
ケ (　　　　) コ (　　　　)

⑷ カエルの卵の種類および卵割様式の名称をそれぞれ答えよ。

卵の種類 (　　　　) 卵割様式 (　　　　)

ヒント 原腸胚の後，胚の背中側に板状の構造ができる。これが神経板で，この時期を神経胚初期といい，神経胚中期にはこれが神経溝となり，神経胚後期には神経管となって内部に陥入する。

21 ［カエルの器官形成］ テスト

右の図は，神経胚後期から尾芽胚にかけての胚の断面を模式的に示したものである。

⑴ 図は横断面図か縦断面図か。　(　　　　)

⑵ 図中のa～hの各部の名称をそれぞれ答えよ。

a (　　　　) b (　　　　)
c (　　　　) d (　　　　)
e (　　　　) f (　　　　)
g (　　　　) h (　　　　)

a　b　c　d　e　f　g　h

⑶ 図中のa～hを外胚葉，中胚葉，内胚葉起源に分類せよ。

外胚葉 (　　　　) 中胚葉 (　　　　)
内胚葉 (　　　　)

⑷ 次の器官は，図中のa～hのどの部分から生じるか，それぞれ答えよ。

① 腎臓 (　　) ② 脳 (　　) ③ 網膜 (　　) ④ 心臓 (　　)
⑤ 肝臓 (　　) ⑥ 骨格筋 (　　) ⑦ 脊椎骨 (　　)

ヒント 神経や表皮は外胚葉性，筋肉・骨・血液・腎臓は中胚葉性，消化管・肝臓・呼吸器は内胚葉性器官である。

22 [尾芽胚の断面] 難

右の図は，カエルのある時期の胚の断面図を模式的に示したものである。

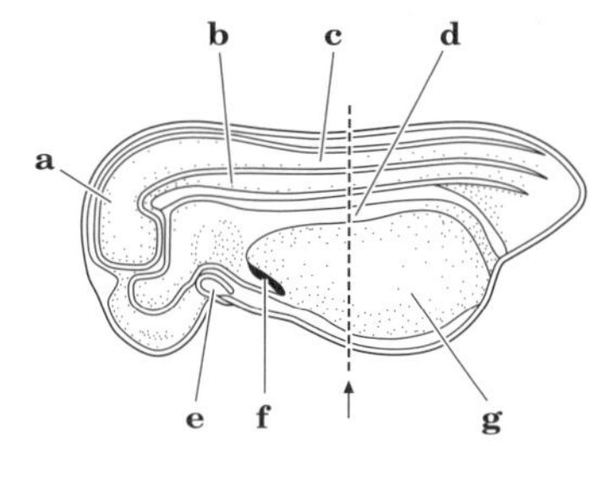

(1) カエルの胚がふ化するのは何胚の時期か。 (　　　)

(2) 図中の **a** ～ **g** の各部の名称をそれぞれ答えよ。

a (　　　) **b** (　　　) **c** (　　　)
d (　　　) **e** (　　　) **f** (　　　)
g (　　　)

(3) 図中の **a** ～ **g** から，中胚葉性の組織や器官をすべて選べ。 (　　　)

(4) 図中の **a** ～ **g** から，外胚葉性の組織や器官をすべて選べ。 (　　　)

(5) 図中の矢印の部分で切断したときの断面図は，下の図**ア**～**カ**のいずれになるか。 (　　)

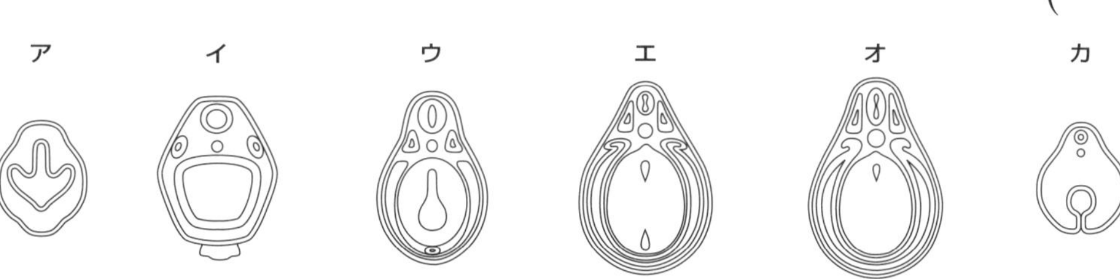

ヒント (5) 背中側から脊髄，脊索，消化管，卵黄がある部分で切断していることに注目しよう。

23 [胚葉から分化する器官や組織]

次の組織や器官の由来に関して，あとの各問いに答えよ。

a	食道(上皮)	**b**	内臓筋	**c**	眼の角膜	**d**	胃(上皮)	**e**	眼の網膜
f	すい臓	**g**	えら	**h**	腎臓	**i**	神経系	**j**	血管
k	眼の水晶体	**l**	骨格筋	**m**	心臓	**n**	肝臓	**o**	骨格

(1) 上の **a** ～ **o** から，外胚葉性の器官や組織をすべて選べ。 (　　　)

(2) 上の **a** ～ **o** から，中胚葉性の器官や組織をすべて選べ。 (　　　)

(3) 上の **a** ～ **o** から，内胚葉性の器官や組織をすべて選べ。 (　　　)

(4) 動物の器官は，いくつかの組織が集まってできている。右図はその一例で，皮膚の断面を示したものである。**ア**～**ウ**の名称をそれぞれ答えよ。

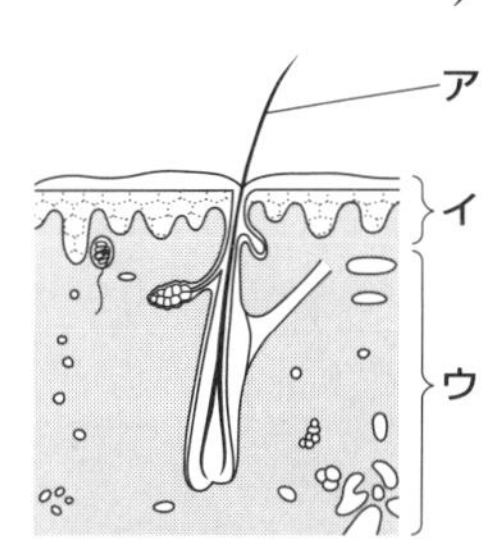

ア (　　　) **イ** (　　　) **ウ** (　　　)

(5) 右図の**ア**～**ウ**は，それぞれ何胚葉由来か。

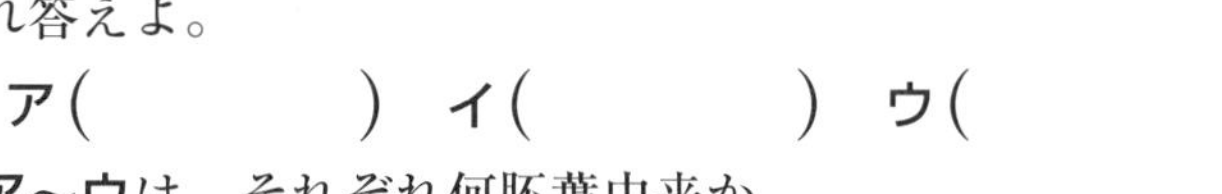

ア (　　　) **イ** (　　　) **ウ** (　　　)

ヒント (3) すい臓や肝臓は消化管由来の内胚葉性器官である。
(5) 真皮は体節に由来する組織である。

6章 発生と遺伝子の調節

17 □ 胚の予定運命

① フォークトが，イモリの胞胚を用いて，各部を染め分ける**局所生体染色法**により調べた。

② **原基分布図(予定運命図)**…染色した部分が将来何になるかをまとめた図(⇨右図)。

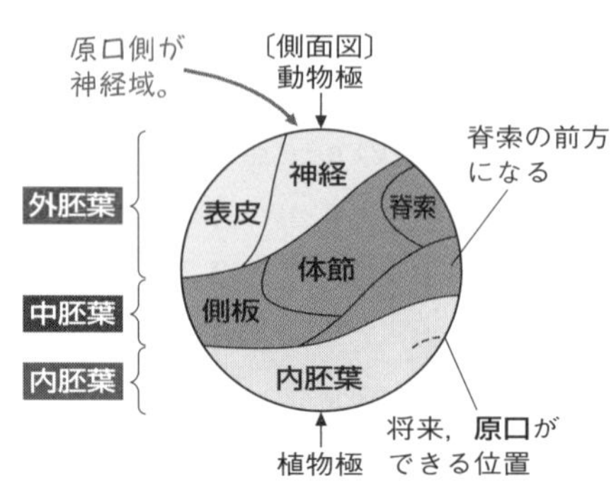

18 □ 形成体の発見

① シュペーマンは，イモリ胚の交換移植実験を行った。➡イモリでは，**原腸胚初期～神経胚初期の間に運命が決定**。

② **原口背唇部**(原口のすぐ上の部分)は，自らは脊索に分化し，接する**外胚葉を神経管へと誘導する**➡誘導作用をもつ部分を**形成体**(オーガナイザー)という。

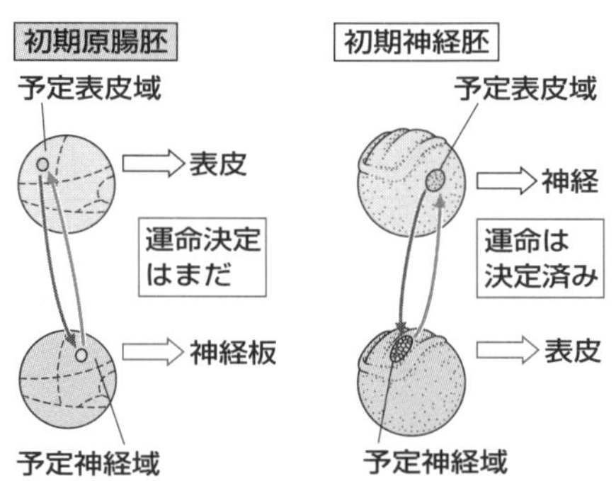

19 □ 誘導の連鎖(眼の形成)

●イモリの眼は，図のような**誘導の連鎖**によって形成されていく。

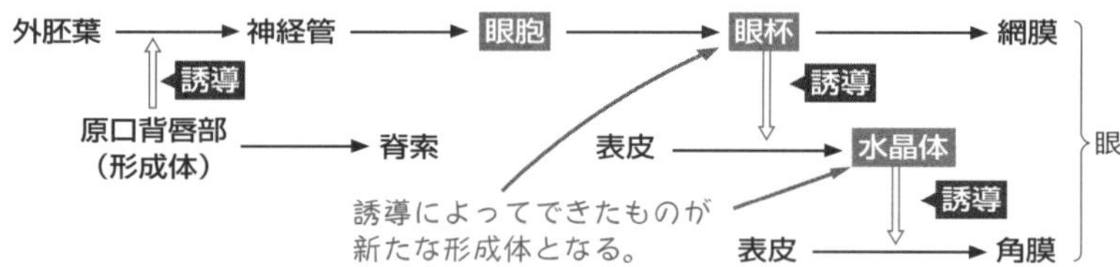

20 □ 中胚葉誘導

① **予定内胚葉域が予定外胚葉域**(動物極側の領域…アニマルキャップ)を中胚葉に分化させる働きを**中胚葉誘導**という。

② 胞胚期に中胚葉誘導された中胚葉の背側の領域は**形成体(原口背唇部)に分化**。

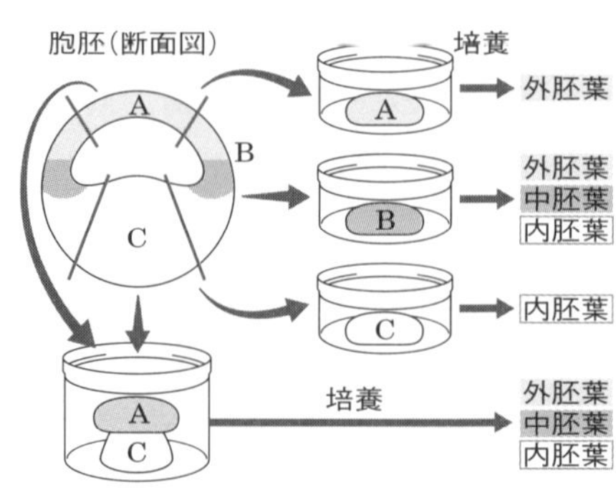

③ ノーダル…中胚葉誘導に関与するタンパク質。βカテニンと VegT により発現が促進される。ノーダルの濃度勾配が背腹軸を決める。

21 □ 神経誘導・背腹軸決定のしくみ

① **BMP**(骨形成因子)…背腹軸の決定に関与する調節タンパク質。

- 外胚葉で BMP が受容体に結合する➡表皮に分化。
- 外胚葉で BMP が受容体に結合できない➡神経が分化(**神経誘導**)。
- 中胚葉で BMP が受容体に結合できない➡阻害タンパク質濃度が濃い順に，脊索→体節→腎節→側板が分化。

② ノギン，コーディン…形成体（原口背唇部に該当）が分泌する BMP の阻害タンパク質。BMP に結合して受容体との結合を妨(さまた)げる。

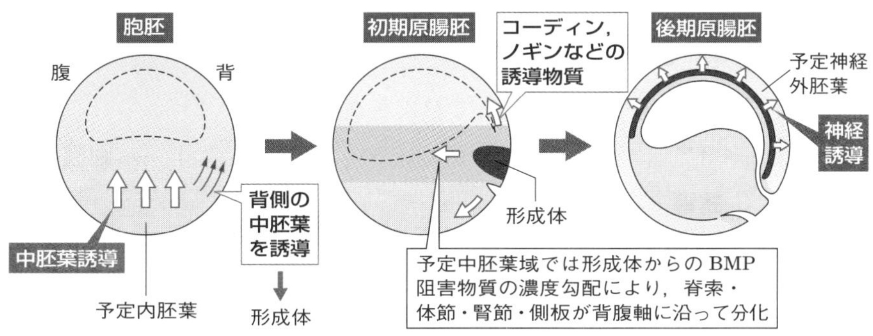

22 □ ショウジョウバエの前後軸決定

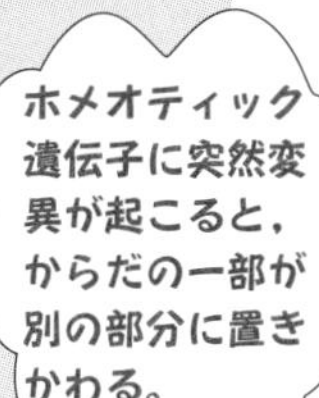

① 未受精卵の細胞質に**母性効果遺伝子**の mRNA を貯蔵。

- **ビコイド mRNA** …前方に局在
- **ナノス mRNA** …後方に局在

受精卵で翻訳されて合成されたビコイドタンパク質とナノスタンパク質が拡散し，濃度勾配が生じる。➡この相対的濃度が前後軸を決める。

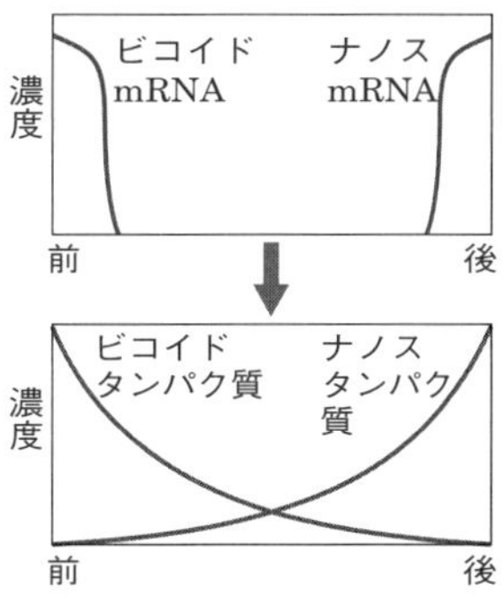

② **分節遺伝子**…胚の前後軸に沿って体節をつくる遺伝子。3つのグループがあり，段階的に胚を小さな体節に分けていく。

ギャップ遺伝子➡ペア・ルール遺伝子➡セグメント・ポラリティ遺伝子

③ **ホメオティック遺伝子**…体節ごとに決まった構造をつくる働きをもつ調節遺伝子。

- **アンテナペディア遺伝子群**…頭部と胸部の発生にかかわる。
- **バイソラックス遺伝子群**…胸部と腹部の発生にかかわる。

基礎の基礎を固める！

(　　)に適語を入れよ。 答➡別冊 *p.25*

15 胚の予定運命の決定 🔑17, 18, 20

① フォークトは，イモリの胞胚の各部を(❶　　　　　)染色法で染め分けてどのような組織に分化するかの予定運命を調べ，(❷　　　　　)図を作成。

② シュペーマンは，イモリの初期原腸胚を用いた実験で，原口背唇部が(❸　　　　　)として働いて，ほかの胚域の分化を(❹　　　　　)することを見つけた。

③ イモリの胞胚の(❺　　　　　)極側の領域(アニマルキャップ)は単独で培養すると(❻　　　　　)胚葉組織に分化するが，(❼　　　　　)胚葉組織に分化する植物極側領域を接着して培養すると，アニマルキャップから中胚葉組織が分化した。この予定内胚葉域の働きを(❽　　　　　)という。

16 誘導の連鎖 🔑19

眼は，次のような誘導の連鎖によって形成される。

外胚葉 → (❾　　　　　) → 眼胞 → (❿　　　　　) → 網膜

⇧誘導（原口背唇部 → 外胚葉）

原口背唇部 → (⓫　　　　　)

⇩誘導（眼胞 → 表皮）

表皮 → (⓬　　　　　)

⇩誘導

表皮 → (⓭　　　　　)

17 神経誘導・背腹軸決定のしくみ 🔑21

① 予定外胚葉域の細胞は，細胞膜の受容体が(⓮　　　　　)(骨形成因子)と結合することで(⓯　　　　　)に分化する。

② (⓰　　　　　)(原口背唇部)は，⓮と受容体との結合を妨げるノギン，コーディンなどの(⓱　　　　　)を分泌して表皮への分化を阻害するため，背側の外胚葉の細胞からは(⓲　　　　　)が分化する。この働きを(⓳　　　　　)という。

18 ショウジョウバエの前後軸決定 🔑22

① 卵形成中に(⓴　　　　　)のmRNAが貯蔵される。ショウジョウバエの卵は(㉑　　　　　)のmRNAが多い側が前，ナノスのmRNAが多い側が後方になる。

② 受精後mRNAが翻訳されたタンパク質の濃度勾配によって(㉒　　　　　)が決定すると，(㉓　　　　　)遺伝子，ペア・ルール遺伝子，セグメント・ポラリティ遺伝子などの(㉔　　　　　)遺伝子が順番に働いて体節構造がつくられる。

③ 成虫の触角やはねなどがどの体節に形成されるかは(㉕　　　　　)遺伝子という複数の調節遺伝子の組み合わせによって決まっている。

テストによく出る問題を解こう！

答➡別冊 *p.25*

24 ［イモリ胚の予定運命］

フォークトが行った実験に関する次の文を読んで，あとの各問いに答えよ。

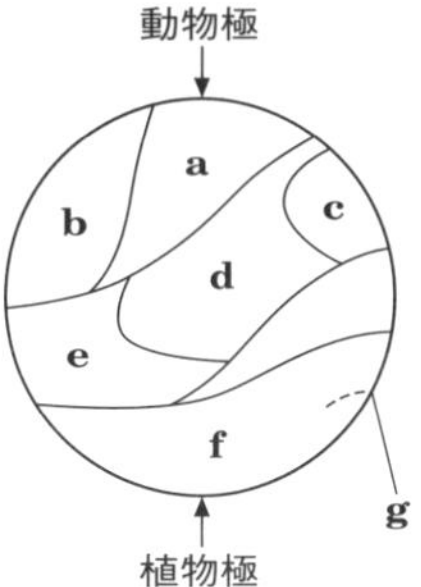

フォークトは，①生体に無害な色素を使って寒天を染色し，この寒天を小さく切ってイモリの胞胚の各部に貼りつけて胚の各部を染色した。そして，その染色した部分が将来どのような器官や組織になるかを観察して，②各胚域の将来の予定運命を示す地図を作製することに成功した。

(1) 下線部①のような染色方法を何とよぶか。（　　　）

(2) 下線部②の地図を何とよぶか。（　　　）

(3) 右上の図は，下線部②の地図を示したものである。図中の **a** ～ **g** の各部はそれぞれ何とよばれる予定域か。

a（　　　） **b**（　　　） **c**（　　　） **d**（　　　）
e（　　　） **f**（　　　） **g**（　　　）

(4) 図中の **a** ～ **f** を外胚葉域，中胚葉域，内胚葉域に分類せよ。

外胚葉域（　　　） **中胚葉域**（　　　）
内胚葉域（　　　）

ヒント (4) 胞胚期では，動物極側が外胚葉域となり，神経や表皮が分化する。また，植物極側は内胚葉域となる。

25 ［ショウジョウバエの発生と遺伝子］ 難

ショウジョウバエの発生過程を観察すると，下図の a ～ d のように受精後のさまざまな時期に胚の特定の領域だけで発現している遺伝子が観察された。

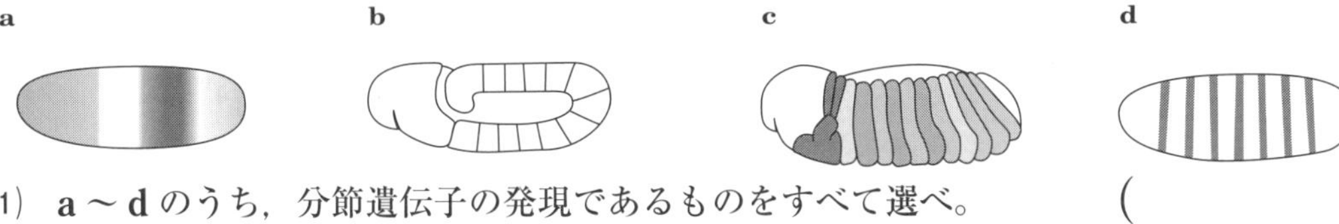

(1) **a** ～ **d** のうち，分節遺伝子の発現であるものをすべて選べ。（　　　）

(2) **b** と **d** の発現パターンをもつ遺伝子の名称を答えよ。

b（　　　） **d**（　　　）

(3) **a** ～ **d** の遺伝子の発現順序を答えよ。（　　　）

(4) **a** ～ **d** のうち体節に特定の構造を形成する遺伝子の発現パターンを選べ。（　　　）

(5) (4)に属する遺伝子が突然変異を起こした結果，本来ショウジョウバエの触角が生じる位置に脚が生えた突然変異体が得られた。この突然変異体の名称を答えよ。

（　　　）

26 ［内胚葉の誘導の働き］ 必修

発生の調節に関する次の文を読み，各問いに答えよ。

イモリの胞胚を下図のように3つの領域に分けてそれぞれ単独で培養すると，**A**は外胚葉，**C**は内胚葉，**B**は外胚葉・中胚葉・内胚葉に分化する。また，**A**と**C**を接触させて培養すると，**A**から外胚葉に加えて中胚葉組織も分化した。

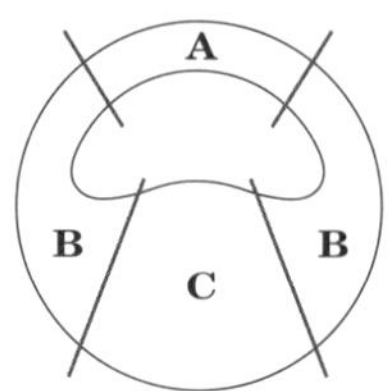

(1) 文中の下線部のような**C**の働きを何というか。 (　　　　)

(2) (1)に関与し，その濃度勾配が背腹軸を決めるタンパク質を何というか。 (　　　　)

(3) 中胚葉組織には，どのようなものがあるか。3つあげよ。 (　　　　)(　　　　)(　　　　)

ヒント (1) 内胚葉による，ほかの胚域から中胚葉を誘導する働き。

27 ［神経を誘導するしくみ］

発生の調節に関する次のA，Bの文を読み，各問いに答えよ。

A. アフリカツメガエルの胞胚のアニマルキャップ(動物極付近の部分)を単独で培養すると表皮が分化する。このアニマルキャップに[a]原口が生じる予定中胚葉領域の上部背中側の領域を接触させて培養すると[b]神経に分化した。

(1) 文中の下線部**a**の領域を何というか。 (　　　　)

(2) 下線部**b**のように神経に分化させる働きを何というか。 (　　　　)

B. 近年の研究で，アニマルキャップの部分の個々の細胞は[c]ある特殊なタンパク質を分泌し，それを細胞の受容体で受容することで，表皮に分化するための遺伝子の発現が誘導されていることがわかった。一方，原口の上部背中側の領域は，この特殊なタンパク質が受容体と結合するのを妨げる[d]阻害タンパク質を分泌してアニマルキャップが表皮へ誘導されるのを①(　　　)して，神経に分化するのを②(　　　)していることがわかった。

(3) 文中の下線部**c**，**d**にあたるタンパク質を，次の語群のなかから，**c**は1つ，**d**は2つ選べ。 **c**(　　　　)

d(　　　　)(　　　　)

〔語群〕 ノギン　アクチン　コーディン　アクチビン　BMP

(4) 文中の空欄①，②には促進，阻害のいずれかが入る。それぞれどちらが入るか答えよ。 ①(　　　　) ②(　　　　)

ヒント BMPはノギンと結合すると，表皮への誘導作用を失う。

28 [誘導の連鎖] 必修

イモリの眼の形成のしくみに関する各問いに答えよ。

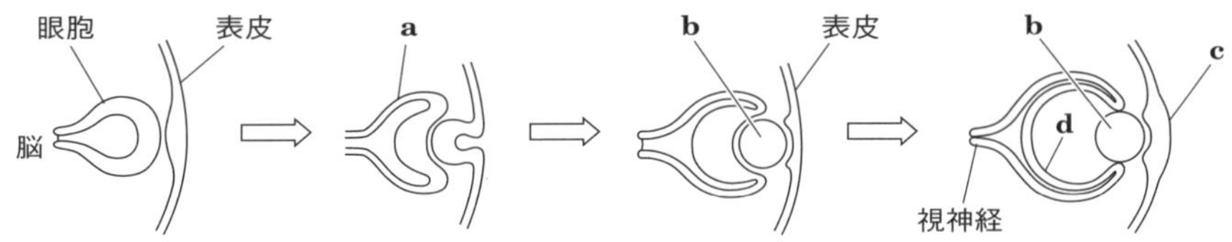

(1) 上の図中の **a** ～ **d** の各部の名称をそれぞれ答えよ。

a (　　　　) **b** (　　　　) **c** (　　　　) **d** (　　　　)

(2) 上の図中では，2度の誘導作用が起こっている。それぞれ誘導した器官と誘導されて生じた器官を答えよ。

(　　　　が　　　　を誘導)

(　　　　が　　　　を誘導)

(3) (2)のような働きをする部分を何とよぶか。(　　　　)

(4) 誘導作用が連続してからだの器官が形成されることを何とよぶか。(　　　　)

(5) 神経管は，どの部分の誘導作用によって外胚葉から形成されるか。(　　　　)

ヒント 神経管から脳と脊髄が分化する。また，眼杯は網膜に分化する。

29 [形態形成を調節する遺伝子]

右図は，ショウジョウバエの受精卵の前後軸の形成に関係するタンパク質 a と b，およびそのタンパク質合成に関係する mRNA の c と d の未受精卵内の分布を示したものである。次の各問いに答えよ。

図1

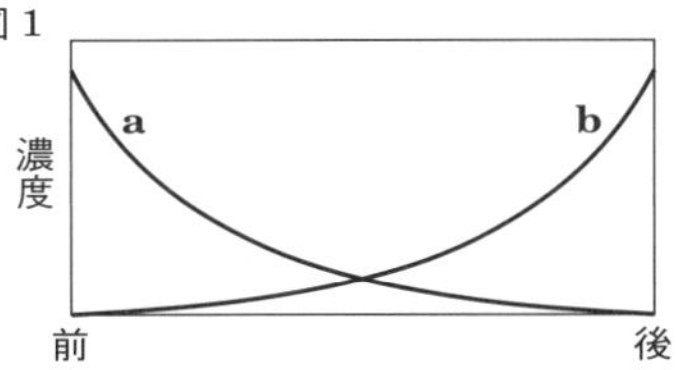

濃度

a　b

前　後

図2

c　d

前　後

(1) **a** ～ **d** にあてはまる物質をそれぞれ下から選べ。

a (　　　　)

b (　　　　)

c (　　　　)

d (　　　　)

ビコイドタンパク質　　ナノスタンパク質

ビコイド mRNA　　ナノス mRNA

(2) ビコイド mRNA やナノス mRNA をコードする遺伝子をそれぞれビコイド遺伝子，ナノス遺伝子というが，母親の遺伝子を転写した mRNA が卵に伝えられ，子のからだの前後軸を決める働きをしている。このような働きをする遺伝子を何というか。

(　　　　)

(3) ショウジョウバエの体節は，それぞれ決まった調節遺伝子が働くことで形成される。この遺伝子が突然変異を起こすと，触角やはねなどの構造が本来と異なる部位に生じたりする。この遺伝子を何というか。(　　　　)

ヒント (3) 触角の位置に脚が形成されたり，本来は1対のはねが2対生じたりする突然変異は，ホメオティック突然変異とよばれる。

7章 遺伝子を扱う技術

23 □ 遺伝子操作の方法

① **遺伝子組換え**…細胞に外部から遺伝子を導入すること。

- **制限酵素**… DNA を特定の配列の部分で切断する酵素。
- **ベクター**…遺伝子の「**運び屋**」となるもの。大腸菌の**プラスミド**など。
- **DNA リガーゼ**… DNA 断片どうしをつなぎ合わせる酵素。

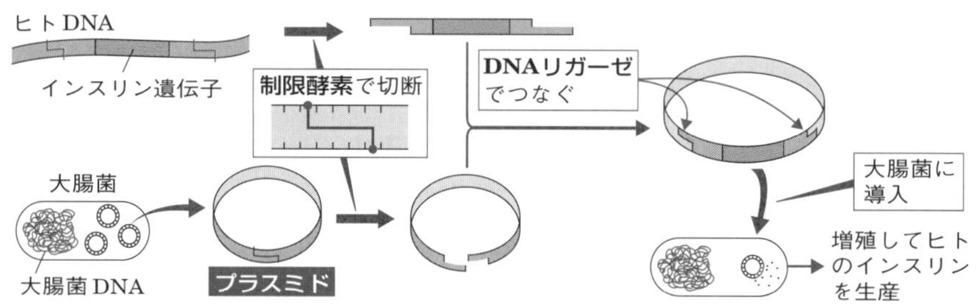

② **トランスジェニック生物**…人為的に導入された外来の遺伝子を体内で発現する生物。例 *GFP* 遺伝子を導入した光るカエル，青いバラ

24 □ DNA の増幅

① **PCR 法**(ポリメラーゼ連鎖反応法)…DNA を加熱して2本鎖をほどく反応と温度を下げて **DNA ポリメラーゼ**(**DNA 合成酵素**)と**プライマー**(増幅させたい部分の起点となる **DNA**)による複製をくり返すことで DNA を急速に増幅する。

② プライマーが結合する領域より上流(3′末端側)の DNA は複製されないので，2回目以降はプライマーにはさまれた部分のみが効率よく増えていく。

2本鎖 DNA 3′ 5′ 5′ 3′
くり返す
加熱 92～97℃
1本鎖に分かれる
50～60℃
プライマー
DNA ポリメラーゼ
72℃
DNA 複製

25 □ 塩基配列の解析(サンガー法)

① 塩基配列を調べたい1本鎖の DNA を鋳型として，通常のヌクレオチドと，特殊なヌクレオチドに A・C・G・T のどれかがわかる蛍光標識をつけたものを加えて，相補的な塩基対をもつ鎖を合成させる。

② 特殊なヌクレオチドを取り込んだところで DNA の合成が止まるので，さまざまな長さの DNA 断片ができる。

③ これを**電気泳動**にかけ，蛍光のパターンを読み取り塩基配列を解析する。

26 □ 電気泳動

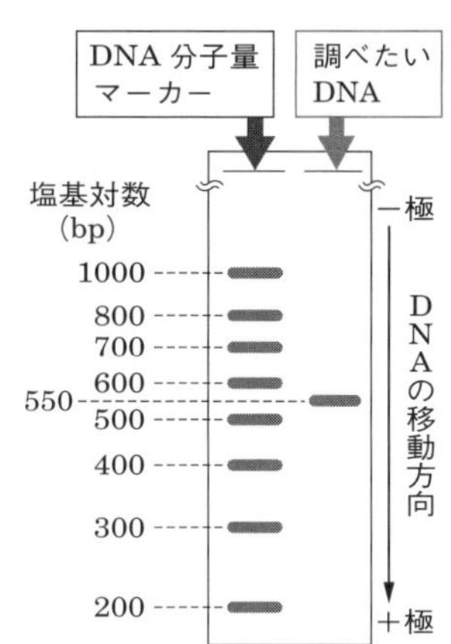

電気泳動は塩基配列の解析やDNA鑑定などさまざまな調査で行われる。

① 緩衝液を入れたアガロースゲル（寒天ゲル）中にDNAを入れて電圧をかけると，**DNAは（−）の電荷をもつので（＋）方向に移動する。**

② 短いDNA断片ほど同じ時間で長い距離を移動する。

③ この移動距離を塩基対数がわかっているDNA分子量マーカーと比較して，DNA断片の塩基対数（bp）を推定することができる。

27 □ ゲノムプロジェクト

① **ゲノムプロジェクト**…ある生物のもつ全DNAの塩基配列を調べる。

② **ヒトゲノム計画**は，2003年にほぼ終了。ヒトのDNAがもつ約30億塩基対が解明され，約20500個の遺伝子が存在することがわかった。

28 □ バイオテクノロジーの応用

DNAマイクロアレイは，mRNAと相補的に結合したDNAが蛍光を発するようにできている。

① **DNAマイクロアレイ**…多数の小孔（セル）にそれぞれ異なる既知の塩基配列の1本鎖DNAを入れた板（チップ）に，特定の細胞から抽出したmRNAを入れて，その細胞がどの遺伝子を発現しているかを調べる。

② **遺伝子治療**…遺伝子欠損などで起こる病気の治療のため，ベクターを使って，欠けている遺伝子を体内に入れて治療を試みる方法。

③ **オーダーメイド医療**…患者個人の遺伝情報（**一塩基多型**：SNP ➡ p.8）を調べ，その患者に合う薬を処方するなど最適な治療を行うこと。

④ **DNA型鑑定**…ゲノムに含まれている**塩基配列のくり返し部分（反復配列）**のパターンを調べることで個人の識別をする方法。

⑤ **RNAシーケンシング**…次世代シーケンサーを用いて，組織から抽出したmRNAの種類と発現量を調べる方法。

29 □ 遺伝子の改変による解析

① **ノックイン**…目的の遺伝子を改変する技術。

② **ノックアウト**…目的の遺伝子の発現を失わせる技術。

③ **ノックダウン**…遺伝子DNA自体は操作せずに，目的の遺伝子の発現を減少させる技術。

④ **ゲノム編集**…染色体上の特定の塩基配列を認識して切断するように設計された酵素を用いて，目的の遺伝子を任意に改変する技術。

基礎の基礎を固める！

（　　）に適語を入れよ。 答➡別冊 *p.27*

19 遺伝子操作 ⚿23

① (❶　　　　　　　)…人工的に特定の遺伝子を別のDNAに組み込むこと。

② 目的の遺伝子を含むDNAと，細菌がもつ小さな環状DNAである(❷　　　　　)を，同じ(❸　　　　　　)で切断して混合し，(❹　　　　　　　　　)で切断部をつなぎ合わせる。これにより目的遺伝子が挿入された❷が生じる。これを大腸菌などに取り込ませ(**遺伝子導入**)，組み込んだ遺伝子を発現させる。このとき❷のように遺伝子の運び屋となるものを(❺　　　　　　)という。

③ ❶で得た**組換えDNA**を，❷や特定のウイルスなどの❺を使ったり，小さな針や遺伝子銃を使って受精卵や植物細胞に取り込ませて個体まで育てると，*GFP*遺伝子を導入した光るカエルや青いバラなどの(❻　　　　　　　　　)**生物**が得られる。

20 DNAの増幅 ⚿24

目的とするDNAを短時間で大量に複製する技術として，(❼　　　　　)法と略される**ポリメラーゼ連鎖反応法**が広く行われている。❼法では，複製するDNAを95℃に加熱して(❽　　　　　)鎖とし，これに(❾　　　　　)とヌクレオチド，そして熱に強い性質の(❿　　　　　　　　　)を加えて少し温度を下げると，1本鎖となったDNAが(⓫　　　)となって，相補的な塩基をもつヌクレオチドが結合してもとの2本鎖と同じDNAが複製される。この温度の上昇と下降をくり返すことで多量にDNAの複製ができる。

21 塩基配列の解析と電気泳動 ⚿25, 26, 27, 28

① **サンガー法**では，塩基配列を調べたい1本鎖のDNAを(⓬　　　　　)として，DNAを構成するヌクレオチドと，一部，合成を止める特殊な糖をもったヌクレオチドを加えて，調べたいDNAと(⓭　　　　　)なヌクレオチド鎖を合成させる。すると，合成を止める糖の働きでさまざまな長さの(⓮　　　　　)断片ができる。これを電気泳動にかけてその泳動パターンから塩基配列を解析する。

② **電気泳動**では，緩衝液に浸したアガロースゲル(寒天ゲル)中にDNAを入れて電圧をかけると，DNAは(⓯　　　　　)の電荷をもつので(＋)方向に移動する。短いDNA断片ほど速く，長い断片は遅く移動する。

③ これらの技術を用いて，ヒトゲノムがもつ約30億塩基対の塩基配列をすべて解読する国際プロジェクトが(⓰　　　　　　　　　)であり，2003年に完了した。

④ 個人によって異なる(⓱　　　　　　　)の情報を調べることで最適の薬や治療法を選べる(⓲　　　　　　　)**医療**の研究が進められている。

テストによく出る問題を解こう！

答➡別冊 *p.27*

30 ［遺伝子の組み込み］ 必修

次の文を読み，以下の問いに答えよ。

バイオテクノロジーによって，大腸菌にヒトのインスリンを合成させることができる。このとき，大腸菌の（ **a** ）という環状のDNAを利用する。（ **a** ）とヒトのインスリンをつくる遺伝子部分のDNAからイントロンを取り除いたもの(以降「遺伝子」という)をそれぞれある酵素**A**で切断する。すると，どのDNA断片も切断部は2本鎖の一方だけが数塩基，同じ配列で出ている状態となって，（ **a** ）と遺伝子の切断部が相補的に結合することができる。そこで（ **a** ）と遺伝子を混合し，ある酵素**B**を使って切断部のヌクレオチド鎖をつなぐ。するとア遺伝子が組み込まれた（ **a** ）ができる。これを大腸菌に取り込ませる。すると，大腸菌内で遺伝子が働いて大腸菌がヒトのイインスリンをつくるようになる。

(1) 文中の（ **a** ）に入る適当な語句を記せ。 （　　　　）

(2) 文中の**A**，**B**で示された酵素の名称を答えよ。 **A**（　　　　）
B（　　　　）

(3) 文中の下線部**ア**を何というか。 （　　　　）

(4) 文中の下線部**イ**のインスリンの材料となる有機物の名称を答えよ。（　　　　）

(5) 文中の（ **a** ）やある種の細菌，ウイルスのように遺伝子の運び屋となるものを総称して何というか。 （　　　　）

ヒント 大腸菌は染色体DNAともよばれる核様体のDNAのほかに，プラスミドという比較的短い環状のDNAをもち，これも主となる核様体のDNAと同様に複製も形質発現も行う。

31 ［トランスジェニック生物の作出］ 難

生物に外来遺伝子を導入してトランスジェニック生物をつくる技術に関して書かれた次の①～④の文について，おもに植物で行われているか，動物で行われているか答えよ。両方ともよくあてはまる場合は○をつけよ。

① 受精後，卵の核と融合する前の精子の核に組換えDNAを注入する。 （　　）

② 受精卵に目的の遺伝子を組み込んだウイルスを感染させる。 （　　）

③ アグロバクテリウムという土壌細菌やそのプラスミドをベクターとして用いる。
（　　）

④ *GFP*遺伝子を導入して全身が光る個体をつくることができる。 （　　）

ヒント 農業面では，耐病性・多収穫の品種を作出するために遺伝子導入の技術がよく使われる。

32 ［DNA の増幅］ テスト

次の文を読み，以下の問いに答えよ。

DNA は，２本のヌクレオチド鎖が水素結合によってゆるく結合した二重らせん構造をとっている。DNA 溶液を約95℃に加熱すると，DNA 分子は水素結合が切れて２本の１本鎖 DNA になる。この DNA の性質を使って非常に効率的に DNA を複製(増幅)できる方法が確立された。この方法を考案したアメリカのマリスは，1993年にノーベル化学賞を受賞した。

(1) 上の文のような DNA の性質を使って DNA を複製する方法を何というか。アルファベット３文字を用いた名称で答えよ。（　　　）

(2) DNA を増幅するには，もとの DNA と材料となる DNA のヌクレオチド，そして酵素のほかに，複製する領域の前後の塩基配列と相補的な短い１本鎖の DNA が必要である。この１本鎖の DNA 断片を何というか。（　　　）

(3) この増幅方法で用いる酵素の名称を答えよ。（　　　）

(4) (3)の酵素は，ヒトなどの生体内で働く多くの酵素とは異なる性質をもっていることが必要である。その性質とは何か。（　　　）

(5) もとの DNA を1000倍に増幅するには，理論上，温度を上げる⇔下げるサイクルを何回くり返せばよいか。（　　　）

ヒント (4) ふつう酵素は40～50℃を超えると失活するものが多い。

33 ［塩基配列の解析］

次の文を読み，以下の問いに答えよ。

塩基配列を解析するとき，DNA の塩基配列の調べたい部分を増幅させておき，１本鎖の DNA としたものを鋳型として用意する。そして DNA 合成の材料となる通常のヌクレオチドのほか，標識した特殊なヌクレオチドを少量加えておき，① 2本鎖 DNA を合成させる。DNA 合成の際に特殊なヌクレオチドが取り込まれると，そこで合成が止まる。これによってヌクレオチド１個から用意した DNA 全体の長さまで，さまざまな長さの DNA ができる。特殊なヌクレオチドは塩基の種類ごとに異なる蛍光で標識しておき，② 合成された DNA 鎖の末端のヌクレオチドの蛍光標識を順に読み取ることでもとの DNA 鎖の塩基配列を知ることができる。

(1) 下線部①について，１本鎖の DNA をもとにした２本鎖 DNA の合成を開始させるためには，スターターとなる短い１本鎖の DNA を入れる必要がある。その名称を答えよ。
（　　　）

(2) 下線部②について，この蛍光を読むことで塩基配列を解読するには，長さの異なる DNA 鎖を長さの順に正確に並べる必要がある。そのためにはどのような方法があるか。漢字４字で答えよ。（　　　）

(3) (2)の操作で，ゲル上でDNA鎖の整列を行った場合，長いDNA鎖と短いDNA鎖では，どちらが操作開始の位置から大きく移動するか。 (　　　　　　　)

ヒント (3) 電気泳動に使うゲルは細かな網目構造をしている。ゲルの網目に引っかかりにくい分子ほど同じ時間での移動距離は大きくなる。

34 ［ヒトのDNAの全塩基配列の解読］

1990年代後半から数々の生物について，そのDNAの全塩基配列を解読しようとする計画がなされ，2003年には国際プロジェクトによってヒトの染色体DNAの全塩基配列がほぼ解明された。以下の問いに答えよ。

(1) ヒトの体細胞は46本の染色体をもっているが，ヒトの体細胞がもつ2本鎖DNAは何分子か。 (　　　　)

(2) 文中の下線部の計画を何というか。 (　　　　　　　　　　　)

(3) 解読されたヒトの塩基対の数と，そこに含まれると考えられている遺伝子の数をそれぞれ次のなかから選べ。 塩基対(　　　　　) 遺伝子(　　　　　)

2千　2万　5万　200万　3億　30億　6兆　60兆

(4) ヒトの遺伝子の中で，タンパク質のアミノ酸配列を指定している部分を何というか。
(　　　　　　　)

(5) ヒトのDNAの塩基配列は，その99.9％がすべてのヒトに共通であるが，残り0.1％は各個人によって個人差がある。このような個人による塩基配列の違いを何というか。
(　　　　　　　)

ヒント 1本の染色体に含まれるDNAは1分子の2本鎖からなる。

35 ［バイオテクノロジーの応用］ 難

近年，バイオテクノロジーではさまざまな技術が開発されてきた。以下の①～⑤のバイオテクノロジー技術の名称として適当なものを，それぞれ答えよ。

① 多数の小孔(セル)にそれぞれ異なる既知の塩基配列をもつ1本鎖DNAを入れた板(チップ)に，特定の組織から抽出したmRNAを加えて，その細胞がどのような遺伝子を発現しているかを調べる方法。 (　　　　　　　)

② 患者の遺伝情報を調べて，その患者にあう薬を処方するなど最適な治療を行うこと。
(　　　　　　　)

③ 次世代シーケンサーを用いて，組織から抽出したmRNAの種類や発現量を調べる方法。 (　　　　　　　)

④ 遺伝子DNAは操作せずに，目的とする遺伝子の発現量を減少させる方法。
(　　　　　　　)

⑤ ゲノムに含まれているDNAの反復配列のパターンを調べることで個人を識別する方法。 (　　　　　　　)

入試問題にチャレンジ！

答➡別冊 *p.28*

1 **DNA 複製に関する次の文を読んで，空欄①～⑤に適当な語句を入れよ。**

細胞分裂の際にDNAが複製される。DNA複製は，複製起点から開始され，両方向に進行する。複製起点から，①［　　］という酵素によってDNAの塩基間の水素結合が切断されて，２本鎖が開裂する。１本鎖になったそれぞれのヌクレオチド鎖を鋳型として，相補的な塩基をもつヌクレオチドが結合して新たなヌクレオチド鎖が形成される。②［　　］の働きにより，DNAのヌクレオチドのデオキシリボースの3′炭素と次のヌクレオチドの5′炭素が結合する。したがって，新生鎖は5′側から3′側（5′→3′）の一方向に伸長される。DNAの２本鎖は5′→3′方向が互いに逆向きに配列している。一方の鋳型鎖は，DNA開裂の進行方向に連続的にヌクレオチド鎖が合成され，③［　　］鎖とよばれる。もう一方の鋳型鎖では，DNA開裂の進行方向とは逆向きにヌクレオチド鎖が合成され，④［　　］鎖とよばれる。④［　　］鎖では，複数の⑤［　　］が5′→3′方向に不連続に合成され，DNAリガーゼで連結される。　（大阪工大）

2 **DNAの遺伝情報の発現に関する次の文を読んで，以下の問いに答えよ。**

DNAは，塩基，糖，リン酸で構成された長い鎖状の分子で，鎖の骨格部分は糖の一種である①［　　］とリン酸の交互のくり返しでできている。塩基にはアデニン（A），グアニン（G），シトシン（C），チミン（T）の４種類がある。通常，DNAは２本の鎖が二重らせん構造をとり，これらDNA鎖上の塩基の並び方により遺伝情報が決められている。

DNAの塩基配列情報は，②［　　］という酵素の働きにより転写されRNAに写しとられる。RNAもDNAと同様に核酸であるが，DNAと異なり含まれる糖は③［　　］である。また，塩基のうちアデニン，グアニン，シトシンはDNAと共通だが，チミンの代わりに④［　　］が含まれている。転写されたRNAのうち，タンパク質についての情報をもつものは伝令RNAである。⑤［　　］では転写された伝令RNAはそのまま同じ場所で翻訳に使われるが，真核細胞では伝令RNA前駆体として転写され，⑥［　　］内でさまざまな加工を受けてから完成した伝令RNAとして働く。完成した伝令RNAは⑥［　　］から細胞質へ送られ，そこでタンパク質の翻訳に用いられる。

⑴　文中の空欄①～⑥に最も適当な語句を答えよ。

⑵　伝令RNA以外のRNAの名称を２種類答えよ。またそれぞれの働きを答えよ。

（島根大）

3 遺伝情報の転写と翻訳に関する次の文を読み，問いに答えよ。

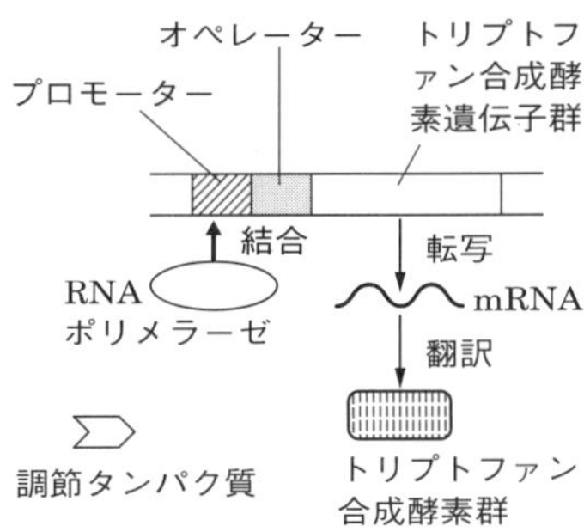

大腸菌では，酵素遺伝子の発現は，一般に転写の段階で調節タンパク質によって調節されている。例えば，培地にトリプトファンが含まれない場合，図に示すように，トリプトファン合成酵素遺伝子群の調節タンパク質は，単独ではオペレーターに結合できない。この場合，RNAポリメラーゼはプロモーターに結合し，トリプトファン合成酵素遺伝子群の転写が起こる。その結果，トリプトファン合成に関係する酵素群の合成が始まる。また，培地にラクトースが含まれず，大腸菌が糖としてグルコースのみを利用している場合には，ラクトース分解酵素遺伝子群の調節タンパク質はオペレーターに結合する。そのため，RNAポリメラーゼはプロモーターに結合できず，ラクトース分解酵素遺伝子群の転写は起こらない。しかし，大腸菌をグルコースの代わりにラクトースを含む培地に移すと，転写が開始され，ラクトース分解酵素群が合成される。このように，大腸菌では環境変化に応じて酵素遺伝子群の発現が調節されている。

問 大腸菌の培地中にトリプトファンが存在すると，トリプトファン合成酵素遺伝子群の転写は抑制される。この調節における，トリプトファンと結合した調節タンパク質の働きとして，最も適切なものはどれか。次の**ア～エ**から選び，記号で答えよ。

ア RNAポリメラーゼ活性を直接阻害する。

イ プロモーターとオペレーターの両方に結合し，RNAポリメラーゼがDNAに結合することができない。

ウ プロモーターに結合し，RNAポリメラーゼが結合できない。

エ オペレーターに結合し，RNAポリメラーゼがプロモーターに結合できない。

（福岡大）

4 右の図は，減数分裂において細胞1個あたりのDNA量が変化するようすを示したグラフである。以下の問いに答えよ。

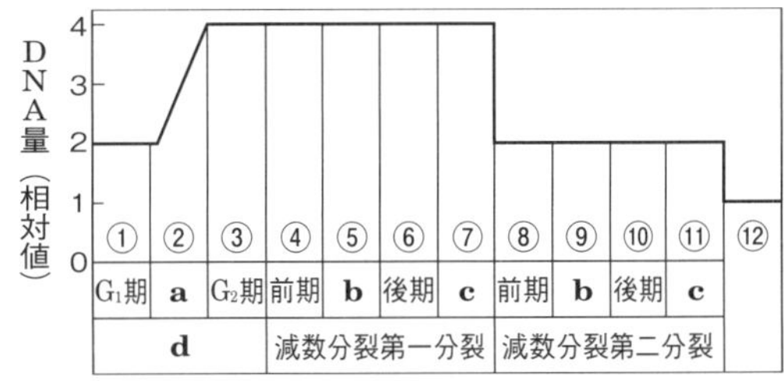

(1) 図の**a**～**d**にあてはまる適切な語句を記せ。

(2) 哺乳類において受精直前の精子の核の状態は，図の①～⑫のどの段階にあるのかを番号で答えよ。

(3) 染色体数が $2n = 8$ の動物の配偶子の染色体の組み合わせは何通りあるかを答えよ。

(4) 減数分裂には次世代の遺伝的多様性を確保するためのしくみとして(3)の組み合わせの多様性のほか，相同染色体が対合したときにある現象が起こる。この現象名を答え，この現象が起こる段階を図の①～⑫から1つ選べ。

（岩手大）

5 生殖に関する次の文章を読み，あとの問いに答えよ。

生物は限られた一生の中で，さまざまな方法によって次の代の個体をつくっている。これを生殖という。多くの生物では，生殖のための特別の細胞，つまり生殖細胞がつくられる。生殖細胞のうち，卵や精子などのように合体して新個体をつくる細胞を①［　　］という。生殖細胞をつくる過程では，減数分裂が起こる。動物において，精巣では，始原生殖細胞が②［　　］となり，体細胞分裂をくり返して増殖する。②［　　］は成長して③［　　］になり，これが減数分裂を行って4個の④［　　］をつくる。④［　　］は変形して精子になる。卵巣では，始原生殖細胞が⑤［　　］となる。⑤［　　］は増殖し，やがて細胞内に養分を蓄えて⑥［　　］になる。⑥［　　］は減数分裂を行い，卵と極体を生じる。

(1) 文章中の①～⑥に最も適切な語句を入れよ。

(2) 下線部に関連して，生殖には有性生殖のほかに無性生殖がある。無性生殖には，有性生殖と比べてどのような特徴があるか。遺伝的な観点から述べよ。 (岡山大)

6 動物の発生に関する次の文を読んで，あとの問いに答えよ。

脊椎動物の胚は発生の進行に伴い①［　　］，②［　　］および③［　　］の3つの胚葉を形成し，胚葉間の相互作用によってさまざまな器官の原基がつくられる。カエルやイモリなどの両生類においては，胞胚期を経た後に原腸胚期を迎え，原腸形成運動により一部の細胞が原口から潜(もぐ)り込み，複雑な胚形成を経て器官形成期に至る。原腸胚期の次に迎える神経胚期において，③［　　］のうち，将来表皮にならない細胞群は神経褶(しゅう)や④［　　］を形成する。やがて予定神経域は折れ曲がり融合して神経管を形成し，その前端が脳となる。

胚の内部を観察すると，神経管の腹側に沿って，②［　　］由来の⑤［　　］とよばれる細長い棒状の組織が形成される。それは，胚においては体の支持組織であるが，両生類胚ではやがて退化し，代わりに⑥［　　］骨が背側の神経組織を被(おお)い，これを保護する組織となる。

(1) 空欄①～③に適した用語を，それぞれ3文字の漢字で記せ。

(2) 下線部の現象を示す最適な用語を a ～ e から1つ選び，記号で答えよ。

a 移植　**b** 干渉　**c** 反射　**d** 免疫　**e** 誘導

(3) 空欄④に最適な用語を a ～ e から1つ選び，記号で答えよ。

a 骨片　**b** 神経板　**c** 椎間板(ついかんばん)　**d** 軟骨　**e** 肋骨(ろっこつ)

(4) 空欄⑤と⑥に最適な用語を a ～ e から1つずつ選び，記号で答えよ。

a 膝蓋(しつがい)　**b** 脊索　**c** 脊椎　**d** 側板　**e** 体節

(5) 両生類の中期原腸胚の縦断面図(右図)を完成させ，3つの胚葉，胞胚腔および原腸の名称を記せ。 (神奈川大)

7 **遺伝子とバイオテクノロジーに関する以下の問いに答えよ。**

遺伝子の化学的本体は［ a ］である。生物の生存に必要な1組の遺伝子セット，またはそれを含む［ a ］全体のことを［ b ］という。ヒト［ b ］は，約30億塩基対からなる［ a ］である。したがって，1個のヒト精子に含まれる［ a ］は約［ X ］億塩基対であり，1個のヒト精原細胞に含まれる［ a ］は約［ Y ］億塩基対である。

ヒト遺伝子は，大腸菌などの微生物を利用して簡単に増やすことができる。この技術を遺伝子［ c ］技術とよぶ。遺伝子の運び手(ベクター)として［ d ］がよく使用される。［ d ］は，比較的短い環状2本鎖の［ a ］であり，大腸菌の中で大量に増えることができる。遺伝子［ c ］実験において，［ e ］酵素は，目的の遺伝子の切り出しや，［ d ］の切断に使われる。こうして切断された断片は，［ f ］を使ってつなぎ合わせることができる。最近では，［ g ］法を使って，試験管内で，もっと短時間で遺伝子断片を増やすことができるようになった。［ g ］法では，［ h ］でも変性しにくい［ a ］合成酵素(ポリメラーゼ)を使用する。この酵素は，［ h ］で1本鎖になった［ a ］を合成(複製)のための材料としてくり返し使うことができる。

(1) 文中の **a** ～ **h** に適当な語を入れよ。

(2) 文中の **X** と **Y** に，15，30，45，60，90，120から適当な数字を選んで入れよ。

(3) ある生物の **a** の構成要素の数の割合を調べたところ，アデニンの割合が27％であった。このとき，グアニンの割合は何％であると考えられるか，答えよ。 (横浜市大)

8 **下図は，ごく少量のDNAをもとに，同一塩基配列をもつDNAを短時間で大量に試験管内で得ることができるPCR(ポリメラーゼ連鎖反応)法の概略図である。これに関して以下の問いに答えよ。**

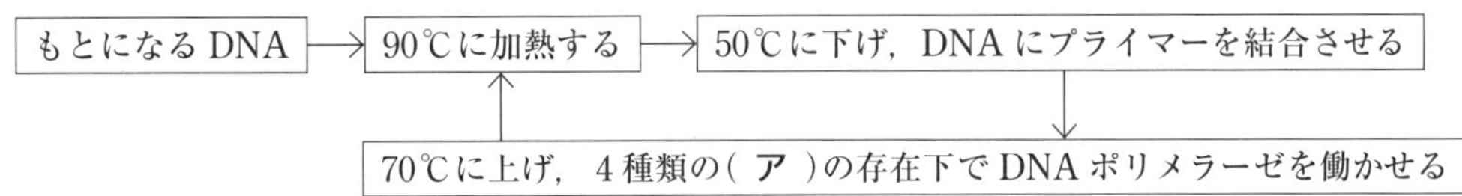

(1) (ア)は，DNAの素材となる物質である。適当な語を答えよ。

(2) 90℃に加熱する理由を述べよ。

(3) PCR法で用いられるDNAポリメラーゼは，ヒトの細胞などで働いている一般的なDNAポリメラーゼとはある点で性質が異なっている。異なる点を述べよ。

(慈恵医大)

4編 生物の環境応答

1章 刺激の受容

1 □ 刺激の受容と感覚の成立

① **受容器(感覚器)**…刺激を受け取る器官。例 眼・耳・鼻・舌・皮膚

② **適刺激**…受容器が受け取ることのできる刺激。受容器によって異なる。

③ **感覚の成立と反応**…感覚は，**大脳の感覚中枢**で成立する。

(適刺激)➡**受容器**→〔**感覚神経**〕→**大脳(感覚)**→〔**運動神経**〕→**効果器**(反応)

2 □ 視覚器(ヒトの眼)

① **網膜**にある**視細胞**で光を受容。

- **錐体細胞**…赤・青・緑の光を受容。黄斑部に集中。
- **桿体細胞**(かんたい)…白黒視，弱光でも反応。黄斑の周辺部に多い。

②
- **暗順応**…視細胞の感度を増す。
- **明順応**…視細胞の感度を下げて，まぶしさをなくす。

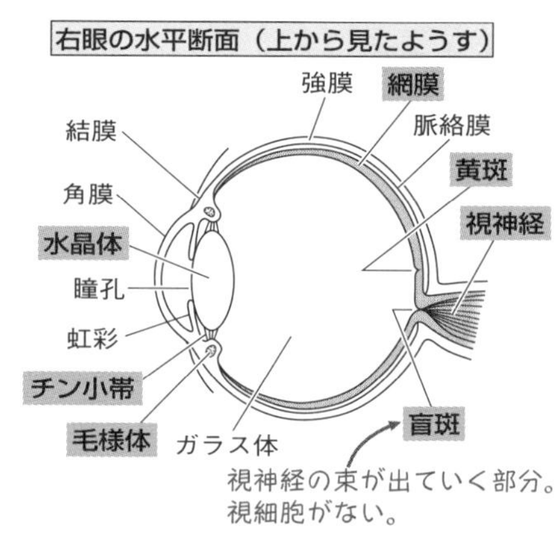

③
- **近調節**…毛様筋収縮→毛様体前進→チン小帯ゆるむ→水晶体厚くなる。
- **遠調節**…毛様筋ゆるむ→毛様体後退→チン小帯緊張→水晶体薄くなる。

④ (光)➡**角膜→水晶体→ガラス体→網膜→視神経→大脳(視覚の成立)**

3 □ 聴覚器(ヒトの耳)

① (音波)➡**耳殻**(じかく)**→外耳道→鼓膜→耳小骨→うずまき管のコルチ器→聴神経→大脳(聴覚の成立)**

② **コルチ器**＝聴細胞＋おおい膜

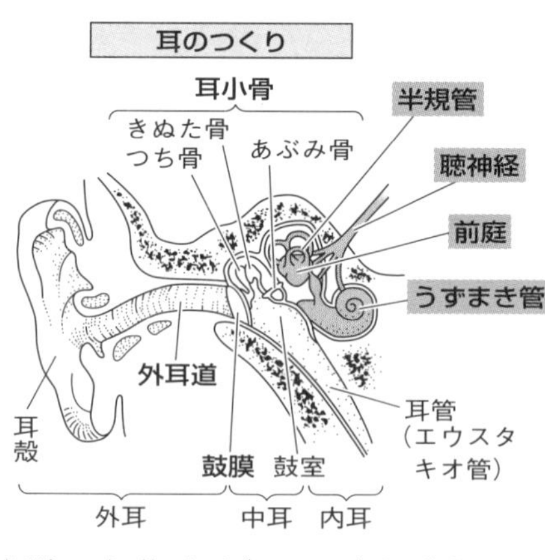

4 □ その他の受容器

① **平衡受容器(平衡感覚器)**…**前庭**(からだの傾き)，**半規管**(からだの回転)

② **化学受容器**
- **嗅覚器**…鼻の嗅上皮の嗅細胞。気体分子(におい)を受容。
- **味覚器**…舌の味覚芽の味細胞。液体分子(あじ)を受容。

③ **皮膚の感覚点**…圧点・温点・冷点・痛点

基礎の基礎を固める！

（　　）に適語を入れよ。　答➡別冊 *p.30*

1 刺激の受容と感覚の成立　🔑1

① 動物のからだには，外界からの刺激を受け取る(❶　　　　　)がある。❶が受容できる刺激は決まっており，この刺激を(❷　　　　　)という。例えば，光は眼の(❸　　　　　)で，音は耳の(❹　　　　　)で受容される❷である。

② 受容器で受容した刺激は，(❺　　　　　)神経を通じて(❻　　　　　)に送られ，そこで(❼　　　　　)が成立する。

③ 刺激に対する反応は，(❽　　　　　)の判断によって(❾　　　　　)神経を通じて命令が(❿　　　　　)に送られて適切な反応をする。

2 ヒトの眼の構造と感覚　🔑2

① **光**は**網膜**にある**視細胞**で受容している。ヒトの視細胞には，色を識別することのできる(⓫　　　　　)と，明暗だけを受容する(⓬　　　　　)とがある。⓫はおもに(⓭　　　　　)部に集中しており，赤錐体細胞・青錐体細胞・緑錐体細胞の３種類がある。このうちどの細胞に光がよく吸収されるかで色を感じる。一方，⓬は⓭の周辺部に多く分布している。

② 明るいところから急に暗いところに入ると，はじめは見えないが，やがて瞳孔が開くとともに視細胞の感度が(⓮　　　　　)して見えるようになる。これを(⓯　　　　　)といい，逆に明るいところに出たときに明るさに眼が慣れてまぶしくなく見えるようになる現象を(⓰　　　　　)という。

③ 近くのものを見るとき，**毛様筋**が(⓱　　　　　)することで**毛様体**が前進する。その結果，**チン小帯**が(⓲　　　　　)，弾力のある**水晶体**が(⓳　　　　　)なることでピント調節をする。

3 ヒトの耳の構造と感覚　🔑3

① ヒトの耳は，**外耳**，**中耳**，**内耳**に大きく分けることができる。音(音波)は，外耳の**耳殻**でとらえられ(⓴　　　　　)を通る。音波は(㉑　　　　　)を振動させ，**耳小骨**を通じて振動は中耳から内耳に伝えられる。**耳管**(エウスタキオ管，ユースタキー管ともいう)は外耳と中耳の気圧調節などをしている。

② 内耳の**うずまき管**は，**前庭階**，**うずまき細管**，**鼓室階**からなり，鼓膜の振動は前庭階の(㉒　　　　　)液の波として前庭階から鼓室階に伝えられ，鼓室階の上部にある基底膜を上下させる。すると(㉓　　　　　)で興奮が起こり，これが聴神経を通じて(㉔　　　　　)脳の聴覚(㉕　　　　　)に送られて**聴覚**が生じる。

テストによく出る問題を解こう！

答➡別冊 p.30

1 ［刺激とその受容］

次の文の空欄に適当な語句を記せ。

受容器が受容できる刺激を①(　　　　　)という。例えば，液体の化学物質を①とする受容器は，舌の②(　　　　　)の味細胞である。受容器の興奮は③(　　　　　)神経を通じて中枢である④(　　　　　)に伝えられ，そこで情報処理される。中枢からの命令は，⑤(　　　　　)神経を通じて⑥(　　　　　)に伝えられ，反応を起こさせる。

2 ［眼の構造と働き］ テスト

図1は，ヒトの右眼の水平断面図，図2は網膜の断面図である。あとの各問いに答えよ。

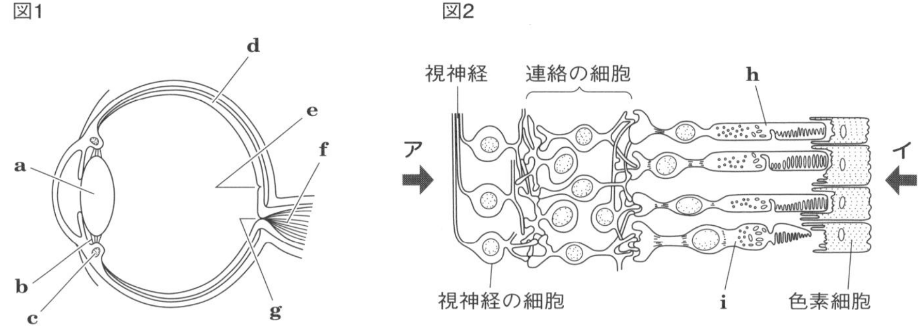

⑴　図中のa～iの名称をそれぞれ答えよ。

a(　　　　　)　b(　　　　　)　c(　　　　　)
d(　　　　　)　e(　　　　　)　f(　　　　　)
g(　　　　　)　h(　　　　　)　i(　　　　　)

⑵　図2で，光の入る方向はア，イのいずれか。　(　　　　)

⑶　次の働きや特徴をもつ部分を，図中のa～iよりそれぞれ選べ。

①　おもに色の識別に関係する細胞　(　　)
②　薄暗い所で白黒視に働く細胞　(　　)
③　視細胞が分布していない部位　(　　)
④　視細胞が最も密に分布している部位　(　　)

⑷　明順応とは何か，説明せよ。

(　　　　　　　　　　　　　　　　)

⑸　次の文は，遠調節のときのしくみを説明したものである。それぞれの(　)内から適当な語句を選べ。

遠調節では，毛様筋が①(収縮する，ゆるむ)ため，毛様体が②(前進，後退)する。その結果，チン小帯は③(ゆるむ，緊張する)ので，水晶体は④(厚く，薄く)なる。

①(　　　　)　②(　　　　)　③(　　　　)　④(　　　　)

3 ［視細胞の分布］ テスト

右図は，ヒトの眼の視細胞の分布を示した図である。0°は視軸と網膜との交点を示している。次の各問いに答えよ。

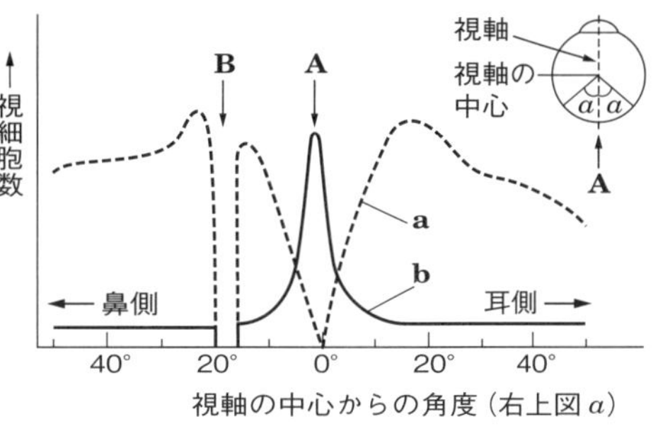

(1) 図中の**A**，**B**は，それぞれ網膜のどの部分を示したものか。 **A**（　　　） **B**（　　　）

(2) 図中の**a**，**b**の視細胞の名称をそれぞれ答えよ。 **a**（　　　） **b**（　　　）

(3) 図中の**a**，**b**のうち，光の波長を識別できるのはどちらか。（　　）

ヒント 夜行性動物では，**b**の細胞が視軸の中心部まで分布している。

4 ［耳の構造と働き］ テスト

図1は，ヒトの耳の構造を示したもので，図2は図1の一部を拡大した断面図である。あとの各問いに答えよ。

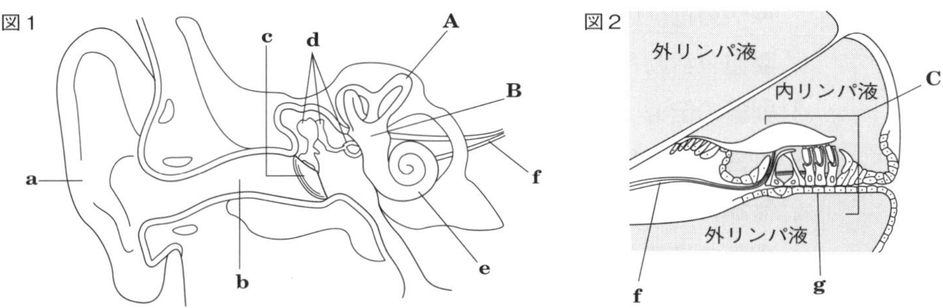

(1) 図1，図2の**a**～**g**の各部の名称を下の**ア**～**コ**より選べ。

a（　　） **b**（　　） **c**（　　） **d**（　　）
e（　　） **f**（　　） **g**（　　）

ア 耳管　**イ** 外耳道　**ウ** うずまき管　**エ** 耳殻　**オ** 耳小骨
カ 鼓膜　**キ** 基底膜　**ク** おおい膜　**ケ** 聴神経　**コ** 鼓室

(2) 図2は，図1のどの部分の断面を拡大したものか。**a**～**f**の記号で答えよ。（　　）

(3) 図中の**A**～**C**について，その名称を答えよ。

A（　　　） **B**（　　　） **C**（　　　）

(4) 図中の**A**～**C**について，適刺激を下からそれぞれ選び，記号で答えよ。

A（　　） **B**（　　） **C**（　　）

ア 光　**イ** 音　**ウ** からだの回転　**エ** からだの傾き　**オ** からだの伸縮

ヒント (4) 回転を受容する平衡受容器（平衡感覚器）は，両耳に3つずつあり，3次元の回転や加速度を感じとることができる。音を受け取って神経の興奮に変換するのはうずまき管の中にあるコルチ器の聴細胞である。

2章 ニューロンと神経系

5 □ ニューロン(神経細胞)

① 神経細胞の構造…細胞体＋樹状突起＋軸索

② 神経繊維(せんい)(軸索＋神経鞘(しょう))

- 有髄神経繊維…髄鞘あり。
- 無髄神経繊維…髄鞘なし。

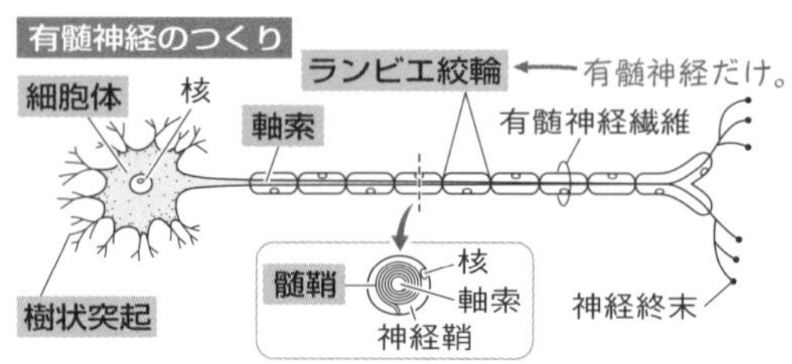

6 □ 神経の興奮とその伝わり方

① **静止電位**…静止時の神経細胞の膜電位。内側が負(−)，外側が正(＋)。

② **活動電位**…刺激を受けたとき瞬間的に細胞膜の内側が正，外側が負に逆転し，すぐにもとにもどる一連の変化。
➡活動電位の発生により**興奮**が成立。

③ **閾値(いきち)**…活動電位が生じる最小限の刺激の大きさ。

④ **興奮の伝導**…活動電流が軸索内を伝わること。両方向に伝導する。

⑤ 有髄神経繊維では**跳躍伝導**するので無髄神経繊維より伝導速度が**速い**。

⑥ **興奮の伝達**…シナプス(連接部)での興奮の伝達。**神経終末**から出される**神経伝達物質**による。伝達方向は一方向。

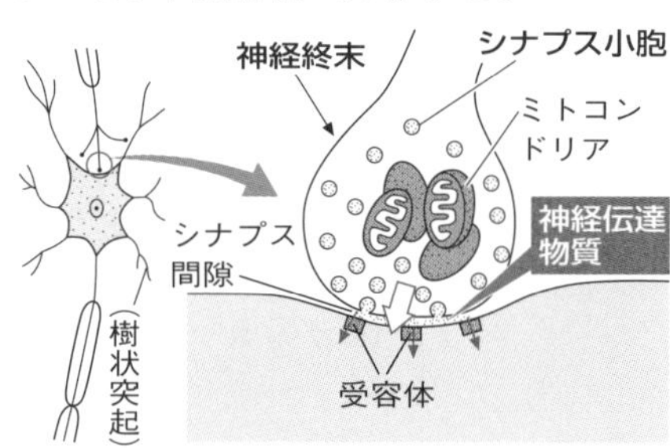

ニューロンは，弱い刺激では興奮せず，閾値以上の大きさの刺激で初めて興奮する(全か無かの法則)。

7 □ 脊椎動物の神経系

① 中枢神経系…脳(大脳・間脳・中脳・小脳・延髄)と脊髄(せきずい)。

- **大脳**…大脳皮質(灰白質)は新皮質と辺縁皮質(記憶形成にかかわる**海馬**を含む)からなり，**随意運動・感覚**・記憶・言語などの中枢。
- **小脳**…反射的にからだの平衡を保つ中枢。手足などの随意運動の調節。
- **間脳**…自律神経を支配。体温・血糖値などの調節の中枢。（脳幹）
- **中脳**…眼球の反射運動，瞳孔反射，姿勢保持の中枢。（脳幹）
- **延髄**…呼吸・心臓の拍動・だ液の分泌・せきなどの反射の中枢。（脳幹）
- **脊髄**…反射の中枢。大脳への神経の通路。内側が灰白質。

② 末梢神経系…**体性神経系**(感覚神経・運動神経)と**自律神経系**からなる。

刺激を受け反射が起こる受容器→感覚神経→中枢→運動神経→効果器の興奮の経路を反射弓という。

基礎の基礎を固める！

(　　)に適語を入れよ。　答➡別冊 *p.31*

4 ニューロン　🔑5

① 神経の構成単位である(❶　　　　　　　)は，核をもつ(❷　　　　　)と，多数の突起からなる。❷から出る突起には，非常に長い(❸　　　　　)と多数の**樹状突起**がある。

② ❸のまわりをシュワン細胞などでできた**神経鞘**が取り囲んだものを**神経繊維**といい，神経鞘が**髄鞘**を形成している神経繊維を(❹　　　　　　　)，髄鞘が形成されていないものを(❺　　　　　　　)という。脊椎動物の(❻　　　　　)神経や運動神経は有髄神経繊維で，無脊椎動物の神経は無髄神経繊維である。

5 興奮の伝わり方　🔑6

① (❼　　　　　)**電位**…細胞膜の**内側が負**，**外側が正**に帯電。
　 (❽　　　　　)**電位**…興奮時，瞬間的に細胞内外の電位が逆転。➡**興奮の成立**。

② **興奮の**(❾　　　　　　)…活動電流が軸索内を伝わること。**両方向に伝わる**。
　 興奮の(❿　　　　　　)…シナプスで，興奮を次の神経細胞に伝えること。**一方向性**。軸索末端(神経終末)からアセチルコリンやノルアドレナリンなどの(⓫　　　　　　　)が放出されることで伝えられる。

③ 有髄神経繊維では，(⓬　　　　　　)するので伝導速度が(⓭　　　)い。

6 中枢神経系　🔑7

① ヒトの中枢神経系＝脳(**大脳**・(⓮　　　　　)・**中脳**・**小脳**・**延髄**)
　　　　　　　　　　＋(⓯　　　　　)

② **脊椎動物の脳**

(⓰　　　　　)…随意運動や感覚・精神活動の中枢
(⓱　　　　　)…自律神経を支配
(⓲　　　　　)…呼吸やだ液分泌などの反射の中枢
(⓳　　　　　)…眼球の運動や姿勢保持の中枢
(⓴　　　　　)…からだの平衡を保つ中枢

③ **大脳皮質**はニューロンの細胞体が集まり(㉑　　　　　)とよばれるのに対し，大脳の髄質は神経繊維が集まった白質となっている。これに対して(㉒　　　　　)では皮質が白質，髄質が㉑となっている。

テストによく出る問題を解こう！

答➡別冊 p.31

5 ［ニューロンの構造］ 必修

右図は，運動神経の単位を模式的に示したものである。これについて，次の各問いに答えよ。

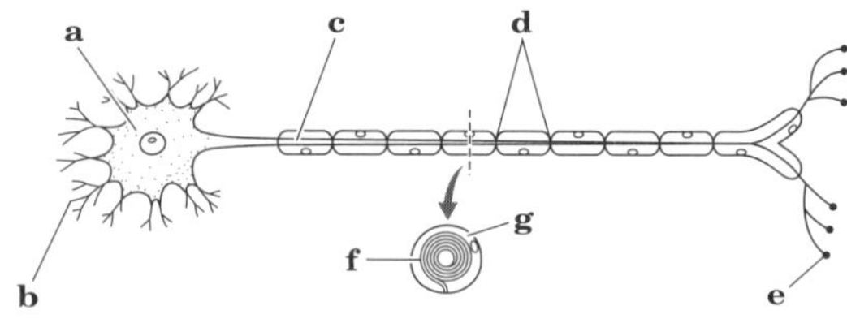

(1) 図中の a ～ g の各部の名称をそれぞれ答えよ。

a（　　　） b（　　　） c（　　　） d（　　　）
e（　　　） f（　　　） g（　　　）

(2) 図のような構造をした神経の繊維を何というか。（　　　）

(3) 図の e の部分で分泌される伝達物質の名称を答えよ。（　　　）

ヒント 軸索の末端を神経終末といい，アセチルコリンまたはノルアドレナリンなどが放出される。

6 ［興奮を伝えるしくみ］ テスト

興奮を伝えるしくみに関する次の文を読んで，あとの各問いに答えよ。

静止状態のとき，軸索の細胞膜の内側は①（　　　）に，外側は②（　　　）に帯電している。このときの電位差を③（　　　）電位という。刺激を受けた部分では，軸索の細胞膜の内側が④（　　　）に，外側が⑤（　　　）に帯電し，膜内外の電位が一時的に逆転して，再びもとにもどる。このような電位変化を⑥（　　　）電位といい，この現象を⑦（　　　）の成立という。すると，⑦部からその両側の隣接部に向かって⑧（　　　）電流が流れ，これが新たな刺激となって，その隣接部に⑦が起こる。これがくり返されることによって，⑦は⑨（　　　）方向に⑩（　　　）する。⑧電流が軸索の末端（神経終末）のシナプスの部分まで達すると，⑪（　　　）が放出される。これが接続するニューロンの樹状突起で受容されると，そのニューロンに新たな⑦が起こる。これを⑦の⑫（　　　）といい，軸索の末端から樹状突起への⑬（　　　）にのみ伝えられる。

(1) 文中の空欄に適当な語句を記入して文を完成せよ。

(2) 文中の③電位は，右図の a ～ d のどれか。（　　　）

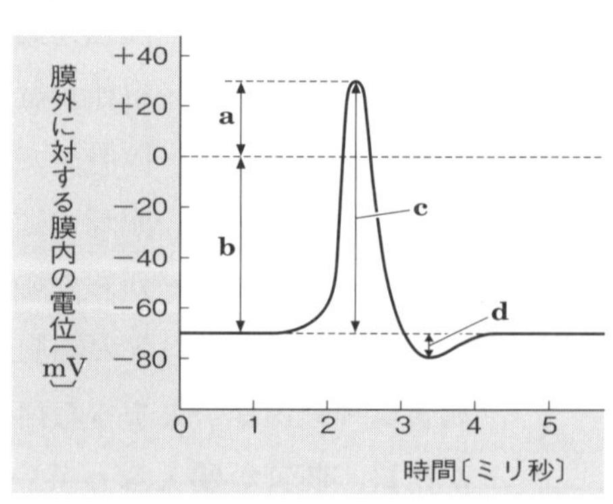

(3) 文中の⑥電位が生じる最小限の刺激の大きさを何というか。（　　　）

(4) 文中の⑪の例を２つあげよ。

（　　　）
（　　　）

7 ［ヒトの中枢神経系］

ヒトの中枢神経系に関する次の文を読んで，文中の空欄に適当な語句を記せ。

ヒトの中枢神経系は脳と①(　　　　　)からなる。脳からは②(　　　　　)対の脳神経が，脊髄（せきずい）からは③(　　　　　)対の脊髄神経が分布している。これらの神経を，中枢神経系に対して④(　　　　　)神経系という。

④神経系には，大脳の支配を受ける感覚神経や運動神経などの⑤(　　　　　)神経系と，大脳の直接支配を受けない⑥(　　　　　)神経系とがある。⑥神経系には，交感神経と⑦(　　　　　)神経がある。

8 ［ヒトの脳］ テスト

右図は，ヒトの脳を示したものである。次の各問いに答えよ。

(1) 図中の **A** ～ **E** の部分の名称をそれぞれ答えよ。

A(　　　　) **B**(　　　　) **C**(　　　　)
D(　　　　) **E**(　　　　)

(2) 次の①，②の働きをする部分を，図の **A** ～ **E** より1つずつ選べ。

① 姿勢保持の中枢である。 (　　)
② 自律神経や内分泌の中枢である。 (　　)

(3) 脳幹とよばれる部分を図の **A** ～ **E** からすべて選べ。 (　　　　　)

(4) 図中の **a**，**b** はそれぞれその色から何とよばれるか。名称を答えよ。また，この部分に分布するのはニューロンの**ア**細胞体，**イ**神経繊維のどちらか。記号で答えよ。

a(　　　　　)(　　　) **b**(　　　　　)(　　　)

(5) 大脳皮質のうち感覚野や運動野があるのは，新皮質，辺縁皮質のどちらか。

(　　　　　)

(6) 左右の大脳半球を連絡する部分を何というか。 (　　　　　)

ヒント (3) 脳幹は生命の維持に関する調節を行う部分で，間脳・中脳・延髄がこれにあたる。

9 ［脊髄の構造と働き］

右図は，脊髄の構造を示したものである。次の各問いに答えよ。

(1) 図中の **a** ～ **d** の部分の名称をそれぞれ答えよ。

a(　　　　　) **b**(　　　　　)
c(　　　　　) **d**(　　　　　)

(2) **A** で切断し，**ア**または**イ**に単一刺激を与えた。
筋肉が収縮するのは，**ア**，**イ**のいずれを刺激したときか。 (　　)

(3) 刺激を受容し，反射により効果器で反応が起きる経路を何というか。 (　　　　　)

3章 効果器とその働き

8 □筋肉と収縮の種類

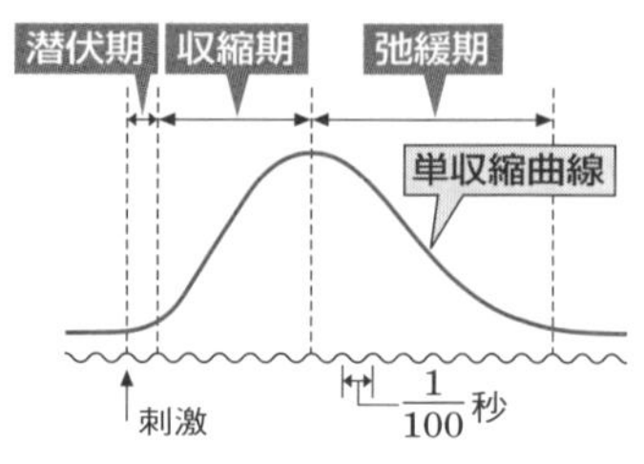

① 筋肉
- 横紋筋…骨格筋，心筋
- 平滑筋…内臓筋

② **単収縮**… 1回の刺激で起こる筋肉の収縮。

③ **強縮**…連続刺激で起こる強い収縮。

9 □筋肉の構造

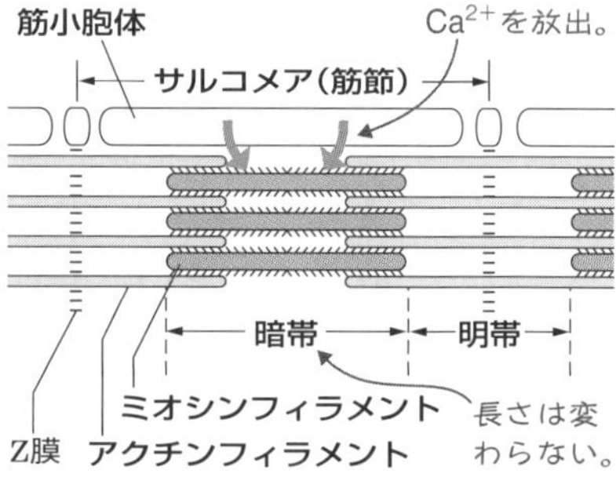

① 骨格筋…**筋繊維**(筋細胞)の束。

② 筋繊維…**筋原繊維**の束。

③ **サルコメア(筋節)**…筋原繊維の構造単位。収縮時には明帯が短くなる。
- **暗帯**…**ミオシンフィラメント**の部分
- **明帯**…**アクチンフィラメント**
(ミオシンフィラメントと重ならない部分)

10 □筋収縮のしくみ

① **滑り説**…アクチンフィラメントがミオシンフィラメントの間に滑り込み，筋収縮が起こる。

② **運動神経**末端から**アセチルコリン**分泌➡**筋小胞体**から **Ca^{2+}** 放出➡ **Ca^{2+}** が**トロポニン**に結合➡アクチンフィラメントを囲む**トロポミオシン**の阻害作用がなくなりミオシンとアクチンの結合が可能になる。

③ アクチンと結合できるようになったミオシンの頭部は**ATP分解酵素**(ATPアーゼ)としてATPを分解➡**放出されるエネルギーでミオシンの頭部がアクチンをたぐり寄せ，筋収縮が起こる。**

④ ATPが不足するときは，**クレアチンリン酸**を利用してATPを再合成する。

11 □その他の効果器

① **繊毛・鞭毛**…微小管により行われる運動。

② **発光器官**…発光物質と酵素によって発光，熱を伴わない。例 ホタル

③ **分泌腺**
- **内分泌腺**…ホルモンなどを体液中に分泌。排出管をもたない。
  例 脳下垂体，甲状腺
- **外分泌腺**…消化液などを排出管を通じて外部へ分泌。
  例 だ腺，汗腺

基礎の基礎を固める！

（　　）に適語を入れよ。　答➡別冊 *p.32*

7 筋肉と収縮の種類　8

① ヒトの筋肉には，消化管などの運動にかかわる（❶　　　　　）と，（❷　　　　　）や心筋を構成する（❸　　　　　）がある。

② 骨格筋につながる運動神経あるいは骨格筋に直接電気刺激などを１回与えると，筋肉は瞬間的に収縮してすぐに弛緩する。このような収縮を（❹　　　　　）という。これに対して短い間隔で連続した刺激を与えると，持続的に強い筋収縮が起こり，これを（❺　　　　　）という。動物の運動はふつう骨格筋の❺による。

8 筋肉の構造　9

① 骨格筋は（❻　　　　　）とよばれる筋細胞からできている。その筋細胞の細胞質は（❼　　　　　）の束からなる。

② ❼を顕微鏡で観察すると**明帯**と**暗帯**が連続して見られる。（❽　　　　　）膜で仕切られた収縮を行う単位となる構造を（❾　　　　　）という。筋収縮時も（❿　　　　　）の幅は変化しない。

③ 筋原繊維は，（⓫　　　　　）と（⓬　　　　　）というタンパク質からできた２種類のフィラメントでできており，互いの間に滑り込むことで筋収縮が起こる。

9 筋収縮のしくみ　10

① アクチンフィラメントは，**トロポニン**が付着した（⓭　　　　　）が巻き付いた状態で筋原繊維内に存在し，弛緩時にはアクチン分子上のミオシン分子との結合部分を⓭が覆って，アクチンとミオシンの結合を（⓮　　　　　）している。

② 運動神経末端から神経伝達物質である（⓯　　　　　）が分泌されると，（⓰　　　　　）から（⓱　　　　　）イオンが放出される。これがトロポニンに結合すると⓭の⓮作用が働かなくなる。

③ ミオシンフィラメントの突起部（ミオシン頭部）は分解酵素として働き，（⓲　　　　　）を分解する。そのエネルギーでミオシン頭部は構造が変化してアクチンをたぐり寄せ，**ミオシンフィラメントの間にアクチンフィラメントが滑り込み**，筋収縮が起こる。

④ 運動神経からの刺激がなくなると，⓱イオンは（⓳　　　　　）に取り込まれ，筋肉は弛緩する。

⑤ 筋収縮が頻繁に起こってATPが不足すると，（⓴　　　　　）を分解して，放出されるエネルギーと（㉑　　　　　）でADPからATPを合成する。

テストによく出る問題を解こう!

答➡別冊 *p.32*

10 [筋肉の種類]

筋肉に関する次の各問いに答えよ。

(1) ヒトの筋肉を，その構造の違いから２種類に分けたとき，細かいしま模様が見られ，素速く強く収縮できる筋肉を何というか。 (　　　　)

(2) (1)の筋肉をさらに２種類に分けたとき，随意筋(自分の意志で動かしたり止めることができる)で，多核の筋細胞からなる筋肉を何というか。 (　　　　)

(3) 筋繊維(筋細胞)を構成する細い繊維状の構造を何というか。 (　　　　)

11 [筋肉の収縮]

筋収縮に関する次の文を読み，あとの各問いに答えよ。

ヒトの骨格筋に電気刺激を加えると，一定の強さ以上の刺激(閾値(いきち))で収縮が起こる。刺激を加える間隔を変えて収縮のようすを調べると，図のような収縮曲線が得られた。

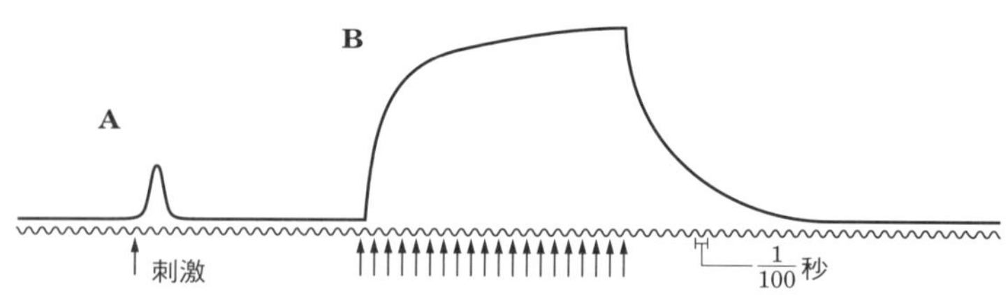

(1) AとBの収縮をそれぞれ何というか。 A (　　　　)
B (　　　　)

(2) 動物の通常の運動はAとBのどちらによるものか。 (　　　　)

12 [筋肉の構造] 必修

図は筋肉を構成する筋原繊維の構造を模式的に示したものである。図中のA～Fの各部の名称を答えよ。

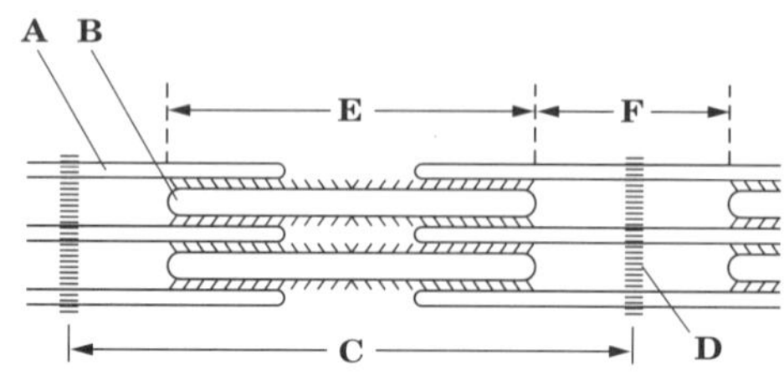

A (　　　　)
B (　　　　)
C (　　　　)
D (　　　　)
E (　　　　)
F (　　　　)

13 ［筋収縮のしくみ］ テスト

筋収縮のしくみについて説明した次の文を読み，あとの各問いに答えよ。

運動神経を伝わってきた活動電流が，神経終末まで伝わると，神経終末から(①)が放出される。この神経伝達物質は筋繊維にある(②)からの(③)の放出を促進する。③は，(A)フィラメント上にある(④)と結合して，(A)フィラメントと(B)フィラメントの結合を阻害していた(⑤)を外す働きをする。(A)フィラメントと(B)フィラメントが結合できるようになると，(B)の頭部は分解酵素の働きをして(⑥)を分解し，生じたエネルギーで変形して(A)フィラメントをたぐり寄せることによってフィラメントどうしの滑り運動が起こり筋収縮が起こる。

A

B

(1) 文中と右図の **A**，**B** にあてはまるタンパク質名を答えよ。

A(　　　　　　　)　**B**(　　　　　　　)

(2) 文中の①～⑥に入る語を下から選び，記号で答えよ。

①(　　　)　②(　　　)　③(　　　)

④(　　　)　⑤(　　　)　⑥(　　　)

ア アセチルコリン　**イ** アドレナリン　**ウ** 筋小胞体　**エ** ゴルジ体

オ トロポミオシン　**カ** トロポニン　**キ** ミオグロビン　**ク** ATP

ケ ADP　**コ** Ca^{2+}　**サ** Na^{+}　**シ** K^{+}

14 ［いろいろな効果器］

次の文はいろいろな効果器について説明したものである。あとの各問いに答えよ。

① 微小管が規則正しく並んだ構造をしていて，モータータンパク質が微小管どうしを滑らせることで波打つような動きをし，ミドリムシなどの運動器官となっている。

② 多数の発光細胞が並んだ器官で，光を発して，同種の他個体と交信するのに利用する。

③ ホルモンを生産して，体液中に放出する働きをしている。

④ 汗やだ液などをつくって，(**A**)を通じて体外に分泌する働きをする。

⑤ アクチンとミオシンからなり，骨格を動かす運動を行う。

(1) ①の構造および②～⑤の器官をそれぞれ何というか。

①(　　　　　)　②(　　　　　)　③(　　　　　)

④(　　　　　)　⑤(　　　　　)

(2) ヒトの細胞で①の構造をもち運動するものを１つあげよ。　(　　　　　)

(3) ②の器官をもつ動物の例を１つあげよ。　(　　　　　)

(4) **A** にあてはまる管を何というか。　(　　　　　)

ヒント (2) 生殖細胞の１つで，①の構造を用いて受精のため移動する。

4章 動物の行動

12 □ 動物の行動

① **生得的行動**…遺伝的プログラムにより生まれつき備わっている。

② **習得的行動**…生後の経験によって変化する→慣れ・古典的条件づけ・オペラント条件づけ・知能行動(洞察学習)。

③ **学習**…習得的行動において，受容した刺激により起こる行動の変化。

13 □ 生得的行動

① **走性**…刺激に対して一定の方向性をもって反射的に移動する行動。刺激源に近づく場合を正，刺激源から遠ざかる場合を負という。

例 ガは正の光走性，ミミズは負の光走性をもつ。

② **定位**…動物が，太陽・星座の位置，地球の磁場などの刺激を基準にして，特定の方向を定めること。

③ **かぎ刺激(信号刺激)**…動物に特定の行動を起こさせる外界からの刺激。

例 繁殖期のイトヨの雄　赤い腹部➡攻撃

攻撃する

攻撃しない

④ **固定的動作パターン(定型的運動パターン)**…かぎ刺激によって引き起こされる特定の一連の行動。

⑤ **中枢パターン発生器**…歩行のようなリズミカルな運動パターンを生じさせる神経回路。

14 □ 定位行動

① **聴覚空間地図**…メンフクロウは左右非対称の耳で受容した音の情報をもとに脳内につくる。

② **太陽コンパス**…太陽の位置を基準として方向を知るしくみ。

③ **地磁気による定位**…内耳の壺のうにある鉄を含む耳石で受容。

15 □ 昆虫の情報伝達(コミュニケーション)

① **フェロモン**…同一種の他個体に特定の行動を引き起こす情報伝達物質。
性フェロモン，集合フェロモン，道しるべフェロモン，警報フェロモン

② **ミツバチのダンス**…えさ場の方向と距離をなかまに知らせる。

距離…近いとき**円形ダンス**(速い動き)，遠いとき**8の字ダンス**
方向… 8の字ダンスの直進方向(鉛直上方向を太陽の方向と見立てる)

フェロモンは，化学走性のかぎ刺激でもある。

16 □ 学習

① **慣れ**…同じ刺激のくり返しに対して反応しなくなる。

② **刷込み**(インプリンティング)…発生初期の限られた時期(**臨界期**)に行動の対象を記憶する。例 カモのひなが動くものの後を追う。

③ **連合学習**… 2つの異なる出来事の関連性を学習すること。

④ **古典的条件づけ**…ある反応を引き起こす無条件刺激と同時に別の刺激(条件刺激)をくり返し与えると，条件刺激を与えただけで反応が起こる。
例 パブロフの実験(イヌにえさを与えると同時にベルを鳴らすと，ベルを鳴らしただけでだ液が出るようになる)

⑤ **試行錯誤**…同じことをくり返す間に状況を記憶して失敗を避けられるようになる学習のしかた。

⑥ **オペラント条件づけ**…自発的な行動とそれに対して生じた結果を結びつけて学習すること。例 レバーを引くとえさが与えられる装置に入れられたネズミが，偶然レバーを引いてえさが出ることを学習する。

⑦ **知能行動**…過去の経験をもとに状況判断をして，未経験なことに対してとる，より合理的な行動。霊長類で発達。洞察学習ともいう。

17 □ 慣れと脱慣れ・鋭敏化

① **アメフラシのえら引っ込め反射**…アメフラシの水管を刺激すると，えらを引っ込める。

② **慣れ**…水管刺激をくり返すと，刺激を与えても引っ込めなくなる(1つの単純な学習)。放置すると刺激に対する引っ込め反射は回復する。

③ **長期の慣れ**…長い間刺激を与え続けると，数日～数週間放置しても反射が回復しなくなる。

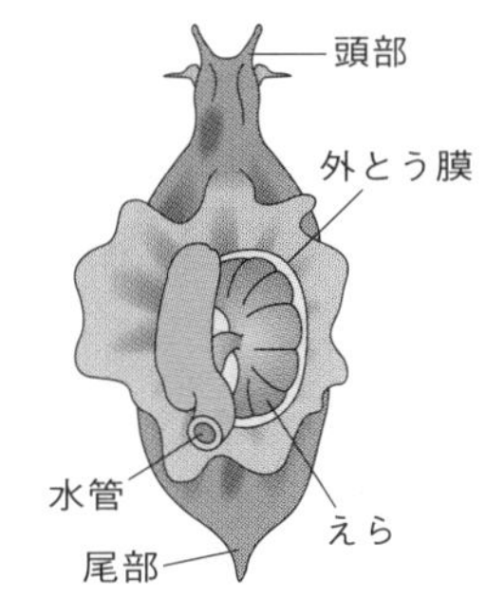

④ **脱慣れ**…慣れの生じたアメフラシの尾部に刺激を与えると，反応が回復する。

⑤ **鋭敏化**…アメフラシの尾部にさらに強い刺激を与えると，弱い反応しか起こさないような弱い刺激に対しても強い反応が起こるようになる。

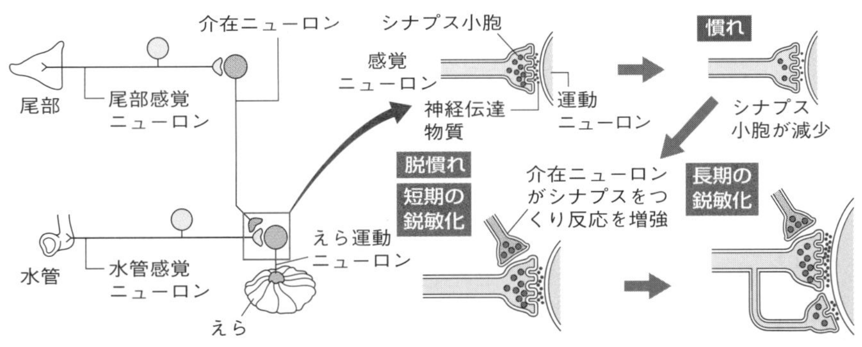

基礎の基礎を固める！

（　　）に適語を入れよ。　答➡別冊 *p.33*

10 動物の行動　12, 13, 16

動物の行動は，生まれつき備わっている（❶　　　　）行動と，生後に経験によって獲得する（❷　　　　）行動に分けられる。❶行動には，**走性**や，**かぎ刺激**による固定的動作パターン，（❸　　　　）などがある。また，❷行動には，くり返し与えられた刺激に反応しなくなる（❹　　　　）や，**刷込み**（インプリンティング），**古典的条件づけ**，**連合学習**，**オペラント条件づけ**，そして過去の経験から未体験の課題に対する判断を行う（❺　　　　）などがある。

11 定位行動と昆虫の情報伝達　14, 15

① 音や太陽・星座の位置などの刺激を基準にして，動物が自分の位置や方向を定めることを（❻　　　　）という。

② 定位行動には，昆虫が光に向かって近づく（❼　　　　），メンフクロウが左右非対称の耳で受容した音の情報をもとに脳内でつくる（❽　　　　）に基づく行動，渡り鳥が太陽の位置を基準として方角を知る（❾　　　　）などがある。

③ 動物が分泌して同種他個体に特定の行動を起こさせる化学物質を（❿　　　　）という。カイコガの雌が雄を誘引する**性フェロモン**，アリがえさの場所をなかまに伝える**道しるべフェロモン**，ゴキブリの糞などに含まれる**集合フェロモン**などがある。

④ ミツバチは巣の中でなかまにえさ場の方向と距離を知らせるためのダンスを行う。ミツバチは，えさ場が近いときは（⓫　　　　）ダンス，遠いときは（⓬　　　　）ダンスを行う。また，えさ場の方向は，⓬ダンスにおける（⓭　　　　）方向とダンスの直進方向のなす角度によって太陽の方向とえさ場の方向のなす角度を示す。

12 学習　16, 17

① （⓮　　　　）…軟体動物のアメフラシの水管を刺激するとえら引っ込め反射をするが，同じ刺激を与え続けると反射をしなくなる。

② （⓯　　　　）…カモなどが，孵化後間もない時期に，動く物体を自分の親であるかのように追随する。

③ （⓰　　　　）**条件づけ**…ベルの音を聞かせながらイヌにえさを与える行為を続けると，ベルの音を聞いただけでだ液を分泌する。

④ （⓱　　　　）**条件づけ**…レバーを引くとえさが出る装置のついた箱にネズミを入れ，偶然レバーを引くとえさを手に入れられることを学習すると，その後は自発的にレバーを引いてえさを得るようになる。

テストによく出る問題を解こう！

答➡別冊 *p.33*

15 ［動物の行動］

動物の行動に関する次の文を読み，あとの各問いに答えよ。

動物の行動は，a生まれながら動物に遺伝的にプログラムされている行動と，b生まれてからのちの経験などを通じて獲得する行動とに大別できる。

(1) 文中の下線部**a**のような行動を何というか。（　　　）

(2) 文中の下線部**b**のような行動を何というか。（　　　）

(3) 次の①～④に示す動物の行動は**a**，**b**いずれの行動に該当するか。

① 定位行動　　② 慣れ

③ 古典的条件づけ　　④ 知能行動

①（　　）②（　　）③（　　）④（　　）

16 ［動物に生まれながら備わっている行動］ 必修

動物に生まれながら備わっている行動には，次のようにいろいろなものが知られている。あとの各問いに答えよ。

① 動物が刺激に対して一定の方向性をもって移動する場合のような行動。

② ミツバチやアリなどの社会性昆虫が，互いに情報のやりとりをするため，からだから分泌する化学物質。

③ ムクドリは渡りをするとき，太陽の方向で方位を知る。

④ ミツバチは，しり振りダンスによってなかまにえさ場の方向と距離を知らせている。

(1) 上のうち①～③の行動や手段をそれぞれ何というか。

①（　　　）②（　　　）

③（　　　）

(2) ②で，働きアリはなかまの通ったあとを伝って移動する。この場合，先に通ったアリが通った跡に残していく情報伝達物質を何というか。（　　　）

(3) ④のミツバチは，えさ場が近いときと遠いときでは異なるダンスを行う。次の**A**，**B**の場合，それぞれどのようなダンスをするか。

A えさ場までの距離が一定以上あるとき（　　　）

B えさ場が巣から近いとき（　　　）

ヒント (3) ミツバチがえさ場の情報をダンスで伝えるとき，えさ場が近いときは方角の情報は伝えられず，動きの速さでえさ場が近くにあることのみを伝える。

17 [イトヨの行動]

イトヨは，トゲウオのなかまで繁殖期になると雄は水草などで巣をつくり，その周りに縄張りをつくる。この魚の行動に関する次の文を読み，あとの各問いに答えよ。

この時期，雄の腹部は赤色になり，雌は卵で腹部がふくらむようになる。同種の雄が縄張りに入ると雄のイトヨは攻撃行動をする。しかし，雌が近づくとジグザグダンスを行い，雌を巣に誘い，雌の腹部を刺激して産卵を促す。雌が産卵すると雄は精子をかけて卵を受精させる。その後，雌は去り，雄は巣の卵を守る。

(1) 動物に特定の行動を引き起こす外界の刺激を何というか。（　　　）

(2) イトヨの雄に攻撃行動を起こさせる(1)は何か。（　　　）

(3) イトヨの雄に求愛行動を起こさせる最初の(1)は何か。（　　　）

(4) 文中の下線部のように，ある刺激に対して起こる特定の決まった行動を何というか。

（　　　）

ヒント (4) この行動様式は以前は本能による行動とよばれていた。遺伝的に決まっているので，１つの行動が相手の次の行動を引き起こし，順番の決まった固定的な行動パターンをとる。

18 [ミツバチのダンス] 難

ミツバチの行動に関する次の文を読み，あとの各問いに答えよ。

社会性昆虫であるミツバチは，花の蜜を見つけて巣に帰ると，垂直な巣板の面でダンスを行う。巣からえさ場までの距離が近いときは円形ダンスを，巣からえさ場までの距離が遠いときは８の字ダンスをして，ほかの働きバチにえさ場までの情報を示す。太陽が南中しているとき，図１に示したえさ場 **A** から帰ってきたミツバチは図２の **a** のようなダンスを，えさ場 **B** から帰ってきたミツバチは **b** のようなダンスを行った。

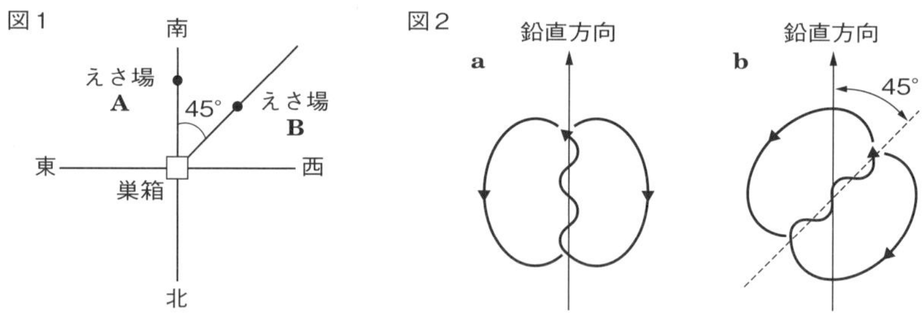

(1) このダンスは８の字の中央線部分と鉛直方向との角度でえさ場の方向を示す。鉛直上方向を何に相当するものとしてダンスを行っているか。（　　　）

(2) 太陽が45°西に進んだとき，えさ場 **B** から帰ってきたミツバチは次のどのダンスを行うか。**ア**～**エ**の記号で答えよ。（　　）

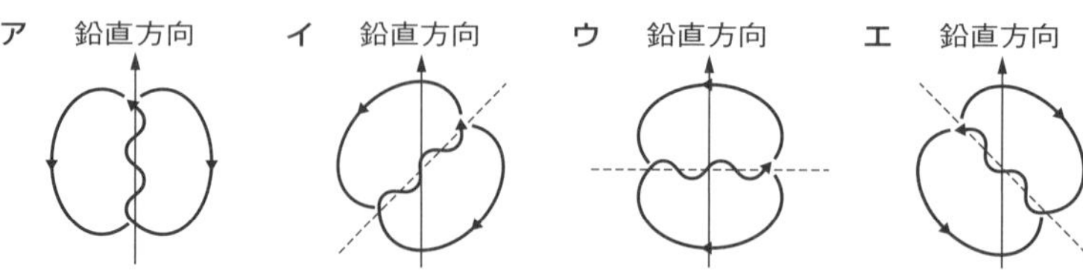

19 [アメフラシの反射]

軟体動物のアメフラシの行動に関する実験について，次の文を読み，あとの各問いに答えよ。

アメフラシも a生まれてからの経験によって行動様式を変化させることがある。アメフラシの背側には外とう膜に囲まれたえらがあり，その後方に水管(海水を排出する)がある。水管を刺激するとアメフラシはえらを引っ込める(えら引っ込め反射)。しかし，これをくり返し行うと，b水管を刺激してもえらを引っ込めなくなる。

Aの下線部bの状態になったアメフラシの尾部を押さえた後，水管を刺激すると，c再びえらを引っ込めるようになる。また，下線部cの状態になったアメフラシの尾をきつくつまんだあとは，d水管を弱く刺激しても，えらを大きく引っ込めるようになる。

(1) 文中の下線部aのような行動の変化を何というか。 (　　　　　)

(2) 文中の下線部bのような行動の変化を何というか。 (　　　　　)

(3) 文中の下線部cのような行動の変化を何というか。 (　　　　　)

(4) 文中の下線部dのような行動の変化を何というか。 (　　　　　)

ヒント アメフラシの水管の感覚神経とえらの運動神経はシナプスでつながっている。

20 [イヌのだ液分泌の実験]

次の文を読み，あとの各問いに答えよ。

aイヌにえさを与えるとイヌは bだ液を分泌する。このとき cだ液分泌とは本来関係のないベルの音を聞かせる。これを何度もくり返すと，イヌは dベルの音を聞いただけでだ液を分泌するようになる。

(1) この一連の現象の中で，生まれながらにして文中の下線部bの反応を引き起こす下線部aの刺激を何というか。 (　　　　　)

(2) (1)に対して，文中の下線部cのような刺激を何というか。 (　　　　　)

(3) 文中の下線部dでは何が成立したか。また，この実験をはじめて行った人物はだれか。

下線部d (　　　　　)　**人物** (　　　　　)

ヒント 何回もこの実験をくり返すと，えさとベルの音とを関連づける神経経路ができあがる。

21 [いろいろな学習] テスト

次の文のような学習行動をそれぞれ何というか。

(1) チンパンジーが手の届かない所にあるバナナを，棒を使って取った。 (　　　　　)

(2) ガンは孵化した直後に見た動く大きなものについて歩く。 (　　　　　)

(3) レバーを引くとえさが得られる装置のついた箱に入れられたネズミが，レバーを引いてえさを取るようになった。 (　　　　　)

(4) ネズミに同じ迷路を何度も通らせるとゴールまでの時間が短縮される。

(　　　　　)

5章 植物の生殖と発生

18 □ 被子植物の配偶子形成と受精

珠皮→種皮，子房壁→果皮になる。

① 重複受精…
- 卵細胞 (n) ＋精細胞 (n) →受精卵 $(2n)$
- 中央細胞 (n, n) ＋精細胞 (n) →胚乳 $(3n)$

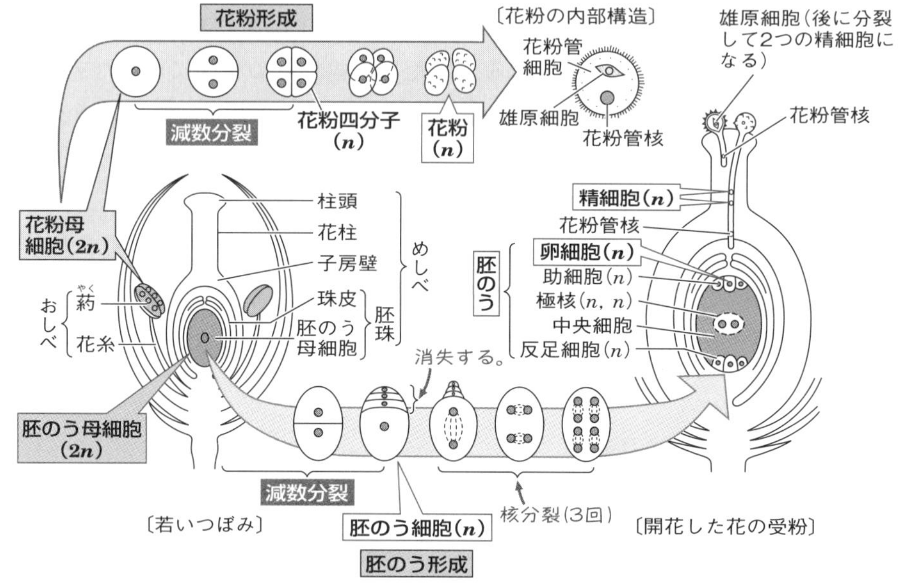

栄養分を胚乳に貯蔵→有胚乳種子，栄養分を子葉に貯蔵→無胚乳種子。

② 花粉管を誘引する物質（種により異なる）は**助細胞**から分泌される。

③ 胚発生と種子の形成…**胚➡幼芽・子葉・胚軸・幼根，珠皮➡種皮**

19 □ 種子の休眠と発芽

● **アブシシン酸**で**休眠維持**

↓ ⇦ 発芽の条件がそろう（吸水・温度・酸素・光条件）

胚の**ジベレリン**濃度が上昇，糖が胚に供給され発芽。

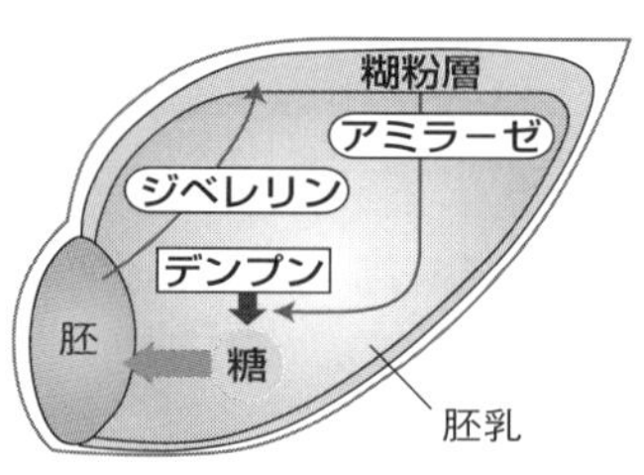

20 □ 光発芽種子

① **光発芽種子**…発芽条件として光を必要とする種子。例 レタス・タバコ

② **フィトクロム**… $\mathbf{P_R}$ **型**と $\mathbf{P_{FR}}$ **型**がある。

P_R 型に**赤色光照射** → P_{FR} 型に変化 ➡ **発芽促進**

（P_R：赤色光(red)吸収型　P_{FR}：遠赤色光(far red)吸収型）

P_{FR} 型に**遠赤色光照射** → P_R 型に変化 ➡ **発芽抑制**

③ **暗発芽種子**…発芽条件として光を必要としない種子。例 カボチャ・ケイトウ

基礎の基礎を固める！

(　　)に適語を入れよ。 答➡別冊 *p.35*

13 被子植物の配偶子形成と受精　18

① **花粉の形成**…おしべの葯（やく）の中で**花粉母細胞**(**2*n***)が減数分裂を行い，**花粉**ができる。花粉の中には，**精細胞**のもとになる(❶　　　　　)と，(❷　　　　　)が入っている。

② **胚のうの形成**…めしべの胚珠の中で**胚のう母細胞**(**2*n***)が減数分裂を行い，**胚のう細胞**が１個できる。胚のう細胞は**核分裂を３回行い**，右図のような(❸　　　　　)が完成する。

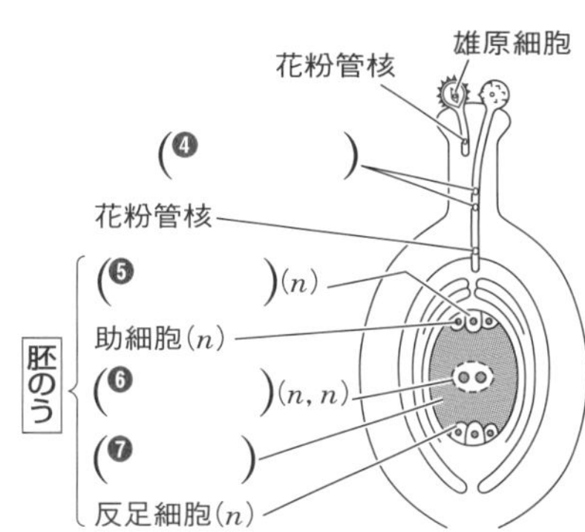

③ **被子植物の受精**… ２つの精細胞のうち，一方の精細胞は卵細胞と受精し，もう一方の精細胞は中央細胞と融合する(❽　　　　　)が起こる。この受精方法は，被子植物特有である。

14 胚と種子の形成　18

① 卵細胞(n)と精細胞(n)の受精によってできた受精卵($2n$)は，体細胞分裂をくり返して胚柄と胚球となる。胚球は，(❾　　　　　)・**子葉**・**胚軸**・**幼根**に分化する。これらをまとめて(❿　　　　　)という。精細胞と融合した**中央細胞**は，核分裂をくり返した後，核の周囲に細胞膜が形成されて多数の細胞からなる $3n$ の(⓫　　　　　)となる。ここには胚が発芽して成長するのに必要な栄養が蓄えられる。

② ❿や⓫を取り囲む**珠皮**は(⓬　　　　　)となって(⓭　　　　　)が完成する。この段階になると胚の形態形成は止まって，休眠に入る。

15 種子の発芽　19, 20

① レタスやタバコなどの種子は，発芽するために光を必要とする。このような種子を(⓮　　　　　)という。光発芽種子に赤色光を照射すると発芽が(⓯　　　　　)され，赤色光より波長の長い遠赤色光を照射すると発芽は(⓰　　　　　)される。

② フィトクロムには**P_R 型**(Pr 型)と**P_{FR} 型**(Pfr 型)があるが，光発芽種子に赤色光を照射すると(⓱　　　　　)型から(⓲　　　　　)型に変化して発芽を促進し，遠赤色光を照射すると⓱型にもどる。

③ 種子は発芽の条件が整わない間は植物ホルモンの１つである(⓳　　　　　)の働きにより休眠を維持される。水分や温度など発芽に適した条件になると，胚でつくられた(⓴　　　　　)がアミラーゼの合成を促進して，胚乳に含まれるデンプンを糖に分解する。

テストによく出る問題を解こう！

答➡別冊 p.35

22 ［被子植物の配偶子形成］ 必修

被子植物の配偶子形成の過程に関する次の図を見て，あとの各問いに答えよ。

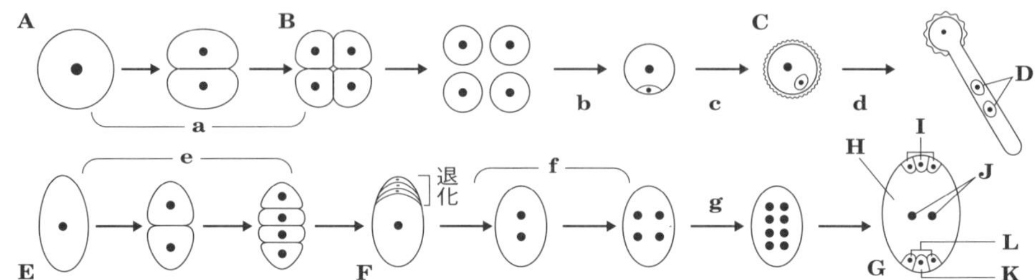

(1) 図中のA～Lの名称をそれぞれア～スから選んで記号で答えよ。

A（　　） B（　　） C（　　） D（　　）
E（　　） F（　　） G（　　） H（　　）
I（　　） J（　　） K（　　） L（　　）

ア 胚のう　イ 胚のう細胞　ウ 胚のう母細胞　エ 反足細胞
オ 卵細胞　カ 卵のう細胞　キ 精細胞　ク 極核　ケ 花粉四分子
コ 花粉　サ 花粉母細胞　シ 助細胞　ス 中央細胞

(2) 図中のa～gで，染色体数が $2n$ から n に変化するのはどこか。すべて選べ。

（　　）

(3) 図のa～c，およびeは，それぞれ植物体のどこで行われるか。

a～c（　　） e（　　）

(4) 1個の花粉母細胞および胚のう母細胞から，それぞれ何個の精細胞や卵細胞ができるか。 精細胞（　　） 卵細胞（　　）

ヒント 花粉母細胞は等分裂をして花粉四分子をつくるが，胚のう母細胞は不等分裂をして，1個の大きな胚のう細胞と3個の小さな細胞（のちに消失）になる。胚のう細胞は，3回の核分裂をして1個の卵細胞，2個の助細胞，3個の反足細胞，2個の極核を含む1個の中央細胞からなる胚のうを形成する。減数分裂は花粉四分子と胚のう細胞をつくるときに行われる。

23 ［被子植物の受精］ テスト

被子植物の受精に関する各問いに答えよ。

精細胞＋①（　　）細胞→（受精）→受精卵→（体細胞分裂）→②（　　）
精細胞＋③（　　）細胞→（融合）→（体細胞分裂）→④（　　）

(1) 上の空欄①～④にそれぞれ適当な語句を記せ。

(2) 上に示す過程のような受精の様式を何というか。（　　）

(3) 上に示す過程の②，④の染色体数をそれぞれ n を用いて答えよ。

②（　　） ④（　　）

ヒント 中央細胞は核相 n の極核を2個含む細胞である。

24 ［被子植物の胚と種子の形成］

右図は，カキノキの種子の構造を模式的に示したものである。次の各問いに答えよ。

⑴　図中の **a** ～ **f** の名称をそれぞれ答えよ。

a（　　　　　）**b**（　　　　　）**c**（　　　　　）
d（　　　　　）**e**（　　　　　）**f**（　　　　　）

⑵　右のようなつくりの種子をふつう何とよぶか。

（　　　　　　）

⑶　種皮は，めしべの何が変化してできたものか。（　　　　　　）

ヒント ⑵　無胚乳種子はマメ，クリなどの種子で，早い時期に子葉が発達して胚乳の栄養を吸収したものである。有胚乳種子はイネ，ムギ，トウモロコシなどに見られる，胚乳が体積の大部分を占める種子である。
⑶　受精後，胚珠を包む珠皮は変化して種皮となる。

25 ［種子の発芽］　テスト

右図は，種子の発芽のしくみを示したものである。次の各問いに答えよ。

⑴　図中の **a** ～ **c** の部分をそれぞれ何というか。

a（　　　　　）**b**（　　　　　）**c**（　　　　　）

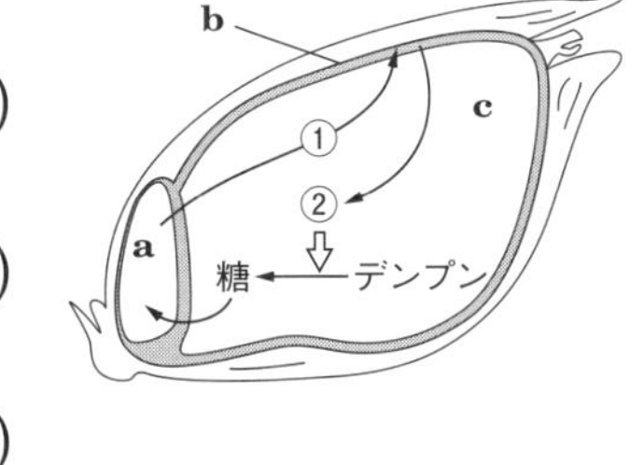

⑵　植物の種子の休眠を維持する植物ホルモンは何か。

（　　　　　　）

⑶　図中の①，②に適する物質名をそれぞれ入れよ。

①（　　　　　　）②（　　　　　　）

⑷　種子の休眠の解除の条件とならないものを下から選べ。（　　　　）

ア　温度　　**イ**　吸水　　**ウ**　光　　**エ**　土壌の栄養条件

26 ［光発芽種子］　テスト

右図は，レタスの種子の発芽と光の関係を示したものである。■は暗黒，□は太陽光の照射，「R」は赤色光の照射，「F」は赤色光よりも波長の長い遠赤色光の照射を示し，○は発芽する，×は発芽しないことを表す。次の各問いに答えよ。

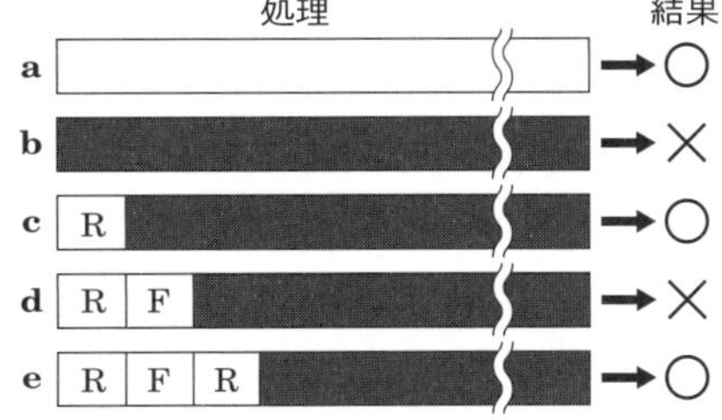

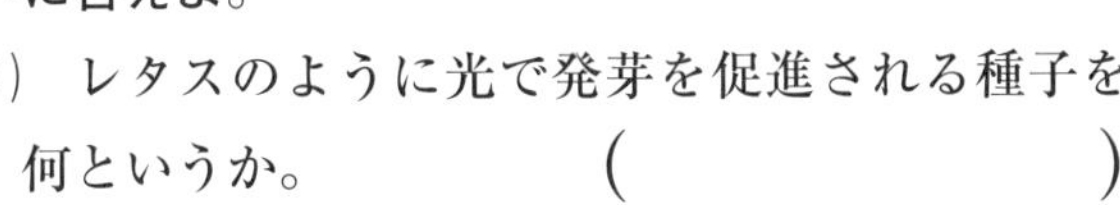

⑴　レタスのように光で発芽を促進される種子を何というか。（　　　　　）

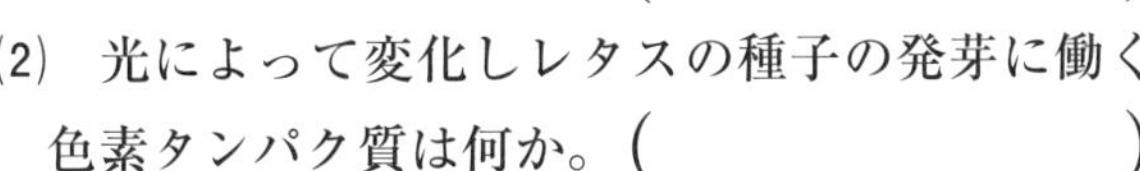

⑵　光によって変化しレタスの種子の発芽に働く色素タンパク質は何か。（　　　　　）

⑶　遠赤色光の作用について簡単に述べよ。

（　　　　　　　　　　　　）

ヒント 発芽するかしないかは，最後に照射された光条件によって決まる。

6章 植物の成長と反応

オーキシンは，茎をさかさまにしても先端から基部へ向かって移動する（極性移動）。

21 □光屈性とオーキシン

① **オーキシン**…幼葉鞘の先端でつくられ細胞の伸長成長を促進する植物ホルモン（→22）。

② **オーキシンの移動**…先端から基部へ**極性移動**，光の反対側で高濃度。➡正の光屈性

- **オーキシン排出輸送体**（**PIN タンパク質**）…茎の細胞の基部側でオーキシン排出。
- **オーキシン取り込み輸送体**（**AUX タンパク質**）…茎の細胞の先端，側面側でオーキシン取り込み。

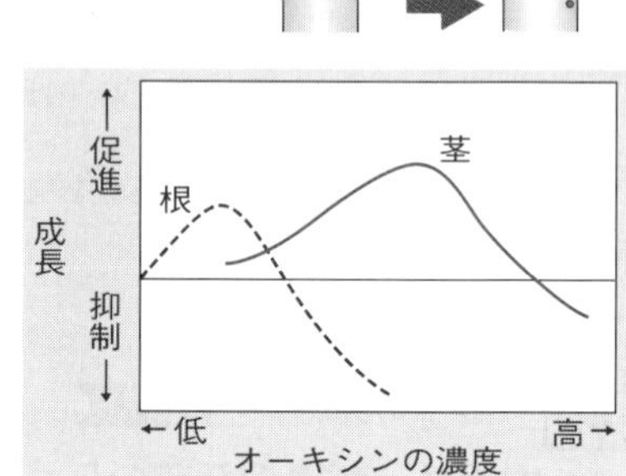

③ **インドール酢酸**（**IAA**）…天然のオーキシン。

④ **フォトトロピン**…光屈性や気孔の開口にかかわる光受容体（タンパク質）。

⑤ **根は負の光屈性**…根は低濃度のオーキシンで成長促進，茎の成長が促進される高濃度では成長抑制。

⑥ **重力屈性**…茎では負の重力屈性，根では正の重力屈性を示す。

22 □いろいろな植物ホルモン

① **オーキシン**…茎の伸長成長の調節・細胞分化（根の分化），根の伸長調節，発根の促進，離層形成の抑制。
極性移動する➡頂芽優勢

② **ジベレリン**…茎や根の**伸長促進**と肥大抑制，種子の**発芽促進**。子房の肥大促進➡**単為結実**（種なしブドウ）

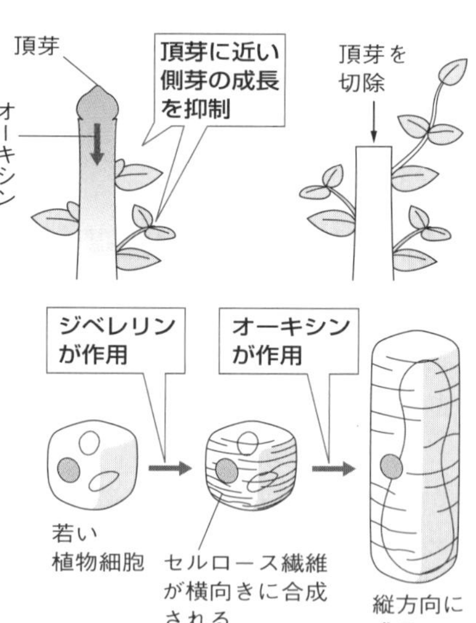

③ **エチレン**…果実の**熟成促進**，**落果・落枝の促進**（離層形成の促進），細胞の伸長抑制と茎の肥大誘導。

④ **アブシシン酸**…種子の休眠，成長抑制，**気孔を閉じる**。

⑤ **フロリゲン**（花成ホルモン）…**花芽形成**を促進。イネのフロリゲン＝Hd3a，シロイヌナズナのフロリゲン＝FT

基礎の基礎を固める！

(　　)に適語を入れよ。　答➡別冊 *p.36*

16 植物ホルモンと屈性　21

① 幼葉鞘の先端部に左側から光を照射すると，幼葉鞘は(❶　　　　)側に屈曲する。この植物の運動を(❷　　　　)の**光屈性**という。

② これは，細胞の伸長成長を促進する植物ホルモンである(❸　　　　　　)が，幼葉鞘の先端部で光の当た(❹　　　　)側に移動してから，下部に移動して下部の成長を促進するためである。

③ **オーキシン**は，茎を移動するとき先端から基部への一方向にだけ移動するという性質をもっている。これを(❺　　　　)**移動**という。

④ 幼葉鞘の細胞において，(❻　　　　)**タンパク質**がオーキシンを細胞内に取り込み，細胞内のオーキシンは(❼　　　　)**タンパク質**によって排出されるため，オーキシンは❺移動をする。

⑤ オーキシンは総称であり，植物が合成する天然のオーキシンは(❽　　　　　　　)という物質である。

⑥ 茎と根のうちでオーキシンの感受性が高いのは(❾　　　　)で，したがって根は(❿　　　　)濃度で成長が促進され，茎は(⓫　　　　)濃度のとき成長が促進される。

17 いろいろな植物ホルモン　22

⓬	細胞壁のセルロース繊維の結合をゆるめて，**茎の成長を促進**。**光屈性・重力屈性**に関与。**極性移動**する。 (⓭　　　　　　)…側芽の成長を抑制。
⓮	細胞壁の横方向のセルロース繊維の合成を促進して締めつけ，細胞を縦方向に伸長させる。種子の発芽を(⓯　　　　)。 (⓰　　　　　　)を促進➡種なしブドウ生産に利用。
⓱	**気体**の植物ホルモン。果実の熟成を(⓲　　　　)。落果・落枝を促進…(⓳　　　　)形成。伸長抑制・肥大促進。
アブシシン酸	**種子の休眠**を(⓴　　　　)する。 気孔を(㉑　　　　)。
㉒	花成ホルモン。**花芽形成**を促進。 ※植物ホルモンは低分子の生理活性物質とされているため，タンパク質であるこの物質は植物ホルモンに含まれないことが多い。

テストによく出る問題を解こう！

答➡別冊 *p.36*

27 ［光屈性］

幼葉鞘に下図のア〜オのような操作をした。この後，左（光源の方向）に屈曲するものをすべて選べ。　（　　　　）

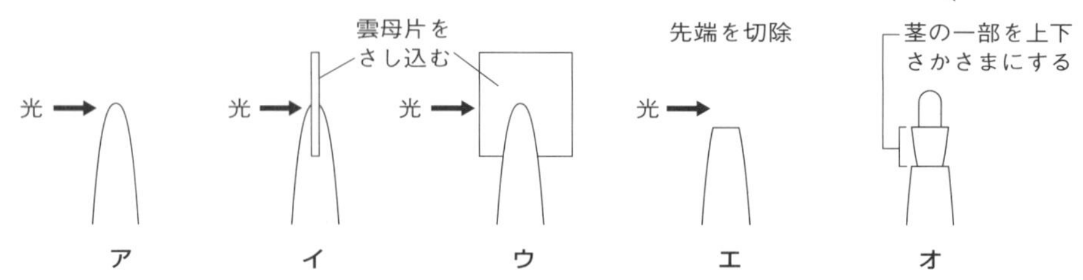

ヒント オーキシンは，幼葉鞘の先端部で光の当たらない側に集まり，そこから下の部位へ移動する。

28 ［重力屈性］

植物の成長に関する次の文を読み，空欄に適当な語句あるいは記号を入れよ。

植物を暗所で右図のように横たえておいたところ，茎は図の①（　　　）の方向へ，根は図の②（　　　）の方向へ向かって成長した。

上
下
ア
イ
ウ
エ
オ
カ

これは，植物の伸長成長にかかわる植物ホルモンの③（　　　　　　）が植物体の下側に輸送され濃度が高くなるが，これによって茎では下側の成長が④（　　　　）されるのに対し，根では⑤（　　　　）されるためである。この性質を，茎については⑥（　　　　　　　），根については⑦（　　　　　　　）という。

29 ［オーキシンを輸送するタンパク質］

右図はマカラスムギの幼葉鞘の細胞とその細胞膜に存在する膜タンパク質を模式的に示したものである。次の各問いに答えよ。

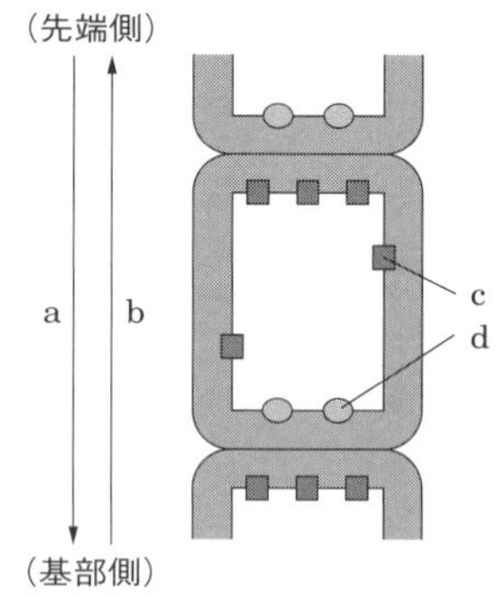

⑴　幼葉鞘におけるオーキシンの移動方向として正しいものを，図中の **a**，**b** から選べ。　（　　）

⑵　**c** と **d** のタンパク質の働きの組み合わせとして最も適当なものを，次の**ア**〜**エ**から選べ。　（　　）

ア　**c** はオーキシンを取り込み，**d** はオーキシンを排出する。

イ　**d** はオーキシンを取り込み，**c** はオーキシンを排出する。

ウ　**c**，**d** ともにオーキシンを取り込む。

エ　**c**，**d** ともにオーキシンを排出する。

30 [植物細胞の伸長成長]

植物の成長に関する次の文を読み，あとの各問いに答えよ。

一般的に植物細胞は縦長の直方体で固い細胞壁で囲まれている。細胞壁はセルロース繊維で取り巻かれ，セルロース繊維は伸びにくいので，セルロース繊維の取り巻く方向によって細胞の成長する方向が異なる。植物ホルモン**A**は，横方向にセルロース繊維を合成し，その後，植物ホルモン**B**が働くと，セルロース繊維どうしのつながりが緩み，細胞は吸水して(①)方向に伸長する。しかし植物ホルモン**C**が働くと，セルロース繊維は縦方向に合成され，茎の成長は(②)方向となる。このように茎の伸長成長は，茎をつくる細胞が，成長の方向を決める植物ホルモンと成長を促す植物ホルモンの働きを受けることによって起こる。

(1) 下線部の植物ホルモン**A**～**C**にあてはまる名称をそれぞれ答えよ。

A(　　　　　　) **B**(　　　　　　)
C(　　　　　　)

(2) 文中の空欄①，②には縦，横のどちらが入るか。 ①(　　　) ②(　　　)

ヒント 茎の細胞の伸長成長に関係する植物ホルモンは，オーキシンとジベレリンで，肥大成長であればエチレンとオーキシンである。

31 [いろいろな植物ホルモン] 必修

次の①～⑤は，いろいろな植物ホルモンの働きを説明したものである。あとの各問いに答えよ。

① 種子の発芽を抑制する。また，水不足の環境下で気孔を閉じさせる。
② 芽の先端部で合成され，基部へ移動する極性をもち，細胞を伸長させる。
③ 葉で合成され，師管を通って移動して，花芽の分化を誘導する。
④ イネ科の植物では，種子の発芽のときに糊粉層に働きアミラーゼをつくらせる。
⑤ 気体の植物ホルモンで，接触成長阻害に関係する。

(1) 上の①～⑤の植物ホルモンとして適切なものを，**ア**～**オ**からそれぞれ選べ。

①(　　) ②(　　) ③(　　) ④(　　) ⑤(　　)

ア オーキシン　**イ** フロリゲン　**ウ** ジベレリン
エ エチレン　**オ** アブシシン酸

(2) 種なしブドウの生産に使われている植物ホルモンを(1)の**ア**～**オ**から選べ。 (　　)
(3) バナナの成熟に使われている植物ホルモンを(1)の**ア**～**オ**から選べ。 (　　)
(4) レタスの発芽の促進に働く植物ホルモンを(1)の**ア**～**オ**から選べ。 (　　)
(5) 落葉や落果の抑制に働く植物ホルモンを(1)の**ア**～**オ**から選べ。 (　　)

ヒント オーキシンは，離層の形成を抑制する。

7章 花芽形成とその調節

23 □ 植物の光受容体と気孔の開閉

① フォトトロピン…青色光を受容。光屈性，気孔の開口。

② クリプトクロム…青色光を受容。胚軸の伸長成長を抑制する。

③ フィトクロム…赤色光，遠赤色光を受容 (→ p.128)。光発芽種子の発芽や長日植物の花芽形成に働く。

④ **気孔の開閉**…孔辺細胞の膨圧上昇→開口，膨圧低下→閉鎖。
フォトトロピンが青色光受容→開口，アブシシン酸→閉鎖。

24 □ 花芽形成の調節

① **光周性**…花芽形成などの生物の生理現象が日長や明暗変化で起こること。

- **長日植物**…連続の暗期の長さが**限界暗期**以下で花芽形成。
  例 ホウレンソウ，コムギ
- **短日植物**…暗期の長さが限界暗期以上続くと花芽形成。
  例 アサガオ，ダイズ
- **中性植物**…日長や暗期の長さが花芽形成に関係しない。
  例 トマト，エンドウ

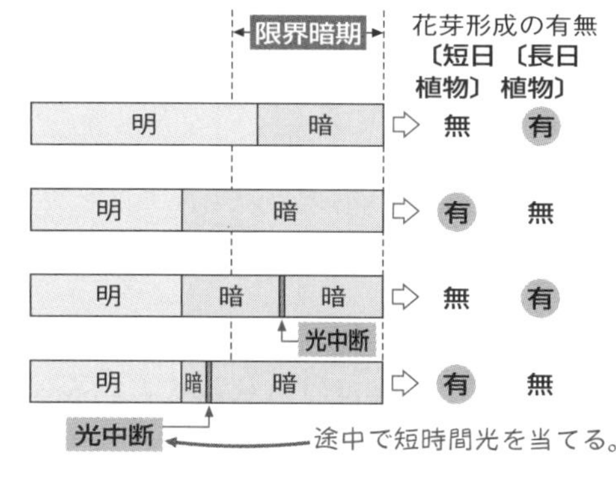

② **花芽形成のしくみ**…暗期の長さを葉で受容➡葉でフロリゲンを合成➡師管を通って移動➡花芽形成を誘導。

③ **春化**…一定の低温条件を経験することで花芽形成が促進される。

25 □ 被子植物の花の形成と調節遺伝子

① **花の構造**…外側からがく片・花弁・おしべ・めしべ

② 花のどの部分の構造をつくるかは，調節遺伝子である**ホメオティック遺伝子**が決定。この遺伝子に異常が生じると，一部の構造を欠くなどの**ホメオティック変異体**となる。

● **シロイヌナズナの花形成と ABC モデル**

- 領域 1 … A 遺伝子だけが発現→**がく片** を形成
- 領域 2 … A と B 遺伝子が発現→**花弁** を形成
- 領域 3 … B と C 遺伝子が発現→**おしべ** を形成
- 領域 4 … C 遺伝子のみが発現→**めしべ** を形成

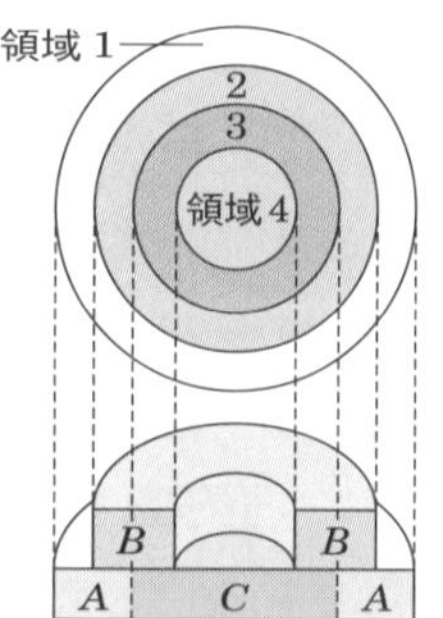

基礎の基礎を固める！

（　　）に適語を入れよ。 答➡別冊 *p.37*

18 植物の光受容体と気孔の開閉 ⊶23

① 青色光を受容する光受容体で，芽ばえがもやし状になるのを抑制するのは（❶　　　　　　　），光屈性にかかわるのは（❷　　　　　　　）。

② 光発芽種子の発芽，長日植物の花芽形成にかかわる光受容体は（❸　　　　　　　）。

③ フォトトロピンが青色光を受容し孔辺細胞の膨圧が上昇すると，気孔が（❹　　　）する。アブシシン酸により孔辺細胞の膨圧が低下すると，気孔が（❺　　　）する。

19 花芽形成のしくみ ⊶24

① 花芽形成などの生物の生理現象が日長や明暗変化で起こることを（❻　　　　　　　）という。日長が一定以上で花芽形成をするコムギなどを（❼　　　　　　　），暗期の長さが一定以上で花芽形成をするダイズなどを（❽　　　　　　　），日長や暗期の長さが花芽形成に関係しないエンドウなどを（❾　　　　　　　）という。

② 短日植物の花芽形成は，（❿　　　　　　　）以上の連続した暗期が続くことで促進される。暗期の途中で光を短時間当てる（⓫　　　　　　　）を行うと，各暗期の長さが❿より短ければ合計の時間が❿より長くても花芽は形成されない。

③ 短日植物の花芽形成は，（⓬　　　　　　　）より長く連続した暗期を，成熟した（⓭　　　）で受容すると，花芽形成促進物質である（⓮　　　　　　　）の合成が誘導される。長日植物では逆に⓬以上の暗期を受容しないことで⓮の合成が誘導される。

④ 茎の表皮近くの部分を輪状にむく**環状除皮**を行って（⓯　　　　　　　）を除去すると，その部分から先は花芽を形成しない。このことから（⓰　　　　　　　）は，葉で合成された後，⓯を通って移動することがわかった。なお，この移動に極性はない。

20 花の形成と調節遺伝子 ⊶25

① 被子植物の**茎頂分裂組織**に花芽形成促進物質である（⓱　　　　　　　）が働くと，（⓲　　　　　　　）が分化し，やがて，がく，（⓳　　　　　　　），おしべ，めしべからなる**花**ができる。各部位が花のどの部分の構造をつくるかは，調節遺伝子である（⓴　　　　　　　）**遺伝子**がつくる**調節タンパク質**によって決定される。

② シロイヌナズナの花形成は，各領域に A・B・C の３つの調節遺伝子のうちのどの遺伝子が働くかによって決まり，一部を欠いた個体は（㉑　　　　　　　）**変異体**とよばれる。A 遺伝子と C 遺伝子は互いに抑制し合うことが知られており，A 遺伝子のみが働くとがく片，C のみではめしべ，A と B がともに働くと花弁，B と C ではおしべとなる。A 遺伝子を欠いた個体ではおしべと（㉒　　　　　　　）のみもつ花が，B 遺伝子を欠くとがく片とめしべだけ，C 遺伝子を欠くと花弁とがく片だけの花ができる。

テストによく出る問題を解こう！

答➡別冊 *p.37*

32 [気孔の開閉と植物ホルモン]

植物細胞の気孔開閉について，次の文を読んで，あとの各問いに答えよ。

植物は，光合成に必要な二酸化炭素を，気孔を開口して吸収する。気孔の開口は次のしくみで行われる。気孔の開口に有効な光は（ ① ）で，（ ② ）が光受容体として光情報を捉え，孔辺細胞への（ ③ ）イオンの流入を促進し，浸透圧を高める。その結果，孔辺細胞の外側が伸びて細胞全体が湾曲し，気孔が開口する。一方，気孔を開口すると，蒸散により水分が失われてしまうため，植物は乾燥状態におかれると，気孔を閉じて水分の減少を抑える。

(1) 文中の空欄①～③に入る語句を答えよ。

①（　　　）　②（　　　）　③（　　　）

(2) 文中の下線部について，このとき葉で急速に合成される植物ホルモンの名称を答えよ。

（　　　）

33 [光周性のしくみ] テスト

次の図は，花芽形成のしくみを調べるために，オナモミを使って行った実験を示したものである。

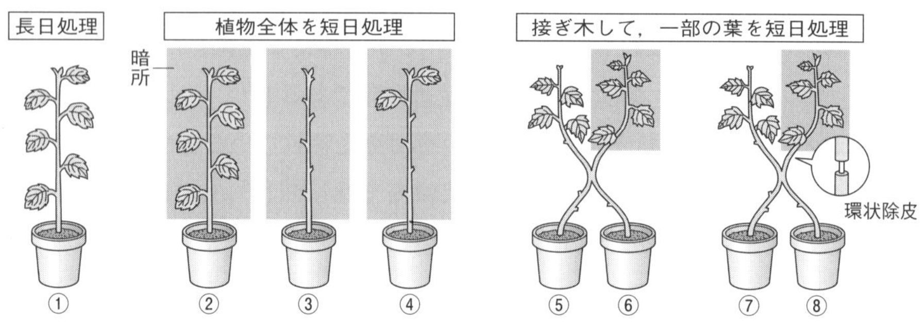

(1) オナモミは，光周性から，次のどのタイプの植物に属するか。（　　　）

ア 長日植物　**イ** 短日植物　**ウ** 中性植物

(2) 図中の短日処理とは，どのような処理か。

（　　　）

(3) 図中の①～⑧の操作で花芽を形成するものをすべて選べ。（　　　）

(4) これらの実験から，花芽形成に関係する物質は，植物体のどこで生産されていると考えられるか。（　　　）

(5) (4)の物質の名称を答えよ。（　　　）

(6) 環状除皮とは，どのような操作か。次から選べ。（　　　）

ア 道管を除去する　**イ** 師管を除去する　**ウ** 皮層を除去する

(7) 実験⑤～⑧から，(5)の物質はどこを通って移動すると考えられるか。（　　　）

ヒント 実験③と④から合成場所が，⑤～⑧からどこを通って移動するかがわかる。

34 [光周性の実験] テスト

右図は，花芽形成と光条件について調べるためにキクとアブラナを使って行った実験である。これについて，次の各問いに答えよ。

	光条件（自然日長）	花芽形成の有無〔キク〕	〔アブラナ〕
①	明｜暗	×	○
②	明｜暗	○	×
③	明｜暗｜暗（フラッシュ）	×	○
④	明｜暗｜暗（フラッシュ）	○	×

(1) これらの実験から，キクの花芽形成にはどのような条件が必要であることがわかるか。

(　　　　　　　　　　　　　　　　　　　　　　　　　　)

(2) キクとアブラナは，それぞれ短日植物か，長日植物か。

キク(　　　　　　　) アブラナ(　　　　　　　)

(3) 暗期の途中でフラッシュをたくような操作を何とよぶか。 (　　　　　　　)

35 [植物の花の分化] 難

右図1，2と次の文は，シロイヌナズナの花の構造と花が形成されるしくみを示したものである。これらに関して，あとの各問いに答えよ。

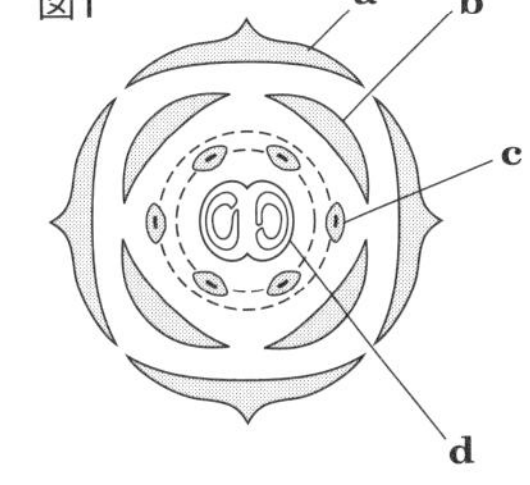

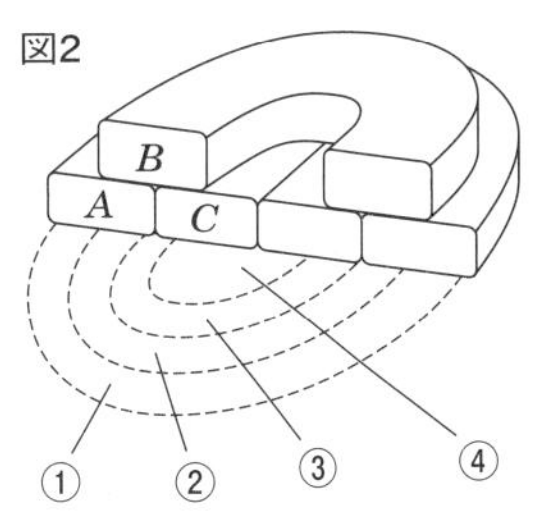

シロイヌナズナの花は図1の4つの要素から構成されている。花の形成には，*A*，*B*，*C* の3つの調節遺伝子が関係していることが知られている。これらの遺伝子は図2の範囲で働き，それぞれの遺伝子によって合成される調節タンパク質の組み合わせによって，おしべ，めしべ，花弁，がく片が分化する。*A* 遺伝子のみが働く部位ではがく片，*C* のみではめしべ，*A* と *B* がともに働くと花弁，*B* と *C* が働くとおしべが形成される。また，*A* 遺伝子と *C* 遺伝子は互いに抑制するように働く。

(1) 図1の **a**〜**d** の各部の名称をそれぞれ**ア**〜**エ**から選び，記号で答えよ。

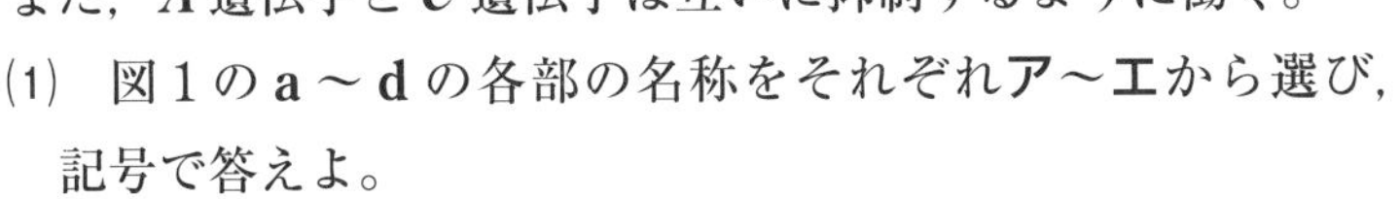

a(　　　) **b**(　　　) **c**(　　　) **d**(　　　)

ア 花弁　**イ** めしべ　**ウ** おしべ　**エ** がく片

(2) *A* 遺伝子を欠いた花ではつくられない構造はどれか。(1)の**ア**〜**エ**からすべて選び，記号で答えよ。 (　　　　　)

(3) *B* 遺伝子を欠いた個体の花はどのような構造になるか。図2の各部位に形成される構造を(1)の**ア**〜**エ**から選び，①，②，③，④の順で記号で答えよ。

(　　　　　)

(4) *A*，*B*，*C* のような，個体の決まった部位に決まった構造を形成させる調節遺伝子を何というか。 (　　　　　　)

ヒント (4) 動物の体節に対応して構造を決定する調節遺伝子と同じ名称でよばれる。

入試問題にチャレンジ！

答➡別冊 *p.38*

1 **次の文章を読み，問い(1)～(4)に答えよ。**

ヒトの眼の構造は，カメラに例えられることがある。眼に入射する光は，まず透明な①［　　］で屈折し，ひとみ(瞳孔)を通過し，②［　　］で屈折し，眼の中央部分を占める球状の③［　　］を通り，視細胞が並ぶ網膜に到達する。網膜にはさまざまな細胞があるが，視細胞は内節と外節とよばれる部位に分かれ，外節に視物質が存在し，光を受容する。また，網膜の一部にある④［　　］は，２種類ある視細胞のうち，⑤［　　］細胞が多数存在する部位で，物の形や色を正確に見分けることができる。また，薄暗いところでは，⑥［　　］細胞が働く。

ヒトが物体の色を感じるときに働いている⑤［　　］細胞には３種類あって，それぞれ，青，⑦［　　］，赤の光に強く応答する。また，私たちが急に暗いトンネルに入ると，しばらくは周囲が見えにくいが，やがて見えるようになる。これを⑧［　　］とよぶ。

(1)　①～⑧に適切な用語を入れよ。

(2)　下線部で，ヒトの眼をカメラに例えたとき対応する部分を２つ答えよ。

(3)　網膜の外側には，大きく分けて２種類の膜がある。その膜の名称を，網膜に近いほうから答えよ。

(4)　私たちが暗い星を肉眼で観察する場合，どのようにすればよく見えるか。　(岩手大)

2 **図は無髄神経繊維をもつニューロンを示している。神経および効果器に関する次の文を読み，以下の各問いに答えよ。**

脊椎動物の骨格筋の収縮は，運動神経により制御されている。神経の興奮により放出された①［　　］という神経伝達物質が，筋繊維の細胞膜上にある②［　　］に結合することで筋繊維に興奮が伝わり収縮が引き起こされる。骨格筋は筋繊維から構成され，筋繊維はさらに筋原繊維から構成されている。筋原繊維は，おもに太い③［　　］フィラメントからなる暗帯と，細い④［　　］フィラメントからなる明帯で構成されている。この２つのフィラメントが滑り込むことにより収縮が起こる。

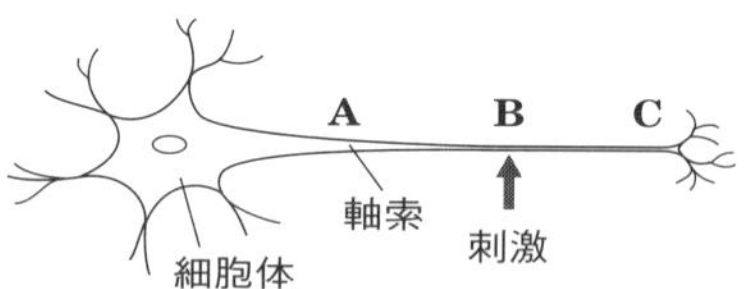

(1)　文中の①～④に適切な語句を記せ。

(2)　軸索(神経繊維)の**B**の部位に刺激を加えると興奮は**A**と**C**の両方向に伝導するが，その後，興奮が**A**から**B**へ，**C**から**B**へもどることはない。その理由を説明せよ。

(3)　有髄神経繊維と無髄神経繊維における興奮の伝導速度はどちらが速いかを答え，その理由を説明せよ。

(4)　互いにつながりあってネットワークを構成するニューロン間において，興奮は一方向に伝達される。その理由を説明せよ。　(山口大)

3 次の文を読んで，文中のA～Hに入る最も適当な語を記せ。

私たちは，熱いものに手を触れると思わず手を引っ込める。こうした動きが無意識に起こるのは，興奮が大脳に伝わって感覚が生じる前に，手や足などの筋肉に興奮が伝わるからである。このような反応を反射とよぶ。反射を構成する神経の経路を［ A ］といい，［ B ］→感覚神経→反射中枢→運動神経→［ C ］となっている。

よく知られている反射の1つに膝蓋腱（しつがいけん）反射がある。膝（ひざ）の関節のすぐ下をたたくと，膝を伸ばす大腿筋が伸びる。すると筋肉の伸長の［ B ］である［ D ］が引き延ばされて興奮する。この興奮は感覚神経によって脊髄に入り，大腿筋につながる運動神経に伝えられ，筋肉の収縮が起こる。このように，脊髄に中枢のある反射を脊髄反射という。脊髄の表層部には［ E ］，内部には［ F ］があるが，これは大脳での配置の逆になっている。脊髄の左右にのびた脊髄神経のうち，［ G ］はおもに感覚神経から，［ H ］はおもに運動神経からなる。

反射の中枢はさまざまで，だ液の分泌の反射中枢は延髄にあり，瞳孔反射の反射中枢は中脳にある。間脳，中脳，延髄を合わせて脳幹とよぶ。（浜松医大）

4 次の文を読み，問い(1)，(2)に答えよ。

外界からの刺激に対する動物の行動には，動物が生まれつきもっている（ ① ）と個体の経験によって変わりうる（ ② ）がある。前者は特定の刺激に対して一定の型にはまった反応を示すことがふつうで，（ ③ ）と（ ④ ）がよく知られている。

（ ③ ）は刺激に対して一定の方向への個体の移動行動を伴うもので，刺激源に向かって運動する場合を（ ⑤ ）の（ ③ ），刺激源から遠ざかる場合を（ ⑥ ）の（ ③ ）とよび，刺激の種類によっても分類される。（ ④ ）はある刺激を目印に特定の方向にからだを向けることをいい，（ ③ ）も（ ④ ）の1つである。

フランスの昆虫学者ファーブルは，カゴに入れた<u>A（ ⑦ ）後間もないオオクジャクヤママユの雌に多数の雄が誘引される</u>ことを観察した。この反応や，ハエが食物のにおいに誘引される反応，<u>Bゴキブリが同種の糞に集まる反応</u>も（ ③ ）である。

クモは誰に教わることもなく複雑な形の巣を張ることができる。イトヨの雄は繁殖期に巣をつくり，巣に近づくほかの雄を攻撃する。これらも学習によらない（ ① ）の例であり，（ ③ ）が複雑に組み合わさった行動と考えられる。

(1) 文中の①～⑦に入る語句を，下から選んで記せ。

生得的行動　知能　走性　反射　反応　習得的行動
正　負　中性　傾性　光周性　定位
条件反射　環境順化　ふ化　羽化　蛹化　産卵

(2) 下線部A，Bについて，この反応には何とよばれる物質がかかわっているか，それぞれ答えよ。（弘前大改）

5 **植物の生殖に関して，次の文章を読み，以下の問いに答えよ。**

被子植物では雄性の配偶子は花粉とよばれ，おしべの「葯（やく）」の中で形成される。これは昆虫などによってめしべの①□へと運ばれたのち，発芽して②□を伸ばす。1つの花粉の中には1個の③□細胞と1個の花粉管核が存在するが，このうち③□細胞は②□の中で分裂し，2個の④□となる。

雌性配偶子はめしべの中の胚珠の中でつくられる。⑤□は$2n$の染色体をもつが，減数分裂を起こしnの染色体をもつ胚のう細胞となる。胚のう細胞は3回の核分裂を行い8個の核をもつ胚のうとなる。この核のうち⑥□個が助細胞の，⑦□個が⑧□の核となるが，これらは④□とは受精または融合しない。④□と受精または融合する核のうち，1個は⑨□の核であり，2個が⑩□とよばれる中央細胞の核である。

(1) 文中の空欄①～⑩に適切な語句，数値を入れよ。

(2) 被子植物の生殖の結果生じた種子は，「胚」，「胚乳」，「種皮」から構成される。このうち，花粉に由来する遺伝子をもたないものを答えよ。 (札幌医大)

6 **植物の成長に関する次の文を読んで，あとの各問いに答えよ。**

植物体の成長は部分によって異なり，一部分の成長が他の部分の成長に強く影響を及ぼしている。<u>茎の先端の頂芽が盛んに成長しているときに，茎の下方の側芽の成長が抑制されること</u>は，この代表的な例である。これには植物ホルモンが深くかかわっており，その機能や作用の特性を明らかにするために，右図に示す実験**A**～**D**を行った。なお，実験で投与された植物ホルモンは，すべて有効に作用するものとする。

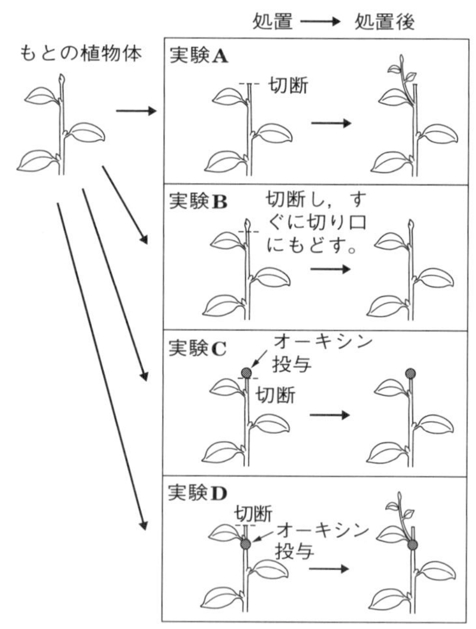

実験**A**．頂芽を切断・除去すると，その下にある側芽が成長した。

実験**B**．頂芽を切断し，それをすぐにもとの切り口にもどすと，側芽は成長しなかった。

実験**C**．頂芽を切断・除去し，切断面にオーキシンを投与すると，側芽は成長しなかった。

実験**D**．頂芽を切断・除去し，側芽にオーキシンを投与すると，側芽が成長した。

(1) 下線部の現象を何とよぶか。

(2) 実験**A**，**B**および**C**からわかることを，50字以内で述べよ。

(3) 実験**D**からわかることを簡潔に記せ。 (長崎大 改)

7 次の文章を読み，問い(1)～(3)に答えよ。

A レタスの種子は発芽に光を必要とする。このような種子に①［　　］を当てると発芽が進み，②［　　］を当てると発芽が抑制される。①［　　］と②［　　］を交互に照射すると，③［　　］に照射した光の種類によって発芽するかどうかが決まる。しかし，レタスの種子はジベレリンを与えると④［　　］でも発芽する。

イネには，遺伝的にジベレリンをつくることができないために茎があまり伸長しない草丈の低い種類がある。このイネにジベレリンを与えると正常なイネと同じくらいの草丈に成長する。このように，ジベレリンは B 茎の伸長成長を促進する。

(1) 文中の①～④に適切な用語を下記から選べ。

最初　遠赤色光　青色光　最後　近赤色光　暗所　赤色光　明所

(2) 下線部 A のような種子は何とよばれているか答えよ。

(3) 下線部 B について，ジベレリンのほかに頂芽の伸長成長を促進する働きをもつ植物ホルモンの名称を答えよ。

（岩手大）

8 植物の開花に関する次の文を読み，問い(1)，(2)に答えよ。

アサガオは夏から秋にかけて日長が短くなると開花する短日植物である。これに対して，アブラナのように春から夏にかけて日長が長くなると開花する植物は長日植物とよばれる。このように日長に応じて反応を示す性質を①［　　］という。日長と無関係に花芽をつける植物を②［　　］といい，エンドウなどがある。

花芽の分化を誘導するのに重要なのは③［　　］の長さであり，例えば短日植物は④［　　］を超えたときに花芽を分化する。植物において③［　　］の長さを感知するのは⑤［　　］である。花成をもたらす仮想物質を⑥［　　］とよんだが，現在明らかになっている⑥［　　］の実体は，シロイヌナズナでは⑤［　　］で合成される FT タンパク質であり，茎頂分裂組織で花芽形成を促進することが確かめられている。

(1) 文中の①～⑥に最も適した語を入れよ。

(2) 短日植物と長日植物を，右図の a ～ h に示すようなさまざまな明暗周期で育てた。④が(i)11時間の短日植物が開花する条件と，(ii)13時間の長日植物が開花しない条件を，それぞれ a ～ h からすべて選び，記号で答えよ。なお，図中の白い部分は明期，黒い部分は暗期を示す。また，e と f の暗期の途中の白線と，g と h の明期の途中の黒線は，それぞれ暗期と明期が一時的に中断されることを示す。

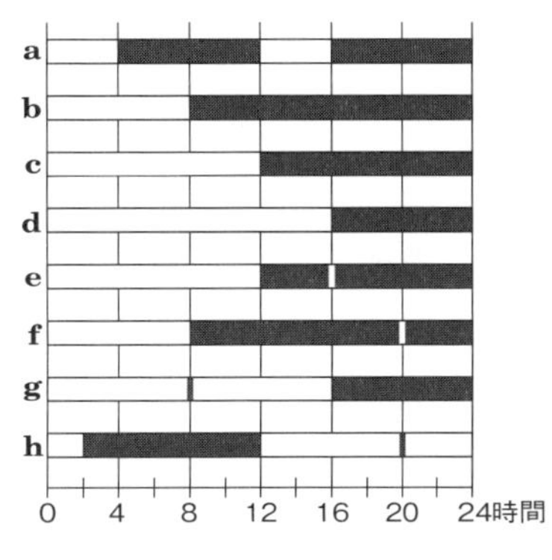

（大阪教育大）

5編 生態と環境

1章 個体群と相互作用

個体数が増加し個体群密度が高くなることを，個体群の成長という。

1 □ 個体群と成長

① **個体群**…ある地域に生息する同種の生物の集団。

② **個体群内の個体の分布…集中分布，一様分布，ランダム分布**がある。

③ **個体群密度**…単位面積あたりの個体数。**区画法**や**標識再捕法**で調査。

④ **標識再捕法**　全体の個体数＝$\dfrac{\text{2回目に捕獲した個体数} \times \text{最初の標識個体数}}{\text{再捕獲された標識個体数}}$

⑤ **成長曲線**…個体群密度の増加を示す。
環境収容力…ある環境での個体数の上限。

⑥ **密度効果**…個体群密度の変化が個体の発育・形態や個体群の成長に影響を及ぼすこと。例 トノサマバッタの**相変異**（低密度→**孤独相**，高密度→**群生相**）

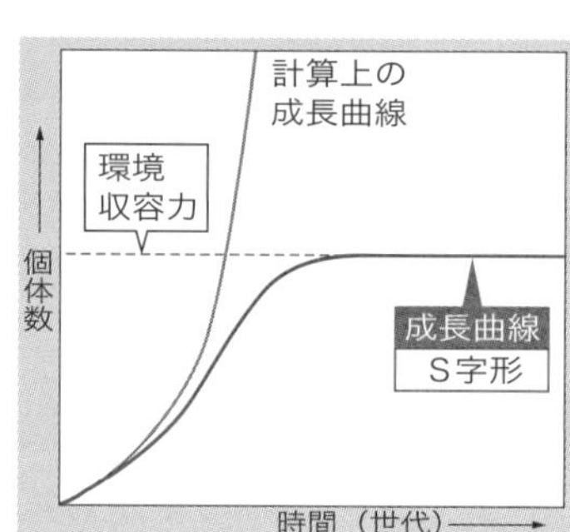

2 □ 生存曲線

① **生命表**　生まれた卵（子）から寿命までの各時期における生存数を示した表。

② **生存曲線**　生命表をグラフ化したもの。

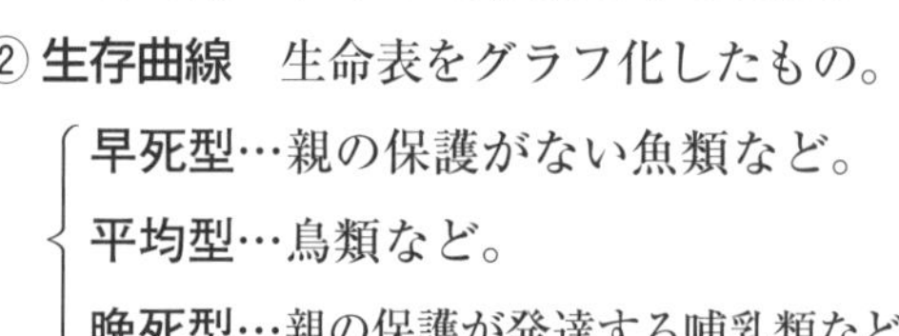

- **早死型**…親の保護がない魚類など。
- **平均型**…鳥類など。
- **晩死型**…親の保護が発達する哺乳類など。

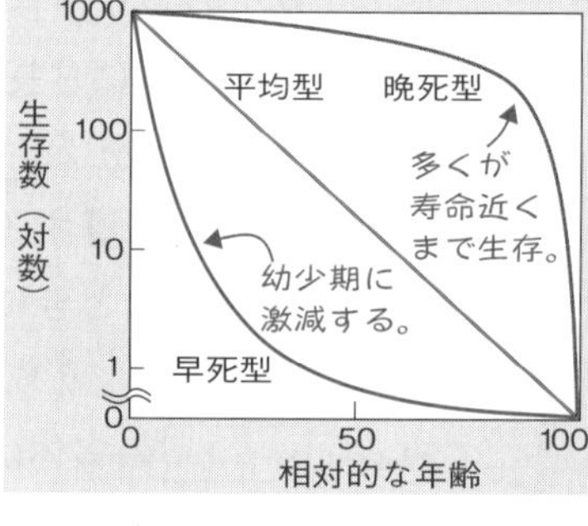

3 □ 個体群の齢構成

① **齢構成**…齢階級ごとの個体数などの比率。

② **年齢ピラミッド**…齢構成をグラフ化したもの。**幼若型・安定型・老齢型**の3タイプ。

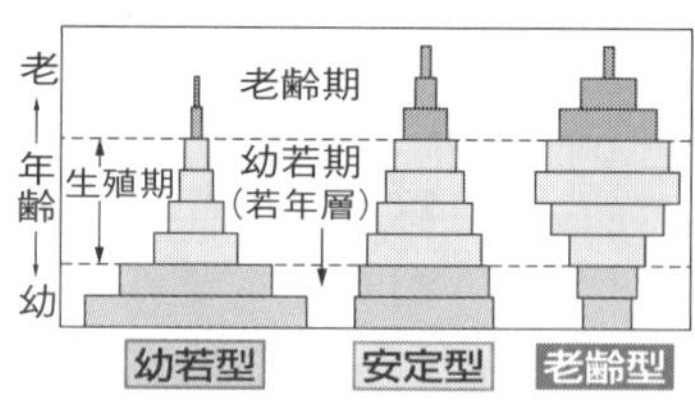

4 □ 相互作用

① **個体群内の相互作用…競争**（種内競争），**群れ，順位**（制），**縄張り**（テリトリー），**共同繁殖，社会性昆虫**など。

② **個体群間の相互作用…競争**（種間競争），**捕食－被食の関係，共生**（相利共生，片利共生），**すみわけ，寄生，中立，間接効果**など。

③ **生態的地位（ニッチ）**…生活する環境などでその種が生態系内で占める位置。

基礎の基礎を固める！

（　　）に適語を入れよ。　答➡別冊 *p.40*

1 個体群の成長　O━ 1

① 単位面積あたりの個体数を（❶　　　　　　）という。個体の分布様式には，**集中分布**，**一様分布**，（❷　　　　　　）**分布**がある。個体群を構成する個体数は，おもに，地域の一部を調べて全体の数を推測する**区画法**や**標識再捕法**で求められる。

② 生物が繁殖して個体数が増え，個体群密度が高くなることを**個体群の成長**という。これを表したグラフである（❸　　　　　　）はS字形となる。上限となる個体群密度を（❹　　　　　　）という。

③ 個体群密度が高くなると，個体群の発育・形態や，個体群の成長に影響を及ぼすことがある。これを（❺　　　　　　）といい，高密度で育った個体が褐色で集合性があり移動能力の大きな（❻　　　　　　）になるトノサマバッタの（❼　　　　　　）が知られる。

2 生存曲線と個体群の齢構成　O━ 2, 3

① 生まれた子(卵)から寿命までの各時期における生存個体数を表にまとめたものを（❽　　　　　　）といい，これをグラフ化したものを（❾　　　　　　）という。

② 動物の生存曲線は，卵を産みっぱなしの魚類など幼少期に激減する（❿　　　　　　）**型**，ずっと一定の割合で減少する鳥類などの（⓫　　　　　　）**型**，親の保護が手厚く比較的多くの個体が老齢期まで生きる哺乳類などの（⓬　　　　　　）**型**に分類できる。

③ 個体群を齢階級ごとに分けてその個体数の分布を調べたものを（⓭　　　　　　）といい，それをグラフ化したものを（⓮　　　　　　）という。

3 個体群内・個体群間の関係　O━ 4

① 同種の動物どうしが集まって統一的な行動をとるような集団を（⓯　　　　　　）といい，逆に個体がほかの個体を排除して占有する空間を（⓰　　　　　　）という。個体群内で個体間の優劣が決まってきている場合，この関係を（⓱　　　　　　）という。

② ヒメゾウリムシとゾウリムシを混合飼育すると，両種は食物や生活空間などの生活要求が似ているため，種間（⓲　　　　　　）が起こり，負けた方は絶滅することが多い。

③ バッタとカエルは食べられる者と食べる者の関係にあり，カエルは（⓳　　　　　　）**者**，バッタは（⓴　　　　　　）**者**とよばれる。

④ 異種の生物が一緒に生活することによって片方あるいは両方が利益を受け，どちらにも害が生じない場合を（㉑　　　　　　）といい，一方が利益，他方が不利益になる場合を（㉒　　　　　　）という。

テストによく出る問題を解こう！

答➡別冊 *p.40*

1 ［個体群の成長］ テスト

ショウジョウバエの飼育に関する次の文を読み，あとの各問いに答えよ。

十分な量の食物を入れた飼育容器にショウジョウバエの雌雄を１対入れて適温で飼育し，１対の雌雄が産んだ卵が羽化した12日目以降，３日ごとに飼育容器内の成虫を取り出して個体数を測定した。個体数を数えた成虫は飼育容器内のさなぎ・幼虫・卵とともに同じ条件の新しい飼育容器に移して同じ条件で飼育した。

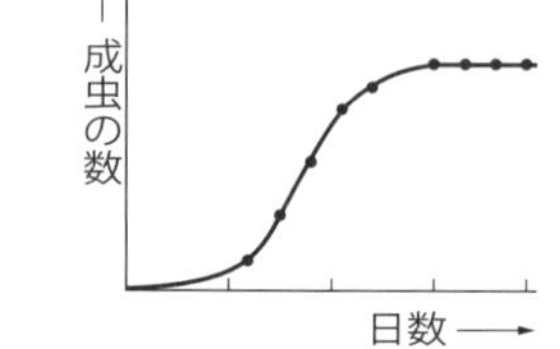

⑴　この飼育実験の結果を示した右図のグラフを何というか。
（　　　　　　　）

⑵　30日以降，個体数はほとんど増減していない。このような値を何というか。
（　　　　　　　）

⑶　個体群の成長を抑制する働きがなければ，個体数はどのように変化するか，図に記せ。

⑷　個体数の推測方法のうち，植物に適した方法を何というか。　（　　　　　　　）

ヒント ⑶　抑制する働きがなければ，増えた個体がそれぞれ子をつくるので増加速度は増し続ける。

2 ［生存数のグラフ］ テスト

右図はいろいろな動物について，生まれた卵(子)が発育につれてどれだけ生き残るかを調査した結果をグラフ化したものである。次の各問いに答えよ。

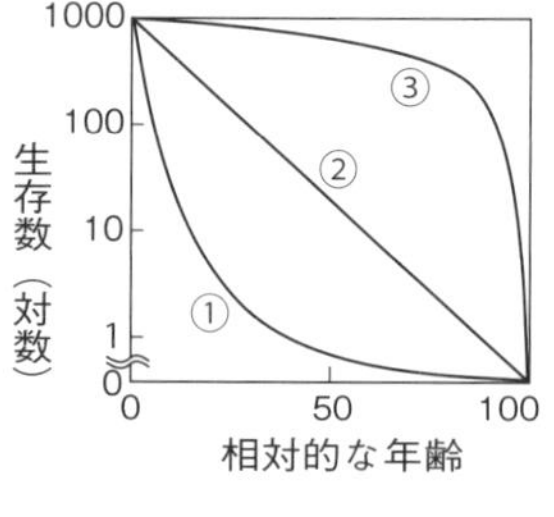

⑴　右図のようなグラフを何というか。（　　　　　　　）

⑵　右図の①～③について型の名称を下の**a**～**c**から選び，その説明として最も適当なものを**ア**～**オ**から選べ。

①（　　　　　）　②（　　　　　）　③（　　　　　）

〔型〕 **a**　晩死型　　**b**　早死型　　**c**　平均型

〔説明〕 **ア**　産卵(産子)数が多く，親の保護があり幼少期の死亡率が低い。

イ　産卵(産子)数は少ないが，親の保護があり幼少期の死亡率が低い。

ウ　どの年齢でも死亡率はほぼ一定である。

エ　産卵(産子)数は多いが，親の保護が少なく，幼少期の死亡率が高い。

オ　産卵(産子)数は多いが，親の保護が少なく，寿命近くの死亡率が高い。

⑶　①～③のそれぞれに該当する生物を下の**ア**～**オ**からすべて選べ。

①（　　　　　）　②（　　　　　）　③（　　　　　）

ア　ヒト　　**イ**　カキ　　**ウ**　シジュウカラ　　**エ**　ヒラメ　　**オ**　ミツバチ

ヒント ⑶　ミツバチは成虫になるまで働きバチ（ワーカー）に保護され外敵に捕食されることがほとんどないため，卵～さなぎの時期の死亡率は低い。

3 ［同種の生物の関係］ テスト

次の①～④の文はいろいろな生物個体群内の関係について説明したものである。あとの各問いに答えよ。

① ある個体が一定の空間を占有し，食物や配偶者を確保する。

② 個体群内に優劣の順位ができて他の個体との無用の競争を避ける。

③ 生活場所や食物・光などの確保をめぐって同種の個体どうしが争う。

④ 集団をつくることによって外敵に対する防衛・食物の確保・繁殖などに有利に働く。

⑴ 上の①～④の文は下の用語のどれを説明したものか。**ア～エ**の記号で答えよ。

①（　　　）　②（　　　）　③（　　　）　④（　　　）

ア 順位(制)　**イ** 縄張り　**ウ** 群れ　**エ** 種内競争

⑵ 上の①～④の文に最もあてはまる生物名を下から選び，**a**～**d**の記号で答えよ。

①（　　　）　②（　　　）　③（　　　）　④（　　　）

a イワシ　**b** ニワトリ　**c** アユ　**d** ダイズ

4 ［異種生物間の関係］ テスト

次の①～⑥の文はいろいろな異種個体群間の関係について説明したものである。あとの各問いに答えよ。

① 食う者と食われる者の関係。

② 同じ生活様式の異種個体群が同じ地域に生息するとき，生活場所を違えて共存する。

③ 2種が一緒に生活することにより，一方が利益を受け他方が不利益を受ける。

④ 一緒に生活する2種のうち一方が利益を受けるが，他方は利益も不利益も受けない。

⑤ 2種が一緒に生活することにより，双方が利益を受ける。

⑥ 2種が一緒に生活することによって，互いに食物や光などをめぐる争いが起こる。

⑴ 上の①～⑥の文は，それぞれ下のどの用語を説明したものか。

①（　　　）　②（　　　）　③（　　　）　④（　　　）
⑤（　　　）　⑥（　　　）

ア 種間競争　**イ** 捕食－被食の関係　**ウ** 片利共生　**エ** 相利共生
オ 寄生　**カ** すみわけ

⑵ 上の①～⑥の文に該当する生物の組み合わせを下から選び，記号で答えよ。

①（　　　）　②（　　　）　③（　　　）　④（　　　）
⑤（　　　）　⑥（　　　）

a ライオンとシマウマ　**b** ヒトとカイチュウ　**c** ソバとヤエナリ
d ヤマメとイワナ　**e** カクレウオとナマコ　**f** アリとアリマキ

2章 生態系と物質生産・物質収支

5 □生態系の構造

① **生態系**…一定の地域における**生物**と**非生物的環境**のまとまり。

② **生態系を構成する生物群集**
生産者・**消費者**(一次消費者・二次消費者・三次消費者・…)
消費者のうち，遺体などを無機物に分解する生物を特に**分解者**という(菌類・細菌など)。

③ **作用**…非生物的環境が生物に及ぼす影響。

④ **環境形成作用**…生物活動が生態系に及ぼす影響。

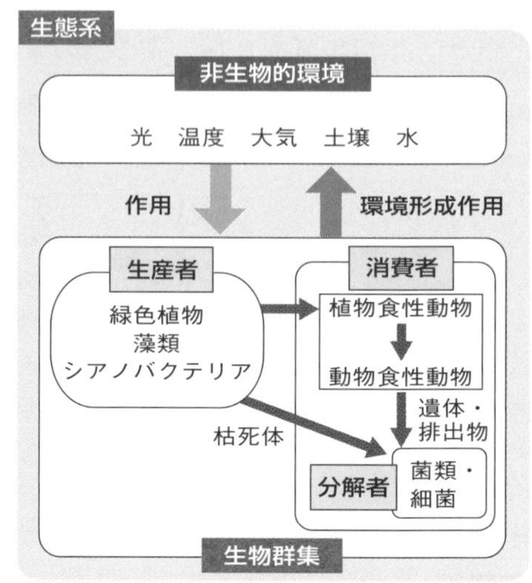

6 □生態系での物質生産とエネルギー効率

① **物質生産**…生産者が二酸化炭素と水から有機物を生産すること。
- **現存量**…一定面積内に存在する生物量。
- **総生産量**…生産者が一定面積内で光合成によって生産する有機物の総量。

② **生産者の生産量と成長量**
- **純生産量＝総生産量－呼吸量**
- **成長量＝純生産量－(枯死量＋被食量)**

③ **消費者の同化量と生産量，成長量**
- **同化量＝摂食量－不消化排出量**
- **生産量＝同化量－呼吸量**
- **成長量＝生産量－(被食量＋死滅量)**

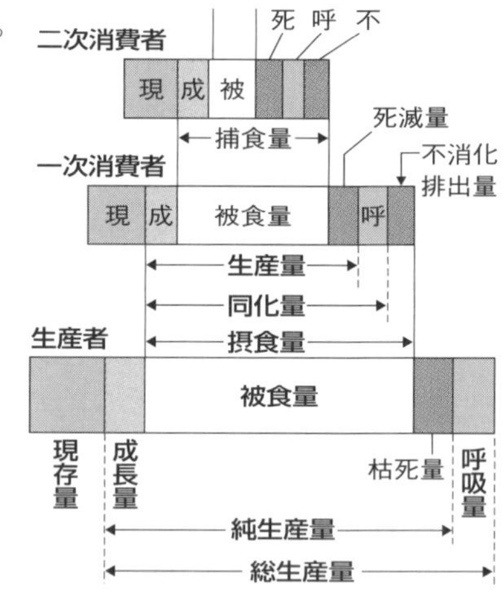

④ **生産者のエネルギー効率〔%〕**＝$\dfrac{\text{総生産量}}{\text{生態系に入射した光エネルギー量}}\times 100$

⑤ **消費者のエネルギー効率〔%〕**＝$\dfrac{\text{その栄養段階の同化量}}{\text{1つ前の段階の同化量(総生産量)}}\times 100$

⑥ **生産力ピラミッド**…各栄養段階が一定期間内に獲得したエネルギー量(生物生産量)を棒グラフにして下位の栄養段階から順に積み重ねたもの。

7 □ 物質の循環

① **炭素の循環**…大気中や水中の CO_2は，**光合成**によって植物に取り入れられ，食物連鎖を通じて移動，各生物の**呼吸**によって非生物的環境に放出。

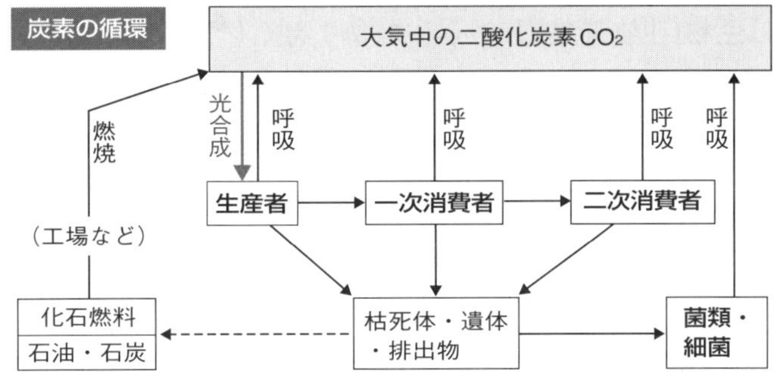

② **窒素同化**…植物・菌類などは無機窒素化合物から，動物はアミノ酸からそれぞれタンパク質・核酸・ATPなどの有機窒素化合物を合成する過程。

③ **窒素固定**…**シアノバクテリア**や**窒素固定細菌**(根粒菌・アゾトバクター・クロストリジウム)が空気中の N_2から植物が利用できる NH_4^+ を合成。

④ **硝化**…アンモニウムイオン NH_4^+ —(**亜硝酸菌**)→ **亜硝酸イオン** NO_2^- —(**硝酸菌**)→ **硝酸イオン** NO_3^-

⑤ **脱窒**… NO_2^- や NO_3^- の一部は，**脱窒素細菌**(脱窒菌)によって大気中に N_2 として放出される。

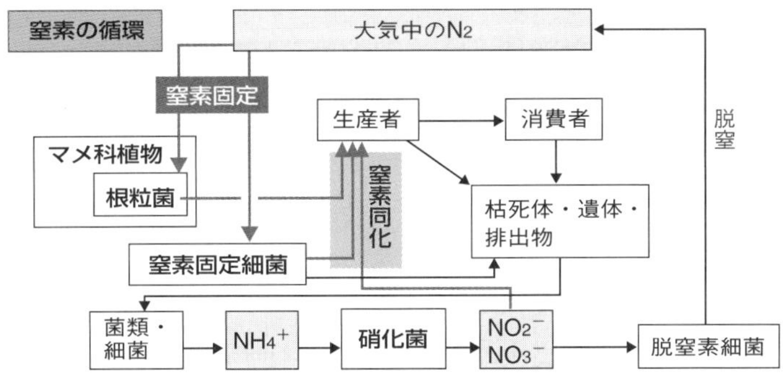

8 □ 生態系におけるエネルギーの流れ

① 太陽の光エネルギーは生産者の光合成によって化学エネルギーに変換されて生物群集内を流れ，最終的には熱エネルギーとして生態系外に放出される。

② エネルギーは循環しない。

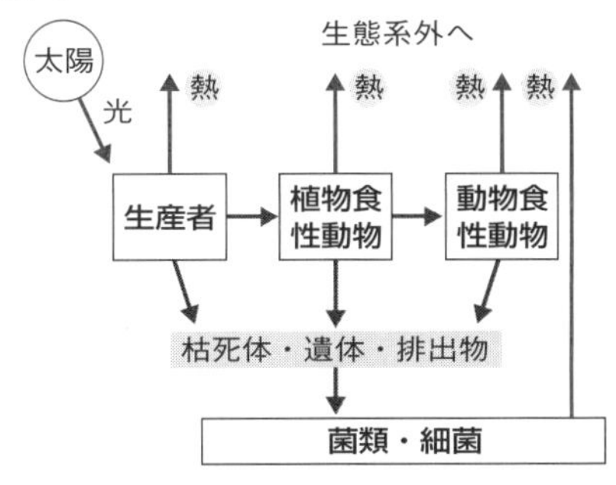

基礎の基礎を固める！

（　）に適語を入れよ。 答➡別冊 p.41

4 生態系の構造と物質生産・エネルギー効率 🔑5, 6

① **生態系**は**生物**(生物群集)と，それを取り巻く(❶　　　　)からなる。生態系を構成する生物は生態系内の役割により，光合成などで無機物から有機物をつくる(❷　　　　)，❷がつくった有機物を直接・間接的に食物として取り込み利用する(❸　　　　)に分けられる。

② ある生物が生態系内の一定面積内にある時点で存在する量を(❹　　　　)という。生態系内の生産者が，一定の面積内で光合成などの物質生産を行った結果生産される有機物の総量を(❺　　　　)という。

③ **生産者の純生産量**は，生産者の(❻　　　　)から(❼　　　　)を差し引いたもので，生産者の**成長量**は，純生産量からさらに(❽　　　　)と**被食量**を差し引いたものである。

④ **消費者の同化量**は，消費者が食物として食べた量，すなわち(❾　　　　)から糞などとして排出された量である(❿　　　　)を差し引いたものである。

⑤ **消費者の成長量**は，同化量から，その消費者が呼吸で消費した(⓫　　　　)と，次の栄養段階の生物に食べられた(⓬　　　　)および死滅量を差し引いたものである。

⑥ **生産者のエネルギー効率〔%〕**は，生産者の(⓭　　　　)を生態系に入射した太陽の光エネルギー量で割って100をかけたものである。ふつうは数%である。

⑦ **消費者のエネルギー効率〔%〕**は，その栄養段階の(⓮　　　　)を1つ前の栄養段階の(⓯　　　　)(または総生産量)で割って100をかけたものである。一般的に，高次消費者ほど，エネルギー効率は(⓰　　　　)くなる。

5 物質の循環とエネルギーの流れ 🔑7, 8

① 空気中や水中の CO_2 は，植物の(⓱　　　　)によって生物に取り入れられ，食物連鎖を通じてしだいに高次の消費者へと移行する。

② 遺体・枯死体・排出物は，**細菌**や(⓲　　　　)などの(⓳　　　　)の呼吸によって二酸化炭素として空気中や水中に放出されて非生物的環境にもどる。

③ 植物は土壌中の無機窒素化合物を NO_3^- や NH_4^+ などイオンの状態で根から吸収し，(⓴　　　　)によって**有機窒素化合物**を合成している。

④ 空気中の窒素はシアノバクテリアや土壌中の細菌によって NH_4^+ に変えられる。これを(㉑　　　　)という。

⑤ 太陽の(㉒　　　　)**エネルギー**は生産者の光合成で有機物の(㉓　　　　)**エネルギー**に変換されて，食物連鎖を通じて移行し，各生物の呼吸によって(㉔　　　　)**エネルギー**として生態系外に放出される。エネルギーは**循環しない**。

テストによく出る問題を解こう！

答➡別冊 *p.41*

5 ［生態系の物質収支］ 必修

右図は，生態系を構成する生物群集を栄養段階によって分類し，その物質生産と消費の関係を積み重ねて表したものである。次の各問いに答えよ。

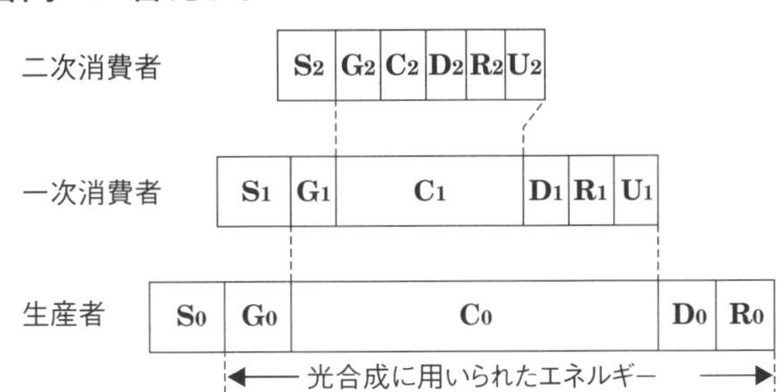

(1)　図中の**S**は現存量，**G**は成長量，**D**は枯死量または死滅量を示している。**C**と**U**はそれぞれ何を示す量か。

C（　　　　　）
U（　　　　　）

(2)　生産者の①$G_0+C_0+D_0+R_0$，②$G_0+C_0+D_0$，で示される量はそれぞれ何を示す量か。

①（　　　　　）　②（　　　　　）

(3)　一次消費者の摂食量は生産者のS_0～R_0のいずれの量に該当するか。

（　　　）

(4)　二次消費者の同化量をS_2～U_2を使って示せ。　（　　　　　　　　）

ヒント (4)　動物の同化量は，摂食して取り込んだ有機物をいったん分解（消化）した後，からだを構成する有機物に再合成した量。したがって不消化排出量は含まない。

6 ［エネルギーの流れ］ テスト

生態系におけるエネルギーの流れに関する次の文を読んで，あとの各問いに答えよ。

地球の生態系では，a <u>太陽からの（ ① ）エネルギーを取り入れる</u>のは生産者である緑色植物である。この働きによって有機化合物の中の（ ② ）エネルギーに変換されたエネルギーは，食物連鎖を通じて，高次の栄養段階へと移動し，b <u>各生物の生命活動のエネルギーとなる</u>とともに一部は（ ③ ）エネルギーになる。このエネルギーは最終的に地球の生態系外へと放出される。

(1)　文中の①～③の空欄にエネルギーの状態を示す語を入れよ。

①（　　　）　②（　　　）　③（　　　）

(2)　下線部**a**・**b**の反応をそれぞれ何というか。　**a**（　　　）　**b**（　　　）

(3)　太陽からのエネルギーが生態系内を移動する際の特徴を説明せよ。

（　　　　　　　　　　　　　　　　）

7 [草原における物質収支] 難

ある草原における有機物の生産と消費に関する次の各問いに答えよ。ただし，右図では三次消費者を省略してある。

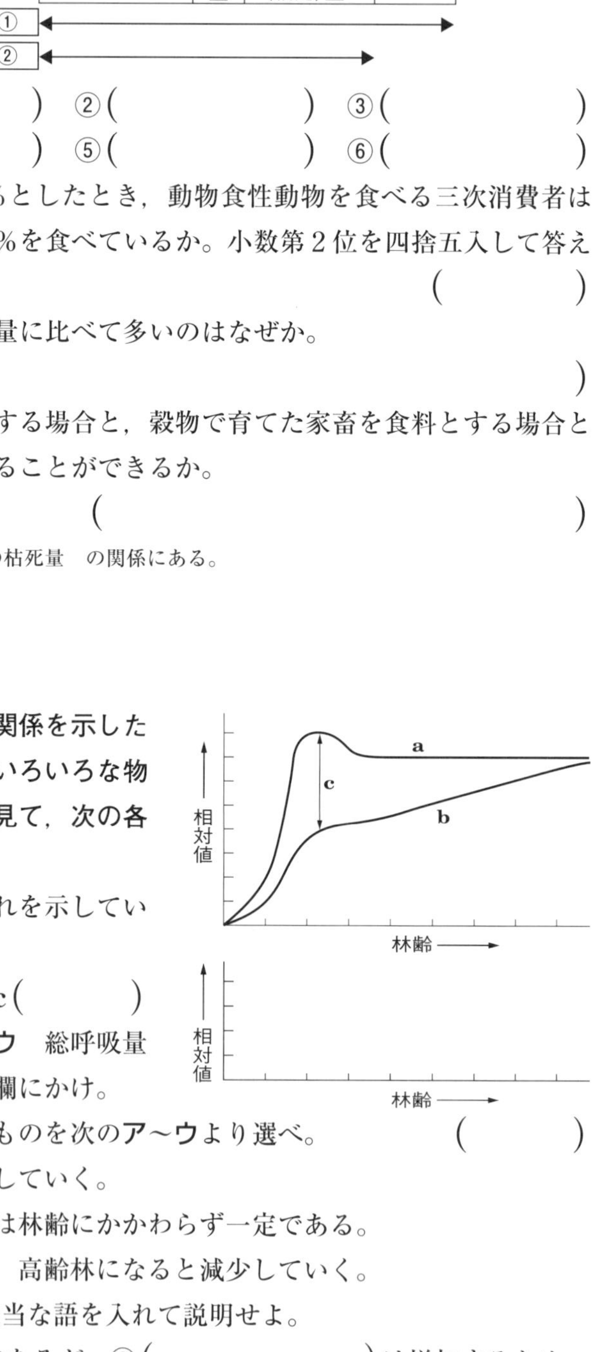

(1) 図中の空欄①～⑥にあてはまる最も適当な語を答えよ。

①(　　　　) ②(　　　　) ③(　　　　)
④(　　　　) ⑤(　　　　) ⑥(　　　　)

(2) 各栄養段階における被食量を11％としたとき，動物食性動物を食べる三次消費者は植物が生産したすべての有機物の何％を食べているか。小数第２位を四捨五入して答えよ。(　　　　)

(3) 植物の死滅(枯死)量が動物の死滅量に比べて多いのはなぜか。
(　　　　)

(4) 図より，人間が穀物を直接食料とする場合と，穀物で育てた家畜を食料とする場合とではどちらがより多くの人口を支えることができるか。
(　　　　)

ヒント 植物では，動物による被食量＜植物の枯死量　の関係にある。

8 [森林における物質収支]

右図は，ある森林における物質収支の関係を示したものである。横軸には林齢，縦軸にはいろいろな物質の相対的な量がとってある。これを見て，次の各問いに答えよ。

(1) 図中の **a** ～ **c** は，それぞれ次のどれを示しているか。次の**ア**～**ウ**より選べ。

a(　　　　) **b**(　　　　) **c**(　　　　)

ア　総生産量　　**イ**　純生産量　　**ウ**　総呼吸量

(2) 純生産量を示すグラフを右図の下欄にかけ。

(3) 森林の純生産量について，正しいものを次の**ア**～**ウ**より選べ。(　　　　)

ア　林齢を重ねれば重ねるほど増加していく。
イ　同じ場所で同じ面積の純生産量は林齢にかかわらず一定である。
ウ　幼齢林のうちは増加していくが，高齢林になると減少していく。

(4) (3)の理由を，次の文の①，②に適当な語を入れて説明せよ。

①(　　　　)は一定になるが，②(　　　　)は増加するため。

ヒント 高齢林では枯死量が多くなるので，幼齢林のほうが高齢林よりも成長量は大きくなる。

9 ［炭素の循環］ テスト

右図は，炭素の移動経路を示した図である。次の各問い に答えよ。

(1) 図中の **a** ～ **d** は，生態系の役割からそれぞれ特に何とよばれるか。

a（　　　　　　）
b（　　　　　　）
c（　　　　　　）
d（　　　　　　）

(2) 図中の **e** の燃料は，総称して何とよばれるか。

（　　　　　　）

(3) 図中の **f** ～ **h** の働きは，それぞれ何とよばれるか。

f（　　　　　　）　**g**（　　　　　　）　**h**（　　　　　　）

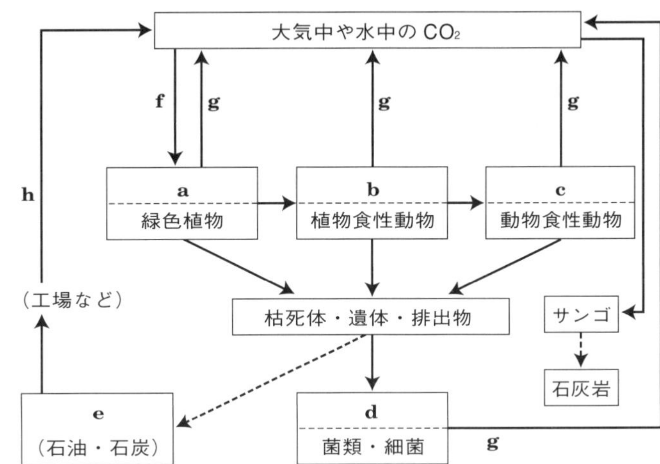

ヒント (2) 石油・石炭・天然ガスは過去の生物の遺骸が分解してできたものと考えられている。

10 ［窒素の循環とエネルギーの流れ］ 難

次の図は，窒素の移動経路を示した図である。あとの各問いに答えよ。

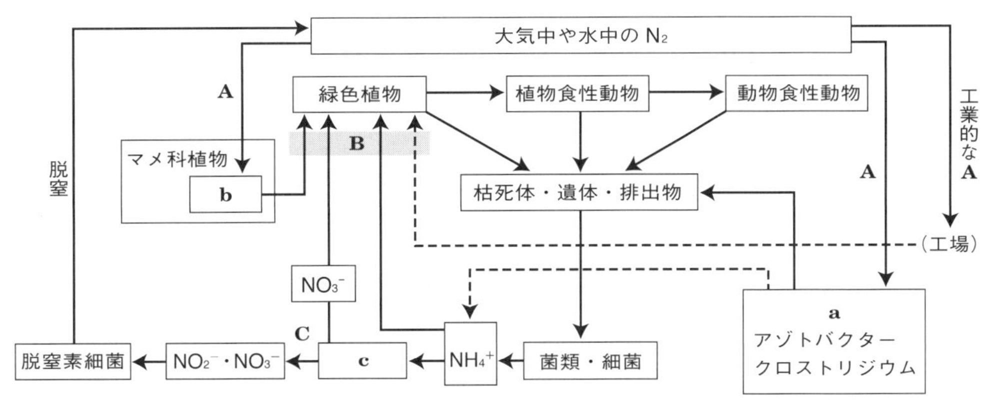

(1) 図中 **A** の空気中の窒素からアンモニアを合成する作用を何というか。（　　　　　　）

(2) 図中 **B** の，緑色植物が土壌中の NO_3^- や NH_4^+ から有機窒素化合物を合成する過程を何というか。（　　　　　　）

(3) 図中 **C** の NH_4^+ が NO_3^- に酸化される作用を何というか。（　　　　　　）

(4) 図中 **a** ～ **c** に入る原核生物をそれぞれ答えよ。

a（　　　　　　）　**b**（　　　　　　）　**c**（　　　　　　）

(5) 図中の **A** を行うアゾトバクターやクロストリジウムなどの細菌をまとめて何とよぶか。（　　　　　　）

(6) エネルギーは生態系内を循環するか，しないか。（　　　　　　）

3章 生態系と生物多様性

9 □生態系と生物多様性

① **生物多様性**…**生態系多様性・種多様性・遺伝的多様性**の３つの階層がある。

② **生態系（の）多様性**…森林（熱帯多雨林・照葉樹林・夏緑樹林・針葉樹林），草原（サバンナ・ステップ），荒原，湖沼，河川，海洋などの生態系の多様性。

③ **種（の）多様性**…動物・植物・菌類・原核生物など，多様な種が存在すること。

④ **遺伝的多様性**…同種の生物でも個体ごと，あるいは離れた個体群どうしでの遺伝子組成は異なり，環境の変化への適応性を高めている。

10 □かく乱と生物多様性

① **かく乱**…生態系の一部あるいは大部分を破壊する外部要因や現象。火山の噴火，山火事，台風，伐採，河川の氾濫など。

② **大規模なかく乱**➡かく乱に強い種だけが生息するようになり，生物多様性は著しく損なわれ，生態系の回復には長い時間がかかる。

③ **かく乱が全くない生態系**➡種間競争に強い種だけが生息するようになり，生物多様性は低下する。

④ **中規模のかく乱が一定の頻度で起こる**➡生態系の多様性が生じ，いろいろな生物種が生息可能となって生物多様性が高まる（**中規模かく乱説**）。

11 □生態系の多様性を減少させる要因

① **孤立化と分断化**…災害や開発などで生息地が分断化されると，個体群は孤立化して**局所個体群**となる。個体数が少ないと**近交弱勢**や天敵の影響が大きくなったり繁殖率が低下するなど，個体群の絶滅が加速される。

② **外来生物の移入**…外来生物による在来生物の捕食や競争の結果，生態的地位を奪って在来生物を駆逐し，生態系のバランスがくずれることがある。

③ **絶滅危惧種**…絶滅の恐れのある種。それらをリストアップし，生息状況などをまとめた本を**レッドデータブック**という。

12 □生態系の恩恵と保全・復元への取り組み

① **生態系サービス**…人間は生態系から，**供給サービス**，**調節サービス**，**文化的サービス**，**基盤サービス**といった恩恵を受ける。

② **生物多様性条約**…希少種の保護や生物多様性の保全に向けた国際的な取り決め。

基礎の基礎を固める！

（　　）に適語を入れよ。　答➡別冊 *p.43*

6 生態系と生物多様性　🔑9

① 地球上には砂漠・山脈・海など多様な環境があり，それらの環境に生息する生物が多様性に富んでいることを（❶　　　　　）という。生物種についてみると，同種の生物でもその遺伝子組成は多様である。これを（❷　　　　　）**多様性**という。

② 地球上には，動物・植物・菌類などに分類される生物が生息し，それぞれの生物のグループにはさらに膨大な数の種が含まれている。これを（❸　　　　　）**多様性**という。

③ さらに規模を大きくして考えると，地球上には，森林，草原，荒原，湖沼，海洋などさまざまな生態系がある。これを（❹　　　　　）**多様性**という。

7 かく乱と生物多様性　🔑10

① 生物の多様性に影響を与える要因として，火山の噴火，山火事，台風，伐採，河川の氾濫などによる生態系の（❺　　　　　）がある。生態系に対して❺が全く起こらなかったら，その生態系に適応した種間競争に強い種だけが生息するようになり，生物多様性は（❻　　　　　）する。

② 火山の溶岩で覆われるような大規模なかく乱が生態系に起こると，その地域の大部分の生物が死滅して生物の多様性は著しく損なわれ，生態系の（❼　　　　　）には長い時間が必要となる。しかし，（❽　　　　　）規模のかく乱が一定の頻度で起こると，色々な生物種が生息することができ，生物多様性を（❾　　　　　）ことになる。このような考えを（❿　　　　　）説という。

8 生態系の多様性を減少させる要因　🔑11

① 道路や農地や宅地開発などで個体群の生息地が（⓫　　　　　）化されると，その個体群は（⓬　　　　　）化して（⓭　　　　　）個体群となり，絶滅が加速する。

② 移入された外来生物が以前からその生態系にいた（⓮　　　　　）を捕食したり資源を奪って駆逐してしまい，生態系の（⓯　　　　　）がくずれることがある。特に日本の生態系や人間の生活への影響が大きいとして環境省に指定されている（⓰　　　　　）**外来生物**には，オオクチバス，ボタンウキクサなどがある。

③ 絶滅の恐れのある種を（⓱　　　　　）といい，⓱をリストアップしたものをレッドリスト，生息状況などをまとめた本を（⓲　　　　　）という。

9 生態系の恩恵と保全・復元への取り組み　🔑12

人間は生態系から，供給サービス，調節サービス，文化的サービス，基盤サービスといった恩恵を受け，これらを（⓳　　　　　）という。

テストによく出る問題を解こう！

答➡別冊 *p.43*

11 ［生物多様性］ 必修

生物多様性に関する次の文を読み，あとの各問いに答えよ。

この地球上には，現在，約190万種の生物が記録されており，多様な環境のもとで生存している。それらの生物は形態・生理・生活・行動様式などいろいろな面で多様性をもっている。生物の多様性を考えるにあたっては，$_{\mathbf{a}}$個体ごとにさまざまな遺伝子が存在する多様性，$_{\mathbf{b}}$さまざまな種が存在する多様性，$_{\mathbf{c}}$さまざまな生息環境が存在する多様性の3つの段階での多様性について考える必要がある。

⑴ 文中の下線部 **a** ～ **c** の多様性をそれぞれ何というか。

a（　　　　　　　　）　**b**（　　　　　　　　）
c（　　　　　　　　）

⑵ 次の①～⑤は，どのレベルの多様性について説明したものか，**a** ～ **c** で答えよ。

① 森林がよく発達している地域の沿岸部では海の生産量が多い。（　　）

② 近親交配の状態が長く続くと，生まれてくる子の生存率の低下などが起こる。（　　）

③ この地球上には，さまざまな環境に対応して森林，草原，荒原などのさまざまなバイオームが発達している。それぞれの環境には独自の生活様式をもつ異なる生物種が見られる。（　　）

④ ガラパゴスフィンチのくちばしの形態にはさまざまなものがある。（　　）

⑤ 同一面積で比較すると，孤島に生息する生物種は，大陸に生息する生物種よりも少ない傾向がある。（　　）

ヒント　生態系はお互いに関係しており，森林は水を保水し，海に豊富な栄養塩類を供給する。

12 ［かく乱と生態系の多様性］

右図の a は火山の大規模な噴火，b は台風による倒木を示したものである。これらが生物多様性に与える影響について，次の各問いに答えよ。

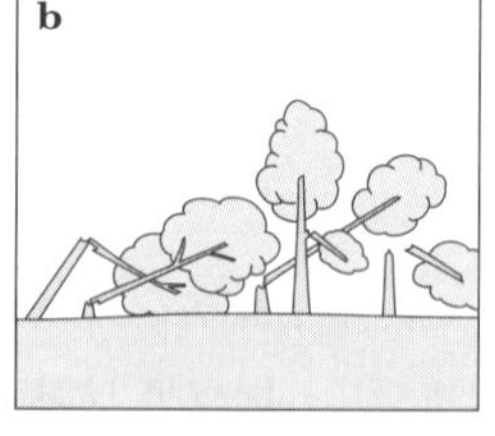

⑴ **a**，**b** のかく乱の規模はそれぞれ次のうちどれか。**ア**，**イ**で答えよ。

ア　大規模　　**イ**　中規模

a（　　）　**b**（　　）

⑵ かく乱後の回復に時間がかかるのは **a**，**b** のどちらか。（　　）

⑶ 生態系の多様性が増すのは **a**，**b** のどちらか。（　　）

13 ［生態系の多様性を減少させる要因］

次の文を読み，あとの各問いに答えよ。

近代工業が盛んになった19世紀以降，毎年膨大な数の生物種が絶滅し，生物の多様性の低下が激しくなっている。生物の多様性を低下させる要因には，$_{\mathbf{a}}$地球規模の環境問題，$_{\mathbf{b}}$その地域特有の問題，$_{\mathbf{c}}$生物相互間の問題などが考えられる。

(1) 次の①～⑥は，生態系の多様性を低下させると考えられる要因である。それぞれ上の文中の下線部**a**～**c**のどれに最もよく該当するか。

①（　　　）　②（　　　）　③（　　　）　④（　　　）
⑤（　　　）　⑥（　　　）

① 生息地の分断　② 地球温暖化　③ 外来生物の移入
④ 生息地の汚染　⑤ 熱帯林の減少　⑥ 個体群の孤立化

(2) 生息地の分断化や個体群の孤立化は種の絶滅を加速させるとされている。その直接的な要因として適当とは考えにくいものを，次の**ア**～**エ**から１つ選べ。（　　　）

ア 性比の偏りが起こる　**イ** 植物種の多様性の減少
ウ 遺伝的多様性の低下　**エ** 近親交配による出生率や生存率の低下

(3) 外来生物の侵入で起こる直接的な問題として適当とは考えにくいものを次の**ア**～**ウ**から１つ選べ。（　　　）

ア 在来生物と外来生物との交配　**イ** 絶滅の渦に巻き込まれる
ウ 在来生物の絶滅による在来生物固有の遺伝的多様性の消失

(4) 在来生物の生存に大きな影響を与えると考えられる外来生物を何というか。
（　　　　　）

(5) 熱帯林の減少は，なぜ，地球規模の生物多様性の低下の主因といえるか。
（　　　　　　　　　　　　　　　）

ヒント 遺伝的多様性が失われ一度減少し始めた個体群が急激に絶滅する過程を「絶滅の渦」という。

14 ［生態系の保全と回復への取り組み］ テスト

生態系は，いろいろな生物と無機的環境要因が相互に作用し合って成り立っており，いったん破壊されるともとの生態系にもどすことは不可能に近い。近年，生態系の生物多様性を脅かす要因をできるだけ取り除いて，生態系を保全しようとする試みや，絶滅した種や絶滅が危惧されている種を復元・保全しようとする試みも始められている。

(1) 文中の下線部として，日本ではどのような試みがなされているか。①兵庫県豊岡市と②新潟県佐渡島で人工繁殖や野生復帰が試みられている種をそれぞれ答えよ。

①（　　　　）　②（　　　　）

(2) 絶滅の危険性が高いとされている生物を何というか。（　　　　）

(3) (2)の種やその生息状況などをまとめた本を何というか。
（　　　　　）

入試問題にチャレンジ！

答➡別冊 *p.44*

1 **ある地域内の同種個体の総数を個体群の大きさという。次の文を読み，問いに答えよ。**

個体群の大きさは，温度や水などの①［　　］的環境やほかの生物との種間関係の影響を受ける。①的環境が生物に影響を及ぼすことを②［　　］，反対に生物が環境を変化させることを③［　　］という。一方，種間関係には，ア2種が互いに利益を得ている④［　　］，イ2種のうち片方の種が利益を得ているが，他方は不利益を受けている捕食－被食（あるいは寄生）関係や，ウ片方の種が利益を得ているが他方は利益も不利益も受けていない⑤［　　］，そして2種が互いに不利益を受けている⑥［　　］などがある。

個体群の成長について調べるために，キイロショウジョウバエの飼育実験を行った。キイロショウジョウバエは体長3mm程度のハエで，卵を気温25℃で飼育すると約10日で成虫になる。寿命は2か月程度である。まず飼育容器の中に，成虫と幼虫のえさとして乾燥酵母などを寒天で固めた培地をつくり，さらに，折りたたんだろ紙を培地にさしこんで産卵場所とした。この飼育容器に雌雄1個体のキイロショウジョウバエの成虫を入れて，温度を25℃に保ち，3日ごとに成虫の個体数を記録した。その結果，飼育開始後の成虫の個体数は，図のように，S字状の変化を示した。

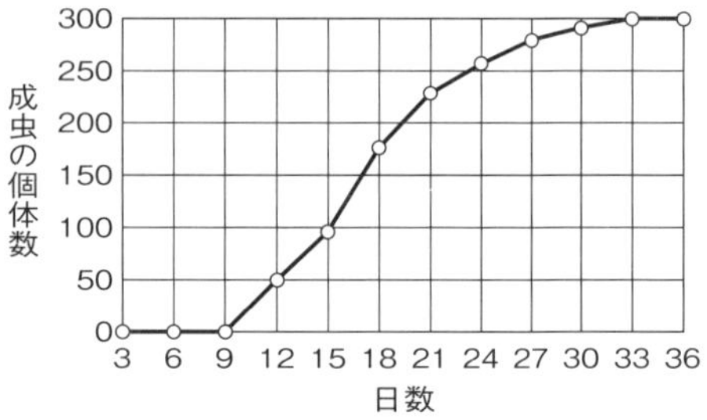

⑴　文中の①～⑥に適切な語を入れよ。

⑵　以下の**A**～**D**の関係は，下線部**ア**～**ウ**の種間関係のどれか。記号で答えよ。

A　ツバキとチャドクガ　　**B**　ダイズと根粒菌　　**C**　ナマコとカクレウオ

D　イチョウとヤドリギ

⑶　飼育開始日から9日目までの個体数が変化しなかった理由を簡単に説明せよ。

⑷　個体数が無制限に増えることなく，図のようなS字状変化を示した理由を述べよ。

（北海道大）

2 **生物の集団に関する以下の文章を読み，各問いに答えよ。**

生態系に流れ込む太陽の①［　　］エネルギーの一部は，生産者によって②［　　］の中に③［　　］エネルギーとして蓄えられる。この③エネルギーは④［　　］に従って消費者に移り，生命活動に利用される。分解者も，遺体や排出物中の③エネルギーを利用する。これらの全過程で利用された③エネルギーは，各栄養段階において代謝に伴う⑤［　　］エネルギーとなる。

人間は，ほかの消費者とは異なり，食物として摂取する③エネルギーに加えて，膨大な量の③エネルギーを生活のために消費している。そのおもなエネルギー源となるのが，石油や石炭などの⑥［　　］である。⑥の大量消費により，大気中の⑦［　　］の濃度は上昇を続けている。

(1) 文章中の①～⑦に適切な語句を入れよ。

(2) ある森林において，生産者の10年間の物質収支を調査したところ，1年あたりの平均値は右のようになった。以下の問いに答えよ。

総生産量	2832
純生産量	1284
枯死量	1071
被食量	212

単位：乾物重量 g/(m^2・年)

① この森林の成長に関する特徴を述べよ。

② そのような特徴を示す森林は遷移のどの段階にあるか答えよ。

(3) 海は地球表面の約70％を占めるが，海で行われる物質生産の量は地球全体の約３分の１に過ぎない。この理由として考えられることを述べよ。

(4) 浅い実験池における各栄養段階の純生産量を調査したところ，右のような値が得られた。一次消費者のエネルギー効率〔％〕を求めよ。

植物プランクトン	250
動物プランクトン	22.5
魚類	3.6

単位：乾物重量 g/(m^2・年)

(5) 生態系における物質の流れとエネルギーの流れについて，違いを述べよ。（新潟大）

3 **生物多様性に関する次の文を読み，問い(1)～(3)に答えよ。**

生物多様性には，遺伝的多様性や $_A$種多様性，さらに生態系の多様性まで，さまざまな階層が含まれる。生物多様性の重要性が世界的に認識されるようになり，1992年には生物多様性条約が採択され，2010年には第10回締約国会議が日本で開催されている。しかし，近年の生物多様性の急激な消失スピードを抑えることは実現できていない。例えば，現存する既知の生物種はおよそ200万種で，このうち半分にあたる約100万種を占める昆虫類は，標識再捕法などで個体数の推定調査が行われた結果，2010年には調査した約2900種のうち，約26％が絶滅危惧種とされている。生物種はほかの種とさまざまな関係をもって生きているので，１つの種の絶滅はほかの種にも影響する。近年の多様性消失のおもな原因は人間活動であり，人や物の移動に伴う $_B$外来生物問題も含まれる。

(1) 下線部**A**の種多様性について述べた**ア～ウ**から正しいものを１つ選び，記号で答えよ。

ア 一般に，緯度が低く高度が高いほど，種多様性は高い。
イ 種数が同じであれば，そのうち１種の個体数の割合が大きいほど，種多様性は高い。
ウ 一般に，地形が複雑なほど，種多様性は高い。

(2) 下線部**B**について，日本の在来生物の遺伝的多様性への影響を示した例として最も適当なものを**ア～エ**から１つ選び，記号で答えよ。

ア ハブ対策として輸入したマングースが，アマミノクロウサギを捕食した。
イ 野生化したタイワンザルとニホンザルの雑種の子が繁殖した。
ウ 繁殖力の強いモウソウチクが茂り，クヌギやコナラが成長しなくなった。
エ 外国産クワガタムシに付着したダニが日本のクワガタムシに病原性を示した。

(3) 生物多様性が最も高いとされているバイオームは何か。（大阪教育大 改）

□ 執筆協力　南昌宏

□ 編集協力　㈱エディット　松本陽一郎　矢守那海子

□ 図版作成　㈱アクト　藤立育弘

□ イラスト　ふるはしひろみ

シグマベスト

高校これでわかる基礎問題集
生物

編　者　文英堂編集部

発行者　益井英郎

印刷所　中村印刷株式会社

発行所　株式会社文英堂

〒601-8121　京都市南区上鳥羽大物町28

〒162-0832　東京都新宿区岩戸町17

(代表)03-3269-4231

●落丁・乱丁はおとりかえします。

ΣBEST シグマベスト

高校 これでわかる 基礎問題集 生物

正解答集

文英堂

1編 生物の進化

1章 生命の誕生と生物の変遷

基礎の基礎を固める！の答 ➡本冊 *p.6*

❶ 46　❷ ミラー
❸ 熱水噴出孔　❹ 脂質[リン脂質]
❺ RNA　❻ タンパク質
❼ RNA ワールド　❽ DNA
❾ タンパク質　❿ DNA ワールド
⓫ 嫌気　⓬ バクテリオクロロフィル
⓭ シアノバクテリア　⓮ ストロマトライト
⓯ 水　⓰ 呼吸　⓱ 真核
⓲ シアノバクテリア　⓳ オゾン　⓴ 紫外線
㉑ 古生　㉒ 両生　㉓ 石炭
㉔ シダ　㉕ 裸子　㉖ ジュラ

テストによく出る問題を解こう！の答 ➡本冊 *p.7*

1
(1) ① 酸素　② 熱水噴出孔
(2) ミラー　(3) 化学進化
(4) (脂質二重層からなる)膜

解き方　原始地球での化学進化についてはいろいろな考え方がある。有機物は隕石によって宇宙からもたらされたとする説もある。

2
(1) ① 水　② シアノバクテリア
③ 酸素
(2) ストロマトライト　(3) 呼吸

解き方　今の地球が酸素に富んだ大気をもつようになったのはシアノバクテリアが出現し水を使った光合成が行われるようになったことによる。

テスト対策　酸素と生物の陸上進出

原始大気…O_2 はほとんど存在せず。
⇩
シアノバクテリアの出現…水中・大気中に O_2 放出。

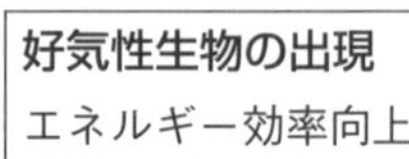

好気性生物の出現
エネルギー効率向上
⇩
多細胞生物出現
進化が加速
⇨
オゾン層形成
紫外線量が減少
⇩
植物の陸上進出
動物の陸上進出

2章 遺伝子の変化

基礎の基礎を固める！の答 ➡本冊 *p.9*

❶ 変異　❷ 遺伝的変異
❸ 塩基配列　❹ 置換
❺ 欠失　❻ 挿入
❼ フレームシフト
❽ 一塩基多型[SNP]
❾ ヘモグロビン　❿ 配偶子
⓫ 異なる　⓬ ヒストン
⓭ 常染色体　⓮ 性染色体
⓯ 相同染色体　⓰ 遺伝子座
⓱ 相同　⓲ ホモ
⓳ ヘテロ

テストによく出る問題を解こう！の答 ➡本冊 *p.10*

3
(1) ① DNA　② 中
(2) ヒストン
(3) クロマチン繊維

解き方　真核細胞では，DNA はヒストンに巻き付いてクロマチン繊維の構造をつくっている。細胞分裂のときには，これが何重にも凝集して太く短くなり，光学顕微鏡でも観察できる染色体となる。

4
(1) A…常染色体　B…性染色体
(2) C…X 染色体　D…Y 染色体
(3) 相同染色体

解き方　(1)(3)　染色体には，性に関係しない遺伝子が存在する常染色体と，性に関係する遺伝子が存在する性染色体がある。体細胞には 1 対の同形・同大の染色体がある。これを相同染色体という。
(2)　ヒトの男女に共通に見られる性染色体を X 染色体，男性のみに見られる染色体を Y 染色体という。

5
① 対立　② 顕性　③ *aa*
④ 遺伝子　⑤ 表現　⑥ 遺伝子座
⑦ 相同　⑧ ホモ　⑨ ヘテロ

解き方　④⑤　細胞や個体がもつ遺伝子の組み合わせを遺伝子型，実際に現れる形質を表現型という。ふつう，顕性形質を表す顕性遺伝子はアルファベットの大文字で示す。

⑥　染色体上の遺伝子が存在する場所を遺伝子座といい，対立遺伝子は相同染色体の同じ遺伝子座にある。

6　(1) **イ**

(2) ① **遺伝的変異**　② **突然変異**

③ **挿入**　④ **欠失**

⑤ **転座**　⑥ **逆位**

(3) **フレームシフト**

(4) **鎌状赤血球貧血症**

(5) **一塩基多型[SNP]**

解き方　(1)　生殖細胞に生じた突然変異は次世代へと伝わるので遺伝するが，体細胞に生じた突然変異は遺伝しない。

(4)　ヘモグロビンをつくる遺伝子の一部に塩基の置換が起こり，タンパク質を構成するポリペプチドの，本来はグルタミン酸のつく位置にバリンがつくようになると，血中で酸素を放出したときに赤血球が三日月形(鎌状)に変形してしまう。その結果，毛細血管を通れなかったり赤血球が壊れたりするなどして重症の貧血症状が起こる。これを鎌状赤血球貧血症という。遺伝子疾患の1つである。

(5)　個体間で見られる1塩基単位の塩基配列の違いを一塩基多型(またはSNP…スニップと読む。複数形はスニップス)という。

3章 減数分裂と遺伝的多様性

基礎の基礎を固める！ の答　➡本冊 *p.14*

❶ 半減　❷ 4

❸ 前　❹ 対合

❺ 二価　❻ 乗換え[交さ]

❼ 組換え　❽ *AaBb*

❾ 1：1：1：1　❿ 8

⓫ 連鎖　⓬ *DdEe*

⓭ 1：1　⓮ 組換え

⓯ 4：1：1：4　⓰ 組換え価

⓱ 全配偶子数　⓲ 潜性

⓳ 表現型

テストによく出る問題を解こう！ の答　➡本冊 *p.15*

7　(1) **a → g → b → h → e → f → d → c**

(2) ① **星状体**　② **紡錘糸**

③ **紡錘体**

(3) **体細胞… 4 本，卵… 2 本**

(4) **ウ**

解き方　(3)　減数分裂でできた娘細胞の染色体数は，体細胞の半分になっている。

(4)　ウニの受精卵，ヒトの口腔上皮細胞，カエルの筋細胞，ニワトリの肝臓の細胞は，いずれも体細胞で，体細胞分裂をする。

8　(1) **8通り**　(2) **16通り**

解き方　(1)　$2^3 = 8$

(2)　染色体数が8本ということは相同染色体が4対なので　$2^4 = 16$

9　(1) ① **4種類**　② ***AB*，*Ab*，*aB*，*ab***

(2) ① **8種類**

② ***CDE*，*CDe*，*CdE*，*Cde*，*cDE*，*cDe*，*cdE*，*cde***

(3) ① **2種類**　② ***AB*，*ab***

(4) ① **4種類**　② ***AB*，*Ab*，*aB*，*ab***

解き方　(1)(3)(4)　*AABB* がつくる配偶子の遺伝子型は *AB*，*aabb* がつくる配偶子の遺伝子型は *ab* となる。したがって，この交雑でできる子の遺伝子型は *AaBb* となる。遺伝子 *A*(*a*)，*B*(*b*) が独立している場合は，独立の法則が成り立つので，できる配偶子の比は，

AB：*Ab*：*aB*：*ab*＝1：1：1：1となる。

連鎖していて，連鎖が完全な場合は *AB*：*ab*＝1：1となる。一部で組換えが起こった場合は，新たに *Ab*，*aB* の配偶子ができる。

(2)　3組の対立形質の場合は，遺伝子が独立していれば $2^3 = 8$ 通りの遺伝子の組み合わせをもつ配偶子ができる。

10　(1) ***Aa***　(2) **丸形**

(3) ***A*：*a*＝1：1**

(4) **丸形：しわ形＝3：1**

解き方　次のように示すことができる。F_1 を自家受精してできた子(F_2)の表現型は，〔*A*〕:〔*a*〕＝3：1の比で分かれる。

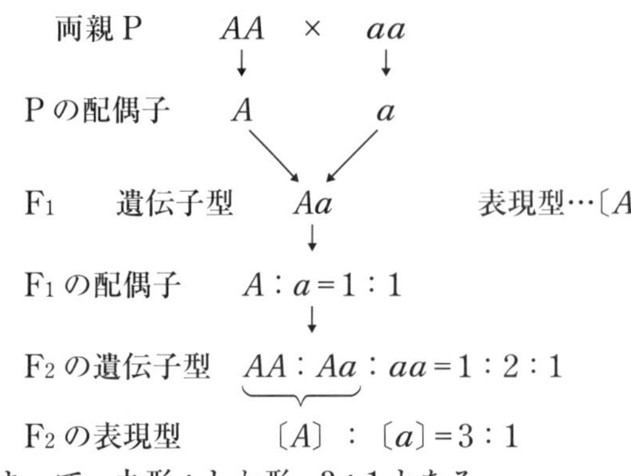

よって，丸形：しわ形＝3：1となる。

11 (1) **遺伝子型…*AaBb*　表現型…〔*AB*〕**
(2) ***AB*：*Ab*：*aB*：*ab*＝1：1：1：1**

解き方　次のように示すことができる。F_1を自家受精してできた子(F_2)の表現型は〔AB〕:〔Ab〕:〔aB〕:〔ab〕＝9：3：3：1の比で分かれる。

両親の遺伝子型　$AABB$ × $aabb$
↓　↓
配偶子　AB　ab
F_1の表現型　〔AB〕
F_1の遺伝子型　$AaBb$
↓
F_1の配偶子　AB：Ab：aB：ab＝1：1：1：1
↓
F_2の遺伝子型 { $AABB$　$AAbb$　$aaBB$　$aabb$ / $2AABb$　$2Aabb$　$2aaBb$ / $2AaBB$ / $4AaBb$
F_2の表現型　〔AB〕：〔Ab〕：〔aB〕：〔ab〕
＝　9　：　3　：　3　：　1

12 (1) **遺伝子型…*AaBb*　表現型…〔*AB*〕**
(2) ***AB*：*ab*＝1：1**

解き方　次のように示すことができる。F_1を自家受精してできた子(F_2)の表現型は〔AB〕：〔ab〕＝3：1の比で分かれる。

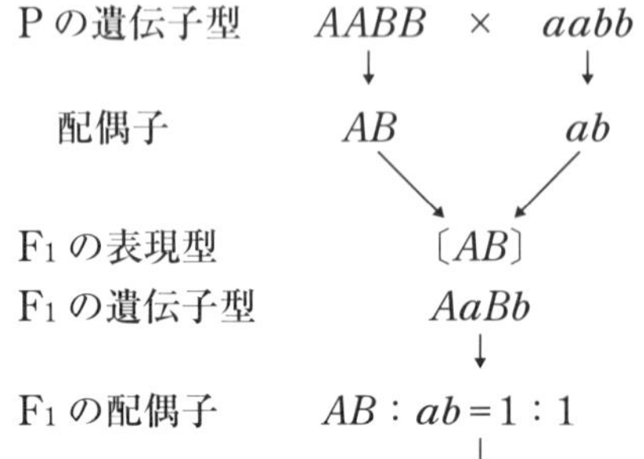

F_2の遺伝子型 { $AABB$　aabb / $2AaBb$
F_2の表現型　〔AB〕：〔ab〕
＝　3　：　1

13 ① **前**　② **二価**　③ **乗換え［交さ］**　④ **組換え**

解き方　染色体の乗換えが起こり，遺伝子の組換えが生じるのは，減数分裂第一分裂前期に相同染色体が対合して二価染色体ができたときである。

14 (1) **遺伝子型…*AaBb*　表現型…〔*AB*〕**
(2) ***AB*：*Ab*：*aB*：*ab*＝9：1：1：9**

解き方　次のように示すことができる。F_1を自家受精してできた子(F_2)の表現型は〔AB〕:〔Ab〕:〔aB〕:〔ab〕＝281：19：19：81の比で分かれる。

Pの遺伝子型　$AABB$ × $aabb$
↓　↓
配偶子　AB　ab
F_1の表現型　〔AB〕
F_1の遺伝子型　$AaBb$
↓
F_1の配偶子　AB：Ab：aB：ab＝9：1：1：9

なお，F_1の自家受精により得られるF_2の遺伝子型は，以下のようになる。

	9AB	Ab	aB	9ab
9AB	81$AABB$	9$AABb$	9$AaBB$	81$AaBb$
Ab	9$AABb$	$AAbb$	$AaBb$	9$Aabb$
aB	9$AaBB$	$AaBb$	$aaBB$	9$aaBb$
9ab	81$AaBb$	9$Aabb$	9$aaBb$	81$aabb$

F_2の表現型　〔AB〕：〔Ab〕：〔aB〕：〔ab〕
＝　281　：　19　：　19　：　81

15 (1) **検定交雑**　(2) ***AABB*，*aabb***
(3) **12.5%**

解き方　(3)　組換え価は，組換えでできた配偶子数÷全配偶子数×100で示されるので，

$$\frac{1+1}{7+1+1+7}\times100=\frac{1}{8}\times100=12.5〔\%〕$$

テスト対策　組換え価

組換え価＝$\dfrac{\text{組換えで生じた配偶子数}}{\text{全配偶子数}}$×100〔%〕

組換え価＜50%

16 (1) $AaBbCc$

(2) $AB : Ab : aB : ab = 3 : 1 : 1 : 3$

(3) $AC : Ac : aC : ac = 1 : 1 : 1 : 1$

(4) $BC : Bc : bC : bc = 1 : 1 : 1 : 1$

解き方 (1) $AABBCC$ と $aabbcc$ の両親がつくる配偶子の遺伝子型は ABC と abc であるので，F_1 の遺伝子型は $AaBbCc$ となる。

(2) F_1 $AaBbCc$ の遺伝子，A と B，a と b は連鎖していてその組換え価は25％であるので，F_1 がつくる配偶子は，連鎖していた遺伝子の組み合わせが $\frac{3}{4}$ の割合で，組換えで生じた組み合わせが $\frac{1}{4}$ の割合で生じ，$AB : Ab : aB : ab = 3 : 1 : 1 : 3$ となる。

(3) $A(a)$ と $C(c)$ は互いに独立しているのでこれらの遺伝子に関して F_1 がつくる配偶子の比は，

$AC : Ac : aC : ac = 1 : 1 : 1 : 1$

(4) (3) の $A(a)$ と $C(c)$ の関係と同様，$B(b)$ と $C(c)$ は独立しているので，これらの遺伝子に関して，F_1 がつくる配偶子の比は，

$BC : Bc : bC : bc = 1 : 1 : 1 : 1$ となる。

4章 進化のしくみ

基礎の基礎を固める！ の答

➡本冊 p.19

❶ 遺伝子プール　❷ 遺伝子頻度

❸ ハーディ・ワインベルグ

❹ 突然変異　❺ 突然変異

❻ 適応　❼ 適応進化

❽ 中立進化　❾ 遺伝的浮動

❿ 工業暗化　⓫ 共進化

⓬ 性選択　⓭ 種分化

⓮ 地理　⓯ 生殖

⓰ 大進化　⓱ 小進化

テストによく出る問題を解こう！ の答

➡本冊 p.20

17 (1) オ

(2) $AA \cdots p^2$　$Aa \cdots 2pq$　$aa \cdots q^2$

(3) $A \cdots 50\%$，$a \cdots 50\%$

(4) $A : a = 1 : 1$

解き方 (1) ハーディ・ワインベルグの法則は，集団の中で対立遺伝子間に生存・生殖に関して差がなく，集団の外からも集団内の遺伝子の数に影響を与えないのならば対立遺伝子の割合に変化はないとするものなので，集団全体の個体数の変化は関係ない。

(3) ドライ型が aa にあたり，その頻度 q^2 が 25％＝0.25 であるから，a の遺伝子頻度 q は $\sqrt{0.25} = 0.5$　よって50％。

18 (1) ① 共進化　② 遺伝的浮動

③ 大進化　④ 自然選択

(2) イ，エ

解き方 (1) 遺伝子プールはその種の集団がもつ遺伝子の集合全体，アレルは対立遺伝子，小進化は種内での変化で，新しい種の形成には至らないような進化のことである。

(2) 自然選択の例としては，このほか，工業暗化や共進化などがある。

19 (1) ① 自然　② 対立　③ ホモ

(2) ウ

(3) オ

(4) 木の幹が黒くなった結果，明色型の個体は捕食者に見つかりやすくなったから。

解き方 (2) 暗色型が増えたのは，環境の変化に暗色型が適応したためであるので，アは誤り。工業暗化が起こる以前から突然変異による暗色型は存在していたため，イは誤り。工業暗化は都市部の工業化により大気汚染が進んだ結果生じたものであり，田園地域でも同様の変化が生じたとは考えにくいので，エは誤り。

20 ① 共進化　② 擬態　③ 性選択

解き方 ② 擬態をする生物には，ハナカマキリのほか，木の枝によく似た形のナナフシモドキなどがある。また，ワモンダコのように，体色を背景の色にとけこませて見えにくくする擬態もある。

5章 生物の多様性と分類

基礎の基礎を固める! の答
➡本冊 *p.23*

❶ 多様　❷ 共通
❸ 細胞　❹ DNA
❺ 分類　❻ 種
❼ 人為分類　❽ 自然分類
❾ 系統　❿ 系統樹
⓫ 系統分類　⓬ 分子系統樹
⓭ ドメイン　⓮ 界
⓯ 属　⓰ ドメイン
⓱ アーキア　⓲ 真核生物
⓳ 学名　⓴ 属
㉑ 種小　㉒ 二名法
㉓ ドメイン　㉔ 分子進化

テストによく出る問題を解こう! の答
➡本冊 *p.24*

21 ① 細胞　② DNA

22 (1) 自然分類[系統分類]
(2) 系統　(3) 系統樹
(4) 分子系統樹

解き方 (4) タンパク質のアミノ酸配列やDNAの塩基配列の違いなどをもとにしてつくった系統樹を分子系統樹という。

23 (1) ① 属　② 科
(2) 自然状態で交配が可能で，生殖能力をもつ子孫をつくることができる。
(3) 界　(4) 亜種　(5) リンネ

解き方 同じ種であるというには，交配して子をつくることができるだけでなく，生まれた子が生殖能力をもっていなければならない。別種であるロバとウマを交配するとラバとよばれる動物ができるが，ラバには生殖能力がない。イエイヌやイエネコはそれぞれ1つの種の動物なので大きさや姿の異なる雌と雄でも生殖能力のある子をつくることができる。
(3) 界より上の最上位の分類段階はドメインという(細菌とアーキアと真核生物の3つがある)。

24 (1) 二名法
(2) 属名
(3) 種小名

25 (1) ウーズ
(2) A…ア　B…ウ　C…イ
(3) ① A　② C　③ C　④ A
⑤ B

解き方 (1) 1990年，アメリカのウーズはrRNA(リボソームRNA)の塩基配列の解析結果から，生物界を3つのドメインに分類する三ドメイン説を提唱した。
(2) 三ドメイン説では，生物全体を細菌(バクテリア)，アーキア(古細菌)，真核生物の3つに分類している。この説では，それまでの五界説で原核生物界として1つにまとめていたものを，細菌とアーキアに分けた。アーキアには，メタン生成菌(メタン菌)や好熱菌，好塩菌などふつうの生物が生存できない高温や高い塩類濃度の環境で生息する細菌が多いため，原始の地球環境がそのような条件であったと考えられることから古細菌とよばれるようになったが，分子の比較による系統では，細菌よりもアーキアのほうが真核生物と近縁のグループとされる。
(3) シアノバクテリアであるユレモは細菌，動物や植物，菌類は真核生物，メタン菌はアーキアである。①は図中のA，②はC，③はC，④はA，⑤はBにあたる。

テスト対策 三ドメイン説による分類

細菌…シアノバクテリア・緑色硫黄細菌(光合成細菌)，大腸菌・コレラ菌・乳酸菌(従属栄養)など
アーキア…メタン生成菌，好熱菌，好塩菌など
真核生物…動物，植物，菌類，原生生物

26 (1) コイ
(2) 3

解き方 (2) ヒトとイヌの違いが23で分岐が約1億年前，ヒトとコイの違いは68で約3倍(2.96倍)だから，約3億年前。

6章 生物の分類と系統

基礎の基礎を固める！の答 ➡本冊 p.28

❶ 細菌[バクテリア]　❷ アーキア[古細菌]
❸ 光合成　❹ 真核
❺ 菌糸　❻ 体外
❼ 胞子　❽ コケ
❾ 維管束　❿ シダ
⓫ 裸子　⓬ 被子
⓭ 双子葉　⓮ 単子葉
⓯ 海綿　⓰ 刺胞
⓱ 旧口　⓲ 節足
⓳ 軟体　⓴ 新口
㉑ 棘皮　㉒ 脊椎

テストによく出る問題を解こう！の答 ➡本冊 p.29

27 (1) ・核膜で包まれた核をもたない。
・リボソーム以外の細胞小器官をもたない。
(2) ① 細菌[バクテリア]
② アーキア[古細菌]
(3) ① イ，ウ，エ，オ
② ア
(4) ウ，エ　(5) イ，オ

解き方 (1)(2) 原核生物は，細胞壁の種類などが異なる細菌とアーキアに分類される。細菌の細胞壁はペプチドグリカンという炭水化物とタンパク質の複合体である。一方，アーキアはペプチドグリカンをもたず，細胞壁も薄い。また，細菌の細胞膜はエステル脂質であるのに対して，アーキアはエーテル脂質でできている。

(3)(4)(5) メタン生成菌(メタン菌)はアーキアに属する原核生物で化学合成を行う。シアノバクテリアは植物と同じクロロフィルaを用いてO_2を発生する光合成を行う細菌。緑色硫黄細菌はバクテリオクロロフィルを用いて植物とは異なるしくみの光合成を行う光合成細菌。大腸菌と乳酸菌は従属栄養の細菌。

28 (1) 原生動物
(2) 藻類
(3) 粘菌類[細胞性粘菌，変形菌]
(4) クロロフィルa
(5) ① 褐藻類　② 緑藻類
③ 紅藻類

解き方 (2) 藻類は原生生物界に属し，単細胞または多細胞であり，水中で生活し，光合成を行う。

(4) 紅藻類，褐藻類，緑藻類が共通してもつのはクロロフィルaである。

(5) ①褐藻類のコンブやワカメはクロロフィルaとcおよびフィコキサンチンをもつ。
②緑藻類のアオサやアオノリはクロロフィルaとbをもち，陸上植物と共通である。
③紅藻類のテングサやアサクサノリはクロロフィルaをもつ。

29 (1) ① b，g　② a，h
③ c，e　④ d，f
(2) b，g
(3) a，h
(4) c，d，e，f
(5) f
(6) c，e
(7) d，f
(8) d，e，f

解き方 (5)と(8)以外は(1)で分類した①～④のどれがあてはまるかを答えればよいが，(5)では被子植物d，fのうちfだけを選び，(8)では被子植物d，fと，裸子植物c，eのうちeを選ぶ。ソテツやイチョウは花粉管から精子が出て受精するが，針葉樹のスギなどでは精子は形成されず花粉管の中を精細胞が卵まで運ばれる。

30 (1) Ⅰ…コケ植物　Ⅱ…シダ植物
(2) 維管束…シダ植物
根・茎・葉の区別…シダ植物
(3) a…造卵器　b…造精器
c…胞子のう　d…胞子
e…前葉体
(4) Ⅰ…オ　Ⅱ…オ

解き方 コケ植物の本体(いわゆるコケ)には，雄株と雌株がある。

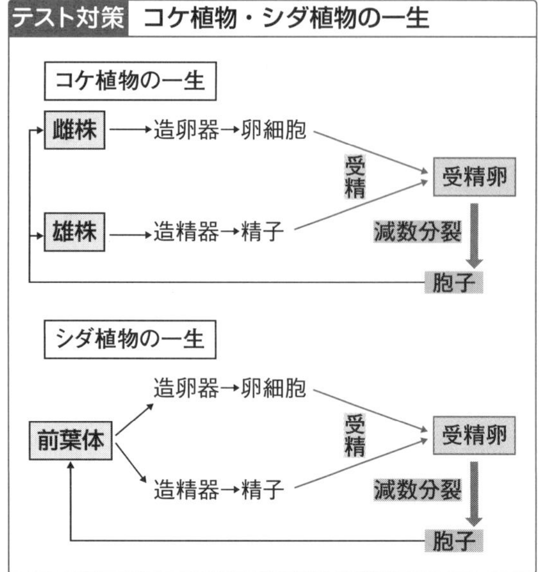

31
(1) **菌糸**
(2) **胞子**
(3) **ア，イ，カ，キ**

解き方 (3) **ウ**はシダ植物で生殖器官としてつくしをつくり胞子を出す。**エ**は被子植物(単子葉植物)，**オ**は細菌(シアノバクテリア)。

32
(1) Ⅰ…**旧口**
Ⅱ…**新口**
(2) Ⅲ…**冠輪**
Ⅳ…**脱皮**
(3) **k**
(4) ① **b**　② **d**　③ **c**　④ **j**
⑤ **f**　⑥ **i**　⑦ **b**　⑧ **j**

解き方 Ⅰは原口が口になるなかまで旧口動物，Ⅱは原口が肛門になるなかまで新口動物。**扁形動物，環形動物，輪形動物，軟体動物**はまとめて冠輪動物とよばれ，**線形動物**と**節足動物**はまとめて脱皮動物とよばれる。
(3) **a**は海綿動物。

33
(1) **扁形動物**
(2) **軟体動物**
(3) **原索動物**
(4) **節足動物**
(5) **棘皮動物**

解き方 プラナリアなどの扁形動物は，口が肛門を兼ねている。外とう膜をもつのは軟体動物，一生脊索をもつのは原索動物(脊椎動物の場合は胚発生の過程で退化)，キチン質の外骨格をもつのは節足動物。五放射相称・水管系はともに棘皮動物の特徴(ヒトデだけでなくウニやナマコも口から放射状に5分割できる)。

7章 人類の系統と進化

基礎の基礎を固める！の答 ➡本冊 p.33

❶ ツパイ	❷ 樹状
❸ 霊長類	❹ 平爪
❺ 拇指対向性	❻ 前面
❼ 広い	❽ オランウータン
❾ 小さい	❿ 大きい
⓫ 大後頭孔	⓬ S字
⓭ 横に広い	⓮ 直立二足歩行
⓯ 猿	⓰ 直立二足
⓱ 原	⓲ 火
⓳ 旧	⓴ 同じ
㉑ ホモ・サピエンス	㉒ おとがい

テストによく出る問題を解こう！の答 ➡本冊 p.34

34
(1) **新生代新第三紀**
(2) **ゴリラ，チンパンジー，オランウータン，テナガザル，ボノボ**から3種
(3) **・親指がほかの指と向かい合っている[拇指対向性]・爪が平爪である**
(4) **両眼視により立体視できる範囲が広いため枝から枝へとび移る際に距離をつかみやすい。**
(5) **直立二足歩行**
(6) **・両手が自由になり道具をつくったり使ったりできるようになった。**
・少ない筋肉や骨で大きな脳を支えることができる。
(7) **700(万年前)**

解き方 樹上生活への適応としては立体視と拇指対向性をあげる。立体視は空間の膨大な情報を処理することから脳の発達につながり，拇指対向性は物を器用につまんだり加工することから多くの情報の入力・出力が行われ，脳の発達につながったと考えられている。

35 ① 大きい　② あり　③ 真下
④ 縦　⑤ 横　⑥ S 字状

解き方　ヒトの大後頭孔は頭骨の真下に開口し，脊柱はS字状に湾曲している。また，骨盤は横に広い。これらのからだの構造は，直立二足歩行をするのに適している。

36 (1) ① 猿人　② 原人　③ 旧人　④ 新人
(2) イ，ウ，エ，オ　(3) イ
(4) 人類の特徴である直立二足歩行をしていたと考えられるから。

解き方　(2) 類人猿にはテナガザル，オランウータン，ゴリラ，チンパンジー，ボノボが含まれる。
(4) 類人猿と異なる人類の特徴として，直立二足歩行があげられる。

37 (1) 化石人類　(2) イ→ア→エ→ウ
(3) ウ

解き方　(2) 年代は諸説あるが一例を示す。ラミダス猿人(約440万年前)→アウストラロピテクス類(約400万年前)→ホモ・エレクトス(約250万年前)→ホモ・ネアンデルターレンシス(約40万年前)

入試問題にチャレンジ！の答

➡本冊 p.36

1 ① 40億　② 化学進化　③ 嫌気
④ 還元　⑤ 25億　⑥ 21億
⑦ シアノバクテリア　⑧ 共生

解き方　地球の誕生が約46億年前で，現在の研究では最古の生物は約40億年前に誕生し，シアノバクテリアの出現が約27～25億年前，真核生物の出現が約21億年前と考えられている。

2 (1) コケ植物
(2) A…シダ植物　B…裸子植物
C…被子植物
(3) 乾燥や低温に弱いシダ植物や裸子植物が減少して被子植物が増加したことから，温暖多湿な気候から寒冷化・乾燥化が起こったと考えられる。
(4) エ

解き方　(3) シダ植物→裸子植物→被子植物の進化は乾燥への適応が大きな変化であるから，気温の低下だけでなく，乾燥についても触れること。
(4) 4億年前は古生代デボン紀で，ハ虫類・鳥類・哺乳類・恐竜・始祖鳥は出現していない。

3 (1) ① ラマルク　② 用不用
③ 種の起源　④ 隔離
⑤ 生殖
(2) 獲得形質は遺伝しないため。(13字)

解き方　(2) ラマルクの用不用説は，よく使う器官が発達するという獲得形質が子孫に受け継がれることを前提としているが，これは遺伝学の確立に伴い否定されている。

4 (1) ① 自然選択
②③ DD，Dd（順不同）
④ 0.4　⑤ 48
(2) ハーディ・ワインベルグの法則
(3) 0.375

解き方　(1) ④暗色型の遺伝子 D の遺伝子頻度を p，明色型の遺伝子 d の遺伝子頻度を q とすると，$q^2=0.36$ であるので先に明色型の遺伝子頻度を求めて $q=0.6$,
$p+q=1$ より　$p=1-0.6=0.4$ となる。
⑤集団における Dd は
$(pD+qd)^2=p^2DD+2pqDd+q^2dd$
となるので $2pq$ の割合で存在し，
$2\times0.4\times0.6=0.48$　となる。
(3) $p^2+2pq+q^2$ のうちの q^2 を取り除くと，次世代の遺伝子頻度は，

$$p'=\frac{p^2+pq}{p^2+2pq}=\frac{0.4}{0.64}=0.625 \qquad q'=\frac{pq}{p^2+2pq}=\frac{0.24}{0.64}=0.375$$

5 (1) ラテン
(2) *Prunus* の階層…属
Rosaceae の階層…科

解き方　(1) 世界共通の生物種の名称を学名という。学名の命名法はリンネによって確立された。リンネはラテン語を使って，属名＋種小名

で学名をつける二名法を提唱した。

(2) *Prunus* などは属名である。分類単位は小さな方から順に，種＜属＜科＜目＜綱＜門＜界＜ドメインと分類され，必要に応じてさらに細かい亜種(同じ種のなかで異なる特徴をもつものどうしを分けたもの)，亜科(科と属の間の段階)，上綱(門と綱の間の段階)などが設けられることもある。

6 右図

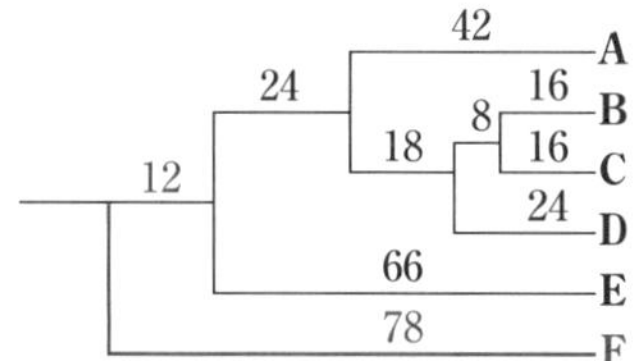

解き方 BやCとその共通祖先とのアミノ酸配列の違いは16で，これが約8000万年前の分岐に対応しているということから，8000万年÷16＝500万年より，約500万年でアミノ酸1個が置換する。

BとFは3億9000万年前に分岐しているので，共通祖先から置換しているアミノ酸の数は，39000÷500＝78より，78個と考えられる。したがって，A～Eの生物種の系統樹全体より古い時代に分岐したので，外側に位置することになる。

7 (1) **イ，エ**

(2) **イ，エ**

(3) ① **原生生物界**　② **五界**

(4) **オ，カ**

(5) **A…細菌ドメイン［バクテリアドメイン］**
B…アーキアドメイン［古細菌ドメイン］

解き方 (1) ゴルジ体や中心体などの細胞小器官をもつのは真核生物。タンパク質合成の場であるリボソームはタンパク質とRNAの複合体で，細胞膜と同様にすべての生物がもつ。

(2) 酵母は単細胞であるが菌類に属し真核生物，細胞性粘菌は原生生物で真核生物。根粒菌と硝化菌は細菌で原核生物。

(4) ゾウリムシは原生動物で葉緑体をもたない(ただし，ミドリゾウリムシは葉緑体をもつ)。ネンジュモはシアノバクテリアの一種で光合成をするが，原核細胞であるので葉緑体はもたない。マツタケは菌類で従属栄養なので葉緑体をもたない。ラッパムシは原生動物で光合成を行わないので葉緑体をもたない。ワカメは藻類(褐藻類)で葉緑体をもつ。ワラビはシダ植物で葉緑体をもつ。

(5) Aの大腸菌やコレラ菌などは細菌ドメイン，Bの好熱菌やメタン生成菌(メタン菌)はアーキアドメインに属する。残るもう1つは真核細胞からなる真核生物ドメインで，原生生物界，菌界，植物界，動物界を含む。

8 (1) ①② **コケ，シダ**(順不同)
③ **種子**　④ **維管束**　⑤ **子房**
⑥ **被子**
⑦⑧ **単子葉，双子葉**(順不同)

(2) **裸子植物，イ，エ，オ**

解き方 (1) 陸上植物はコケ植物，シダ植物と種子植物の3つに分けられ，シダ植物と種子植物には維管束がある。種子植物は生殖器官として花を形成し，花の中の卵細胞が存在する胚珠が子房で包まれているかいないかで被子植物と裸子植物に分けられる。被子植物はさらに双子葉類と単子葉類からなる。

(2) 裸子植物には，針葉樹類，ソテツ類，イチョウ類が属している。

テスト対策　植物の分類

- **コケ植物**…維管束，根・茎・葉の区別がない。
- **維管束植物**…維管束，根・茎・葉が発達。
  - **シダ植物**…胞子生殖と受精で繁殖
  - **種子植物**
    - **裸子植物**…胚珠がむき出し
    - **被子植物**…子房が胚珠を包む
      - **双子葉類**
      - **単子葉類**

9 (1) ① **H**　② **D**

(2) **B，C**

解き方 (1) ①三葉虫は，外骨格をもち，からだや足に体節構造をもつ節足動物。
②アンモナイトは現在のオウムガイのように，巻き貝のような殻とイカのような足をもつ軟体動物。

(2) **A** 無性生殖はからだの構造の単純な刺胞動物(クラゲやイソギンチャク，ヒドラなど)や環形動物(ミミズなど)などで見られる。

B 節足動物と軟体動物は，ともに原口が口になる旧口動物。原口が肛門になる動物は新口動物とよばれ，脊椎動物，原索動物，棘皮動物の3つが属す。

C 節足動物には，エビなどの水中生活をする種と昆虫類など陸上生活をする種の両方がいる。軟体動物はイカ・タコのなかまと貝類からなり，水中生活をする種が多いが，カタツムリ(マイマイ)など陸生の種もいる。

D は**水管**という器官の説明で，これをもつのは棘皮動物。

E **散在神経系**は，刺胞動物のヒドラなど比較的単純な体制の動物に見られる特徴。

2編 生命現象と物質

1章 細胞の構造と働き

基礎の基礎を固める！ の答 ➡本冊 *p.41*

❶ 核　❷ 細胞壁
❸ 原核生物　❹ アーキア[古細菌]
❺ 核　❻ DNA
❼ 細胞小器官　❽ 真核生物
❾ タンパク質　❿ 染色体
⓫ ATP　⓬ 呼吸
⓭ 光合成　⓮ 粗面
⓯ 滑面　⓰ タンパク質
⓱ 酵素

テストによく出る問題を解こう！ の答 ➡本冊 *p.42*

1

(1) 動物細胞

(2) ① 染色体　② リボソーム
③ リソソーム　④ ミトコンドリア
⑤ ゴルジ体　⑥ 細胞骨格
⑦ 中心体

解き方 (1) 図は細胞壁や葉緑体が見られず，中心体や発達したゴルジ体があるので動物細胞。

テスト対策 細胞内構造

核
- **核膜**…二重の膜。多数の核膜孔がある。
- **染色体**…DNA とヒストンからなる。

細胞質
- **細胞膜**…リン脂質とタンパク質からなる。
- **ミトコンドリア**…二重の膜。呼吸の場。
- **葉緑体**…二重の膜で囲まれる。光合成の場となる。
- **リボソーム**…タンパク質合成の場。
- **小胞体**…物質の通路。
  - 粗面小胞体…リボソームが付着
  - 滑面小胞体…リボソームが付着しない
- **ゴルジ体**…物質の濃縮・分泌に働く。
- **リソソーム**…分解酵素を含み，細胞内の不要物を分解。オートファジー(自食作用)にかかわる。
- **中心体**…1対の中心小体からなる。鞭(べん)毛・繊毛の形成に関与。紡錘糸の起点。

- **液胞**…一重の膜。細胞内の代謝物や老廃物を含む細胞液で満たされる。植物細胞で発達。
- **サイトゾル(細胞質基質)**…コロイド状でいろいろな化学反応の場。解糖系の場。
- **細胞壁**…植物細胞を包む丈夫な構造。セルロースを主成分とする。

2 ア，エ

解き方　原核細胞は核膜で囲まれた核や膜構造からなるミトコンドリアや葉緑体などの細胞小器官をもたない。原核生物の遺伝子 DNA も染色体 DNA とよぶことがあるがクロマチン(染色質)をつくることはない。原核生物でもシアノバクテリアなどは光合成色素のクロロフィル a をもつ。

テスト対策　原核細胞と真核細胞

原核細胞	真核細胞
核膜をもたない(核様体)。リボソーム以外の細胞小器官をもたない。	核膜で包まれた核あり。ミトコンドリアや葉緑体などさまざまな細胞小器官をもつ。

3 (1) ① b，ウ　② c，オ　③ f，エ　④ e，ア
(2) 大腸菌，ユレモ

解き方　(1) 図のaは細胞膜。dは線毛で，抗原としての性質をもち，細胞への感染や，逆に免疫が細菌に対して働く際の識別に関与する。
(2) 原核生物の細菌(バクテリア)には，従属栄養の大腸菌，乳酸菌，コレラ菌などと，ユレモ，ネンジュモなどの独立栄養のシアノバクテリアがある。

4 (1) ① 核膜　② ヒストン　③ 小胞体　④ ゴルジ体
(2) A…転写　B…翻訳

解き方　(1) リボソーム上で合成されたタンパク質は小胞体を通って，ゴルジ体へと移動してここで濃縮され，分泌顆粒などになる。
(2) 遺伝情報は DNA のA，T，C，G の塩基配列として記録されており，生きた細胞ではこれを核外に運び出すため mRNA の塩基配列に変換する転写と，mRNA の情報をもとにさまざまなタンパク質を合成する翻訳が行われる。

5 ① セルロース　② 原形質連絡　③ 細胞液

解き方　①② 植物細胞の細胞壁の主成分はセルロースである。細胞壁には原形質連絡の孔が開いており，これを通じて隣り合う細胞どうしが連絡されている。
③ 液胞の中は細胞液で満たされており，老廃物やアントシアニンなどの色素，糖などが溶けている。

2章 生体膜と細胞骨格

基礎の基礎を固める！の答　➡本冊 p.46

❶ 生体膜　❷ リン脂質
❸ タンパク質　❹ 流動モザイク
❺ 受動輸送　❻ チャネル
❼ アクアポリン　❽ 能動輸送
❾ エンドサイトーシス[飲食作用]
❿ エキソサイトーシス[開口分泌]
⓫ アクチンフィラメント
⓬ 微小管　⓭ 密着
⓮ 固定　⓯ カドヘリン
⓰ デスモソーム　⓱ ギャップ

テストによく出る問題を解こう！の答　➡本冊 p.47

6 (1) a…リン脂質　b…タンパク質　c…炭水化物[糖鎖]
(2) 選択的透過性
(3) ① チャネル　② アクアポリン　③ 担体[輸送体]　④ ポンプ

解き方　(1) 細胞膜は，親水基を外側にして向かい合って配置されたリン脂質分子の二重層にタンパク質分子がはまり込んだ構造をし，それぞれの分子は互いの間を動くことができる(流動モザイクモデル)。
(2) 特定の物質を透過させるので選択的透過性という。
(3) チャネルは，リン脂質の膜を通りにくいイオンなどの通り道となり，拡散による受動輸送でイオンなどを透過させる。ポンプは ATP のエ

ネルギーを使ってイオンの濃度勾配に逆らった輸送を行う。

7 ① **高い** ② **低い** ③ **拡散**
④ **チャネル** ⑤ **アクアポリン**
⑥ **ATP** ⑦ **能動輸送**

解き方 ①～③ 物質の粒子が濃度の高いところから低いところに向かって移動することを拡散という。拡散はエネルギーを必要としない。
⑥⑦ ナトリウムポンプとよばれるタンパク質などはATPのエネルギーを使って膜の内外を濃度勾配に逆らって物質輸送する。これを拡散などの受動輸送に対して能動輸送という。

テスト対策 **物質輸送**

受動輸送…濃度勾配に従った移動。
- チャネル…脂質二重膜を貫通する小さな孔を形成し，イオンなどを透過させる。
- **アクアポリン**…水分子を透過させる。
- **担体(輸送体)**…特定の物質が結合すると構造が変化してアミノ酸や糖などの物質を輸送する。

能動輸送…ポンプとよばれるタンパク質がATPのエネルギーを用いて濃度勾配に逆らった輸送を行う。

8 (1) **B** (2) **A** (3) **B** (4) **B**

解き方 細胞外から細胞内へ物質などを取り込む(2)がエンドサイトーシス，逆に細胞外へ放出する(1)，(3)，(4)がエキソサイトーシス。

9 (1) **タンパク質**
(2) **A…ウ** **B…イ** **C…ア**
(3) ① **ア** ② **ウ** ③ **イ** ④ **ウ**
⑤ **ウ** ⑥ **ア** ⑦ **ア** ⑧ **ア**
a…ウ **b…イ** **c…ア**

解き方 アクチンフィラメントは，球状タンパク質のアクチンが重合してできた繊維で，アメーバ運動，筋収縮，動物細胞の細胞質分裂のくびれ形成，細胞質流動に関係している。

微小管は2種類のチューブリンという球状タンパク質が鎖状に結合したものが13本集まって中空の管状の構造をつくっている。物質や小胞，細胞小器官を運ぶ軌道となるほか繊毛・鞭毛にも存在し，紡錘糸もこの微小管である。

中間径フィラメントは，繊維状タンパク質を束ねた繊維で，非常に強度がある。細胞と核などの形を保つ。

10 ① **ウ，C** ② **ア，A** ③ **イ，B**

解き方 ① ギャップ結合は細胞膜どうしを中空タンパク質でつなぐことによって，細胞間においてイオンや低分子物質を移動させる。
② 密着結合は，すき間なく密着することで細胞の間を小さな分子でも通さない。消化管の上皮組織などはこの結合である。
③ 固定結合のうち，デスモソームでは，ボタン状の構造がカドヘリンなどの接着タンパク質や細胞内の細胞骨格と結合して，結合や細胞自体に強度を与える。

11 (1) ① **受容体**
② **イオンチャネル** ③ **内分泌**
④ **神経** ⑤ **接触**
(2) **A…内分泌** **B…接触**

解き方 (2) インスリンのようなホルモンによる情報伝達方法は内分泌型である。また，樹状細胞からT細胞へ抗原提示によって伝えられる情報伝達方法は接触型である。受容体には，ステロイドホルモン(糖質コルチコイドなど，脂質から合成される特定の構造をもつホルモン)の受容体のように細胞質に存在するものもある。

3章 タンパク質

基礎の基礎を固める！ の答 ➡本冊 *p.51*

❶ アミノ酸 ❷ ペプチド
❸ アミノ ❹ カルボキシ
❺ 20 ❻ 水[H_2O]
❼ 一次 ❽ βシート
❾ 二次 ❿ 三次
⓫ 四次 ⓬ 変性
⓭ 失活 ⓮ 酵素
⓯ チャネル ⓰ ポンプ
⓱ 細胞骨格 ⓲ フォールディング
⓳ シャペロン

テストによく出る問題を解こう！ の答　➡本冊 p.52

12 (1) **a…アミノ基**
b…カルボキシ基
(2) **20種類**　(3) **水[H_2O]**
(4) **ペプチド結合**
(5) **ポリペプチド[ペプチド鎖]**

解き方 (2) Rで表される部分は側鎖とよばれ，タンパク質を構成するアミノ酸はこの側鎖が異なる20種類が存在する。
(3)～(5) 2つのアミノ酸のうち，一方のアミノ酸のアミノ基と，他方のアミノ酸のカルボキシ基から水が1分子とれてできる結合をペプチド結合という。ペプチド結合をくり返してアミノ酸が鎖状に連結したものがポリペプチドで，これがタンパク質を形づくる。

13 (1) **20種類**　(2) **C，H，O，N，S**
(3) **ポリペプチド**　(4) **エ**
(5) **DNA[デオキシリボ核酸]**
(6) **リボソーム**　(7) **ウ**

解き方 (2) 有機物はC，H，Oからなるが，タンパク質はこのほかアミノ基に含まれる窒素(N)や，S–S結合で分子の立体構造をつくるのに重要な働きをする硫黄(S)を含んでいる。
(4) 20種類のアミノ酸が10個並ぶので，その配列のしかたは$20^{10}=2^{10}\times10^{10}$種類となる。
$2^{10}=1024\fallingdotseq10^3$であるから，$20^{10}\fallingdotseq10^{13}$種類。
(5) タンパク質のアミノ酸配列はDNAの塩基配列が決めている，DNAの連続する3個の塩基配列が1つのアミノ酸を決定している。
(6)(7) タンパク質合成の場はリボソームであり，リボソームは真核細胞だけでなく原核細胞ももっている。

14 (1) **ホルモン**　(2) **抗体**
(3) **アクアポリン**　(4) **ポンプ**
(5) **カドヘリン**　(6) **細胞骨格**

解き方 (2) 抗原を凝集する抗体は，免疫グロブリンというタンパク質である。
(5) カドヘリンは細胞間結合に働くタンパク質で，細胞の種類によって異なり，同じ種類の細胞どうしを識別して結合する。
(6) 細胞骨格は細胞内に張りめぐらされて形態保持に働くほか，物質を含んだ小胞や細胞小器官などを運ぶ軌道となる。

15 (1) **水素結合，S−S結合[ジスルフィド結合]**
(2) **変性**　(3) **失活**

解き方 (1) 水素結合はαヘリックス構造などタンパク質の二次構造に関係している。S−S結合は，ペプチド鎖どうしを結合したり，強く折り曲げたりするのに働く。
(2)(3) 熱や酸などでタンパク質の立体構造が変化することを変性といい，タンパク質が変性することによって，活性がなくなることを失活という。

16 (1) ① **一次**　② **二次**　③ **三次**
④ **四次**　⑤ **シャペロン**
(2) **フォールディング**

解き方 ポリペプチドが折りたたまれて立体構造をとる際，誤った構造になることがある。その場合，細胞内に存在するシャペロンが，誤って折りたたまれた構造を正常な構造へと回復させる働きをする。

4章 酵素

基礎の基礎を固める！ の答　➡本冊 p.55

❶ **タンパク質**　❷ **活性化**
❸ **基質**　❹ **生成物**
❺ **活性部位**　❻ **基質特異性**
❼ **失活**　❽ **最適温度**
❾ **最適pH**
❿ **酵素-基質複合体[ES]**
⓫ **大きく**　⓬ **一定**
⓭ **補酵素**　⓮ **透析**
⓯ **にく**　⓰ **フィードバック**
⓱ **アロステリック**

テストによく出る問題を解こう！ の答　➡本冊 p.56

17 (1) ① **無機**　② **生体**
③ **基質**　④ **生成物**
(2) **基質特異性**　(3) **A**
(4) **失活する**　(5) **最適pH**
(6) **ウ**

解き方 (6) 酸性の胃液の中で働くペプシンの最適 pH は約 2。アルカリ性の腸内で働くトリプシンの最適 pH は約 8 ～ 9。

18 (1) **ア**　(2) **ウ**
(3) **b**

解き方 基質濃度が高くなると各酵素分子が生成物をつくってから次の基質と結合するまでの時間が短くなるので反応速度が大きくなる。すべての酵素分子が基質と結合している(飽和)状態になるとそれ以上は反応速度は大きくならない。
(3) 酵素濃度を 2 倍にすると反応速度も 2 倍になる。飽和になる基質濃度は変わらない。

テスト対策 酵素の性質

① **基質特異性**がある。
② **最適温度・最適pH**がある。
③ 基質濃度が高くなるとある程度までは反応速度は大きくなるが，すべての酵素が働いた状態では一定となる。

19 (1) ⑤→②
(2) $2H_2O_2 \longrightarrow 2H_2O + O_2$
(3) **カタラーゼ**
(4) **酸化マンガン(Ⅳ)**

解き方 (1) ①，③は発生しない。④はほとんど発生しない。②と⑤は同じ濃度の過酸化水素水であるが，問いでは発生量をくらべるので⑤＞②となる。
(2) 発生した気体は酸素である。
(3)(4) 細胞内にあるカタラーゼと無機触媒の酸化マンガン(Ⅳ)は，同じ触媒作用を示す。

20 (1) ③，⑤
(2) **a 液…タンパク質　b 液…補酵素**

解き方 セロハン膜のような半透膜を通して溶液の成分を分離する操作を透析という。透析をすると遊離しやすい低分子化合物である補酵素が b に出て，高分子化合物のタンパク質部分が a に残る。両者は混ぜると再び結合し，酵素活性を示す。補酵素は比較的熱に強いが，a のタンパク質部分は熱に弱く，煮沸されると失活する。

21 (1) **アロステリック酵素**
(2) **(負の)フィードバック調節**

解き方 最終生成物が反応系の初期段階の酵素作用を調節する場合，これをフィードバック調節といい，初期反応を止めて反応生成物のでき過ぎを防ぐ場合を特に負のフィードバック(調節)という。アロステリック酵素にはこのような働きをするものが多い。

5章 呼吸と発酵

基礎の基礎を固める！ の答　➡本冊 p.60

❶ 代謝　❷ 同化
❸ 異化　❹ 呼吸
❺ ATP　❻ 解糖系
❼ ピルビン酸　❽ 2
❾ クエン酸回路　❿ 2
⓫ 電子伝達系　⓬ NADH
⓭ H^+[水素イオン]　⓮ ATP 合成酵素
⓯ 酸化　⓰ 6
⓱ 6　⓲ 乳酸菌
⓳ ピルビン酸　⓴ NADH
㉑ 酵母　㉒ エタノール

テストによく出る問題を解こう！ の答　➡本冊 p.61

22 (1) **代謝**
(2) **反応：b…光合成　c…呼吸**
細胞小器官：b…葉緑体　c…ミトコンドリア
(3) **b…同化　c…異化**　(4) **ATP**

解き方 生体内で起こる化学反応全体を代謝といい，同化と異化に大別される。同化は光合成や窒素同化に見られるように，簡単な物質から生体物質を合成する過程でエネルギーを必要とする。異化は呼吸や発酵に見られるように生体物質を簡単な物質に分解する過程で，エネルギーが発生する。

23 (1) **A…ATP[アデノシン三リン酸]**
B…ADP[アデノシン二リン酸]
(2) **a…アデニン　b…リボース**
c…リン酸

(3) **高エネルギーリン酸結合**

(4) **呼吸，光合成，発酵**

解き方 (1)(2) リボースにアデニンが結合したものをアデノシンといい，これにリン酸が2個結合したものを**アデノシン二リン酸(ADP)**，リン酸が3個結合したものをアデノシン三リン酸(ATP)という。

(3) ATPやADP分子内のリン酸どうしの結合を高エネルギーリン酸結合という。

(4) デンプンの消化はアミラーゼ(酵素)による反応で，ATPのエネルギーは必要としない。

テスト対策 ATP

ADP＋リン酸＋エネルギー→ATP

ADP＝アデノシン＋P＋P

ATP＝アデノシン＋P＋P＋P

（↑ ↑ 高エネルギーリン酸結合）

ATPは**エネルギーの通貨**ともよばれる。

24 イ，ウ

解き方 呼吸は有機物を段階的に酸化してゆっくりとエネルギーを取り出し，効率的にATPを合成する過程。燃焼は酸素を使って有機物を急速に分解する過程で，多量の熱と光を出す。

25

(1) **A…解糖系　B…クエン酸回路**
C…電子伝達系

(2) **A…細胞質基質**
B…ミトコンドリアのマトリックス
C…ミトコンドリアの内膜

(3) **a…ピルビン酸**
b…アセチルCoA[活性酢酸]
c…クエン酸

(4) **X…NAD^+　Y…FAD**

(5) ① **脱水素酵素**　② **脱炭酸酵素**
③ **ATP合成酵素**

(6) **C**

(7) $C_6H_{12}O_6 + 6O_2 + 6H_2O \longrightarrow 6CO_2 + 12H_2O +$ **(最大)38ATP**

解き方 (4) 脱水素酵素の補酵素には，NAD^+，$NADP^+$，FADがあるが，呼吸で働くのはNAD^+とFADである。このなかでも，おもに働くのはNAD^+である。

(7) 呼吸で生成するATPは，以前は38ATPとなっていたが，現在では「最大38ATP」と記載するようになっている。これはATPを生成するときにエネルギーロスがあることがわかってきたからである。

テスト対策 呼吸

グルコースを酸素を使ってCO_2とH_2Oに分解する。グルコース1分子から最大**38ATP**生成。

細胞質基質	解糖系	2ATP生成
ミトコンドリア	クエン酸回路	2ATP生成
	電子伝達系	最大34ATP生成 酸素を消費

呼吸の反応式

$$C_6H_{12}O_6 + 6O_2 + 6H_2O \longrightarrow 6CO_2 + 12H_2O + \text{最大}\mathbf{38ATP}$$

26

(1) ① **ミトコンドリア**
② **ATP**

(2) **a…呼吸　b…アルコール発酵**

(3) **エタノール，二酸化炭素**

(4) $C_6H_{12}O_6 \longrightarrow 2C_2H_5OH + 2CO_2 + \mathbf{2ATP}$

解き方 酵母は，真核生物の子(し)のう菌類の一種で，ミトコンドリアをもち，酸素を使って呼吸をする。酸素のない条件下では呼吸のかわりにアルコール発酵によってATPをつくることができるが，同じ量の呼吸基質(グルコース)から生成できるATPの量は大きく減少する。酸素のある条件下ではミトコンドリアは発達し，酸素のない条件下ではミトコンドリアは発達しない。

27

(1) **乳酸菌**

(2) **細胞質基質[サイトゾル]**

(3) **細胞質基質[サイトゾル]**

解き方 (1) 乳酸発酵を行うのは乳酸菌である。

(2) 原核生物である乳酸菌は呼吸の場であるミトコンドリアをもたない。乳酸発酵は細胞質基質で行われる。

(3) 解糖は酸素を用いない異化の1つで，動物の筋肉の細胞などの細胞質基質で起こる。

28 (1) ウ　(2) イ，エ　(3) ア
(4) ア，イ，ウ　(5) ア，エ

解き方　アは解糖系の反応で，呼吸と発酵に共通の反応，イは酵母が行うアルコール発酵，ウは呼吸(酵母は酸素があると呼吸を行う)，エは乳酸発酵と解糖(同じ反応)を示す反応式である。
ピルビン酸…$C_3H_4O_3$，エタノール…C_2H_5OH(またはC_2H_6Oと表記)，乳酸…$C_3H_6O_3$

6章 光合成と化学合成

基礎の基礎を固める！ の答　➡本冊 p.65

❶ クロロフィル　❷ カロテン
❸ 赤　❹ 活性化
❺ 電子　❻ 水[H_2O]
❼ 酸素[O_2]　❽ 電子伝達
❾ H^+[水素イオン]　❿ ATP 合成
⓫ ATP　⓬ NADPH
⓭ チラコイド　⓮ カルビン
⓯ 6
⓰ シアノバクテリア
⓱ バクテリオクロロフィル
⓲ しない　⓳ 化学合成

テストによく出る問題を解こう！ の答　➡本冊 p.66

29 (1) ① 炭酸　② 二酸化炭素
③ 化学　④ 葉緑体
(2) a…チラコイド　b…ストロマ

解き方　(1)　光合成は，太陽の光エネルギーを使って，二酸化炭素と水から有機物をつくる過程で，光エネルギーを化学エネルギーに変換する過程ということになる。

30 (1) エ
(2) 薄層クロマトグラフィー
(3) ① カロテン
② クロロフィル a
③ クロロフィル b
(4) ②　(5) ①

解き方　(2)　ろ紙を使用すればペーパークロマトグラフィーであるが，TLC シートを使っているのでこの実験は薄層クロマトグラフィー。
(3)(4)　緑葉がもつ光合成色素はおもにクロロフィルa，クロロフィルb，カロテン，キサントフィルの4つで，ペーパークロマトグラフィーでも薄層クロマトグラフィーでも移動速度が最も速いのはカロテン。クロロフィルはaのほうがbより速い。反応中心となるのはクロロフィルaである。

31 (1) B
(2) C…電子伝達系
D…カルビン回路
(3) E…チラコイド
F…ストロマ
(4) ① 水　② 酸素　③ ADP
④ ATP　⑤ NADPH
⑥ 二酸化炭素
(5) $6CO_2 + 12H_2O +$ 光エネルギー
$\longrightarrow C_6H_{12}O_6 + 6H_2O + 6O_2$

解き方　(1) Aは光化学系Ⅱ，Bは光化学系Ⅰを示している。ⅡとⅠは反応の順番どおりではないことに注意。
(2)(3) Dの回路状になっている反応系は，カルビン回路である。この回路の反応は葉緑体のストロマの部分で行われる。
(4)　チラコイド膜で光エネルギーを利用して③ADPから④ATPが合成されるしくみを光リン酸化という。まず光エネルギーによって光化学系Ⅱから飛び出した電子が光化学系Ⅰに向かって電子伝達系(タンパク質複合体)を通過するときに出るエネルギーで，H^+がチラコイド内に汲み入れられる。内外の濃度差に従ってH^+がストロマに流出するが，そのときチラコイド膜を貫通しているATP合成酵素を通過すると，この酵素が働いてATPがつくられる。

テスト対策　光合成

光合成の場は葉緑体である。
光合成の4段階
① 光エネルギーの捕集(光化学系Ⅱ，Ⅰ)
　クロロフィルの活性化，電子の放出
② 水の分解
③ ATPの生成(**光リン酸化**)とNADPHの生成
④ 二酸化炭素の固定(カルビン回路)

32 (1) **シアノバクテリア**
(2) **バクテリオクロロフィル**
(3) **紅色硫黄細菌，緑色硫黄細菌**など
(4) **硫黄**　(5) **化学合成細菌**

解き方　(2)(3)(4)　光合成細菌は，光合成色素として植物のクロロフィルとは異なるバクテリオクロロフィルをもち，硫化水素から得た水素を使って二酸化炭素を還元している。反応の結果，硫黄が生成され，酸素は放出されない。

$$6CO_2 + 12H_2S + \text{光エネルギー} \longrightarrow C_6H_{12}O_6 + 6H_2O + 12S$$

入試問題にチャレンジ！の答

➡本冊 *p.68*

1 (1) ① **リン脂質**　② **能動**　③ **受動**
(2) **流動モザイクモデル**
(3) **取り込み…K^+　排出…Na^+**
(4) **ATP**
(5) **細胞外から細胞内へ**
(6) **ホルモン，抗原**など

解き方　(2)　リン脂質二重層にタンパク質分子がはまり込んでいるが，固定的なものではなく，リン脂質分子も膜タンパク質も互いの間を動き回ることができ，流動モザイクモデルという。

(3)(4)　ナトリウムポンプでは，ATPのエネルギーを利用した能動輸送が行われ，濃度勾配に逆らって，細胞内からNa^+を細胞外に排出するとともに，細胞外のK^+を細胞内に取り入れている。

(5)　ナトリウムチャネルが閉じた状態では，ナトリウムポンプの働きによってNa^+の濃度は細胞内より細胞外のほうが高くなっており，ナトリウムチャネルが開くと細胞内にナトリウムイオンが流れ込む。

(6)　細胞膜上に存在する受容体タンパク質には，ホルモン(ペプチドホルモン)の受容体，リンパ球のT細胞の表面に存在し抗原情報を受容するT細胞受容体(TCR)などがある。

2 ① **カルボキシ**
② **水**　③ **1**
④⑤ **αヘリックス，βシート**(順不同)
⑥ **リボース**　⑦ **アデニン**　⑧ **3**

解き方　ATPは，アデノシン(塩基アデニンに糖の一種リボースが結合したもの)に，3個のリン酸が結合した化合物である。

3 (1) **細胞質基質[サイトゾル]**
(2) **クエン酸回路**
(3) **フィードバック調節**
(4) **活性部位以外の部分に物質が結合することによって酵素の活性に変化が生じること。**
(5) ① **下図**　② **下図**

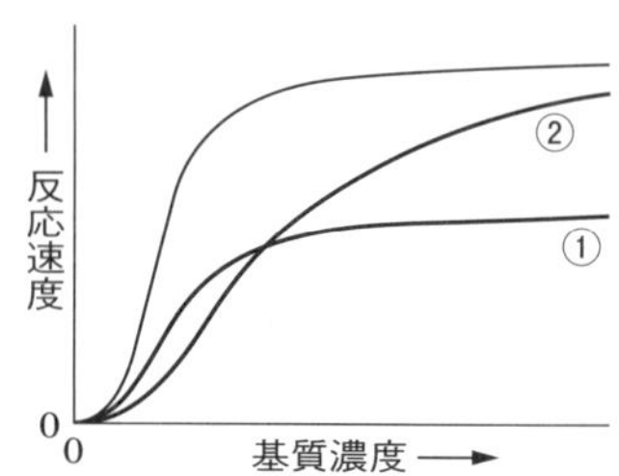

解き方　(3)(4)　この例では解糖系酵素の1つホスホフルクトキナーゼがアロステリック酵素で，解糖系の産物であるATPの濃度が一定以上高いと活性を阻害され，解糖系を抑制して基質の消費を抑えるしくみになっている。

(5)　①酵素反応の最大速度は，すべての酵素が常に酵素－基質複合体を形成している状態と考えると，酵素量が半分になると各基質濃度で反応速度も半分になり，最高速度も半分で止まる(反応速度でなく生成物量ならば最終的な量は酵素量にかかわらず同じ)。

②アロステリック酵素は活性部位を複数もつものが多く，基質濃度－反応速度曲線はS字型となる。

4 (1) **右図**
(2) **A…水**
B…電子
C…電子伝達系
[タンパク質複合体]
D…ATP
E…カルビン
(3) **クロロフィルに吸収され，光合成に用いられる光はおもに赤色光と青紫色光であるから。**

ストロマ　チラコイド

解き方 (2) ②光エネルギーによってクロロフィルが活性化され，生じた電子のエネルギーからATPが合成されるこのしくみを光リン酸化という。

3編 遺伝情報の発現と発生

1章 DNAとその複製

基礎の基礎を固める！の答 ➡本冊 *p.71*

❶ ヌクレオチド　❷ 糖
❸ 塩基　❹ A
❺ G　❻ 二重らせん
❼ DNAヘリカーゼ　❽ T
❾ G　❿ DNAポリメラーゼ
⓫ プライマー　⓬ 半保存
⓭ 3′　⓮ 3′
⓯ リーディング　⓰ ラギング
⓱ DNAポリメラーゼ[DNA合成酵素]
⓲ 岡崎フラグメント　⓳ DNAリガーゼ

テストによく出る問題を解こう！の答 ➡本冊 *p.72*

1
(1) ヌクレオチド
(2) a…ウ　b…ア　c…オ
(3) ① T　② A　③ G　④ C
(4) ア… 5′　イ… 3′

解き方 (1)(2) DNAを構成する単位はヌクレオチドである。ヌクレオチドは糖(デオキシリボース)とリン酸と塩基からなる。塩基にはA(アデニン)，T(チミン)，C(シトシン)，G(グアニン)の4種類がある。
(3) ヌクレオチドの塩基は，AとT，GとCが互いに相補的であり，この組み合わせで水素結合をつくり結合する。
(4) デオキシリボースは，$C_5H_{10}O_4$で示される五炭糖で，5つの炭素原子は問題の図2で酸素原子Oから時計回りに番号がつけられ，塩基cと結合する炭素が1′で，順に2′，3′，4′，5′番の番号がつけられている。そこでリン酸と結合しているアの炭素が5′，次のヌクレオチドのリン酸と結合するイの炭素が3′となる。

2
(1) 二重らせん構造
(2) DNAヘリカーゼ
(3) プライマー
(4) DNAポリメラーゼ[DNA合成酵素]
(5) 半保存的複製

解き方 (2) ヘリカーゼは，ヘリコプターやタンパク質の二次構造のαヘリックスと同じようにらせんや回転に由来する酵素名。

(3)(4) DNA ポリメラーゼ(DNA 合成酵素)は，何もないところから新しいヌクレオチド鎖を合成できないため，ほどけたもとのDNA鎖のうちの合成の起点となるところに，新しい鎖のもとになる短いヌクレオチド鎖(プライマー)をつける必要がある。このプライマーはふつう，新しいDNAが合成された後に除去される。

(5) もとのDNAのヌクレオチド鎖が鋳型となって，新しい鎖が合成される。新しい2つのDNA分子は，それぞれ2本鎖のうちの1本がもとのDNAの2本鎖の一方であることから，これを半保存的複製といい，次の**3**の問題のような実験を行ったメセルソンとスタールが発見した。

3 (1) **DNAの二重らせんが重い窒素を含むヌクレオチド鎖1本と軽い窒素を含むヌクレオチド鎖1本からなるため。**

(2) **中間の重さのDNA…$\frac{1}{4}$**

軽いDNA…$\frac{3}{4}$

(3) **0 : 1 : 511**

解き方 (1) はじめの重いDNAは，2本のヌクレオチド鎖とも^{15}N-DNAでできている(^{15}N-^{15}N-DNA)。新しく培地から取り入れた窒素は^{14}Nであるから，新しくできる鎖は^{14}N-DNAとなり，合成されたDNAは^{15}N-^{14}N-DNAとなり，中間の重さのDNAとなる。

(2)(3) 2回目の分裂では，

^{15}N-^{15}N-DNA : ^{15}N-^{14}N-DNA : ^{14}N-^{14}N-DNA
=0 : 1 : 1 となる。

3回目の分裂では，

^{15}N-^{15}N-DNA : ^{15}N-^{14}N-DNA : ^{14}N-^{14}N-DNA
=0 : 1 : 3 となる。

n回目の分裂では，

^{15}N-^{15}N-DNA : ^{15}N-^{14}N-DNA : ^{14}N-^{14}N-DNA
=0 : 1 : $2^{n-1}-1$ となる。

4 (1) **DNAポリメラーゼ[DNA合成酵素]**

(2) ① **ラギング鎖** ② **リーディング鎖**

(3) **岡崎フラグメント**

(4) **プライマー**

(5) ⑤ **3′末端** ⑥ **5′末端**

⑦ **5′末端** ⑧ **3′末端**

解き方 (1) DNAポリメラーゼ(DNA合成酵素)は，ヌクレオチド鎖にヌクレオチドを結合させてヌクレオチド鎖を伸ばしていく酵素。このほか複製にはDNAの二重らせんをほどく**DNAヘリカーゼ**や短いヌクレオチド鎖どうしをつなぎ合わせるのりの役目をする酵素**DNAリガーゼ**が働いている。

(2)(3)(5) DNAポリメラーゼは，3′末端にしかヌクレオチドをつなぐことができないので，一方の鎖(リーディング鎖)ではDNAがほどける方向に新しい鎖を伸ばすことができるが，もう一方の鎖(ラギング鎖)ではほどけるのと逆方向にしかDNAポリメラーゼが進まないので，断続的に短い1本鎖DNA(岡崎フラグメント)をつくって，これをDNAリガーゼでつなぎ，2本鎖DNAを合成している。

(4) プライマーは，DNAの複製の開始点となるもとのDNA鎖と相補的な塩基配列をもった短いヌクレオチド鎖である。PCR法(→7章)でDNAを複製するときにも使用する。

テスト対策 **DNAの複製**

半保存的複製…2本鎖のうち1本は複製されるもとのDNAのもの。メセルソンとスタールが発見。

- DNAの複製に働く酵素
  - **DNAポリメラーゼ**…DNA合成酵素
  - **DNAヘリカーゼ**…二重らせんをほどく
  - **DNAリガーゼ**…ヌクレオチド鎖どうしをつなぐ
- **プライマー**…新しいヌクレオチド鎖の合成の起点となる短いヌクレオチド鎖。
- **リーディング鎖**…もとのDNAの2本鎖の開裂が進むのと同じ方向へ新しいヌクレオチド鎖を合成していける側の鎖。
- **ラギング鎖**…不連続に合成される側の鎖。
- **岡崎フラグメント**…ラギング鎖側で断片的に合成される比較的短い鎖。

2章 遺伝情報の発現

基礎の基礎を固める！ の答 ➡本冊 *p.76*

❶ RNA　❷ リボース
❸ ウラシル
❹ mRNA［伝令 RNA］
❺ tRNA［転移 RNA］
❻ rRNA［リボソーム RNA］
❼ アンチセンス［鋳型］
❽ センス　❾ GUAGUA
❿ 転写　⓫ イントロン
⓬ エキソン　⓭ エキソン
⓮ スプライシング　⓯ 核膜孔
⓰ リボソーム　⓱ 3
⓲ トリプレット　⓳ コドン
⓴ アミノ酸　㉑ 翻訳
㉒ tRNA［転移RNA］　㉓ アンチコドン
㉔ ニーレンバーグ　㉕ スプライシング
㉖ 転写　㉗ 翻訳

テストによく出る問題を解こう！ の答 ➡本冊 *p.77*

5 (1) ヌクレオチド　(2) リボース
(3) アデニン，シトシン，グアニン，ウラシル
(4) ① mRNA　② rRNA　③ tRNA

解き方　(1)～(3)　DNA と同様，RNA の構成単位もヌクレオチドであるが，DNA のヌクレオチドと RNA のヌクレオチドでは，糖がデオキシリボースからリボースに，塩基が T から U（ウラシル）に変わるなどの点で相違する。
(4)　①は DNA の情報を転写した伝令 RNA，②はリボソームを構成するリボソーム RNA，③はアミノ酸を運搬する転移 RNA，である。

テスト対策　DNA と RNA の違い

	DNA	RNA
糖	デオキシリボース	リボース
塩基	A・T・G・C	A・U・G・C
構造	二重らせん構造	一本鎖
役割など	遺伝子の本体 半保存的複製	タンパク質合成に働く。mRNA，tRNA，rRNA

6 (1) A…DNA
B…RNAポリメラーゼ
C…mRNA　D…リボソーム
E…ペプチド鎖
(2) B…ア　D…ウ

解き方　大腸菌などの原核生物では，ふつうスプライシングが行われず，転写と翻訳が同じ場所で行われる。DNA の情報を転写した mRNA に，すぐにリボソームが付着して翻訳が行われる。
(2)　B の RNA ポリメラーゼから伸びる mRNA は合成されて DNA から離れていくので，転写はアの方向に，D のリボソームが合成するペプチド鎖（タンパク質）は左のもののほうが長くなっているので，左のほうが翻訳が進んだもの，すなわちウの方向に進むと考えられる。

7 (1) A…転写　B…スプライシング
C…翻訳
(2) ① DNA　② mRNA
③ リボソーム　④ tRNA
⑤ アミノ酸
⑥ ペプチド鎖
(3) イントロン

解き方　真核生物では，核内で遺伝子の転写が行われ mRNA 前駆体が合成される。この mRNA 前駆体の塩基配列には翻訳されるエキソンの部分と，翻訳されないイントロンの塩基配列がある。スプライシングの過程でイントロンの部分が除去されて mRNA となる。mRNA は核膜孔から出て細胞質の部分に移動する。すると，リボソームが付着して翻訳が行われる。リボソームは，tRNA が運んできたアミノ酸を次々とペプチド結合させてタンパク質をつくる。

テスト対策　真核生物の遺伝情報の発現のしくみ

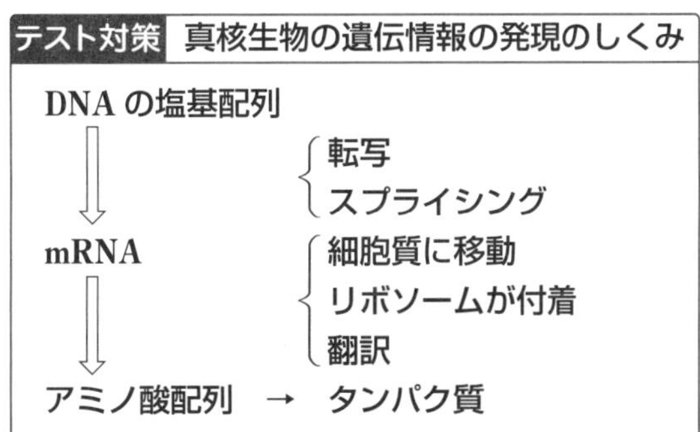

8 ①…**GUG**　②…**UGU**　③…**UGG**

解き方 UG をくり返す mRNA には，UGU と GUG のコドンがあり，一方がバリン，もう片方がシステインを指定することがわかる。UGG をくり返す mRNA には，UGG，GGU，GUG のいずれかのコドンがある。それぞれどれかがバリン，グリシン，トリプトファンを指定するが，最初の実験と共通しているコドンとアミノ酸を探すと，GUG とバリンが共通しているので，GUG がバリンを指定するとわかる。これにより，UGU がシステインを指定し，UGG と GGU がグリシンとトリプトファンのいずれかを指定するとわかる。

9 (1) **CCUGAGGAGGGGUGA**
(2) **プロリン・グルタミン酸・グルタミン酸・グリシン**
(3) **プロリン・バリン・グルタミン酸・グリシン**
(4) **置換**
(5) **遺伝子突然変異**
(6) **99個**
(7) **3456通り**

解き方 (2) (1)の mRNA の最後のコドン UGA は終止コドンのため，対応するアミノ酸がない。

(6) 塩基3個で1個のアミノ酸を指定するが，終止コドンは翻訳されないため，最大で，

$$\frac{300}{3}-1=99\text{個}$$

(7) 6×6×4×2×6×2＝3456通り

3章 形質発現の調節

基礎の基礎を固める！ の答　➡本冊 *p.81*

❶ ジャコブ　❷ 構造
❸ 調節　❹ 調節タンパク質
❺ プロモーター　❻ オペレーター
❼ ヒストン　❽ ヌクレオソーム
❾ 基本転写因子　❿ プロモーター
⓫ 調節タンパク質　⓬ 選択的遺伝子発現
⓭ (細胞)分化　⓮ ハウスキーピング

テストによく出る問題を解こう！ の答　➡本冊 *p.82*

10 (1) ① **受精卵**　② **ゲノム**
③ **分化**　④ **構造遺伝子**
⑤ **調節遺伝子**
(2) **調節タンパク質**

解き方 1つの受精卵が体細胞分裂をくり返してできた多数の細胞は，すべて同じゲノムをもっている。しかし，発生が進むにつれて，それぞれの細胞で異なる遺伝子が働くようになる。

遺伝子の働きを調節する遺伝子を調節遺伝子といい，調節遺伝子からつくられた調節タンパク質がほかの遺伝子の働きを促進または抑制している。

11 (1) **a…調節遺伝子**
b…プロモーター
c…オペレーター
d…構造遺伝子
(2) **RNA ポリメラーゼ[RNA 合成酵素]**
(3) **リプレッサー**
(4) **ジャコブ，モノー**

解き方 ジャコブとモノーは大腸菌について，関連する反応の酵素群をつくる遺伝子群は DNA 上に連続して存在しており，この連続して存在し，まとめて転写される遺伝子群をオペロンと名付け，遺伝子の働く単位であると提唱した。この考え方をオペロン説という。

(3) オペレーターに結合することで酵素を合成する遺伝子の転写を止める調節タンパク質をリプレッサー(抑制物質)という。

12 ① 転写　② mRNA
③ 基本転写因子　④ プロモーター
⑤ 転写調節領域　⑥ 転写調節因子
⑦ 離れた　⑧ 調節遺伝子

解き方　①はRNAポリメラーゼが始めるとあるので転写。⑤は調節タンパク質が結合することで構造遺伝子の転写を調節する領域だが，真核生物では，原核生物のオペレーターとは異なり，DNA上でプロモーターや構造遺伝子から離れた位置に存在することが多い。

テスト対策　遺伝子の転写調節

- 調節に関するDNAの領域
  ① **プロモーター**　転写の起点
  原核細胞…RNAポリメラーゼが結合。
  真核細胞…RNAポリメラーゼと基本転写因子が結合。
  ② **オペレーター**　調節タンパク質が結合。
  原核細胞…プロモーターと隣接。
  ③ **転写調節領域**　調節タンパク質が結合。
  真核細胞…構造遺伝子(転写領域)やプロモーターの近くにも，離れた場所にも存在する。
- **調節タンパク質(調節因子)**…DNAの特定の領域(オペレーターや転写調節領域)に結合して遺伝子の転写を調節。
  リプレッサー…遺伝子発現の抑制に働く。
- **基本転写因子**…RNAポリメラーゼとともにプロモーターに結合して転写を開始させる。
- **調節遺伝子**…これが転写・翻訳されることで調節タンパク質が合成される。

13 (1) 選択的遺伝子発現
(2) (細胞)分化
(3) ウ
(4) ① ア　② オ

解き方　選択的遺伝子発現により，細胞が特定の形態と働きをもつようになることを分化(細胞分化)という。眼の水晶体を構成するタンパク質は透明なクリスタリンである。また，小腸の細胞で発現しマルトースの分解に働く酵素をマルターゼという。

4章 動物の配偶子形成と受精

基礎の基礎を固める! の答　➡本冊 *p.85*

❶ 精巣　❷ 精原細胞
❸ 一次精母細胞　❹ 二次精母細胞
❺ $2n$　❻ n
❼ 精細胞　❽ 精子
❾ 核　❿ 鞭毛
⓫ 卵巣　⓬ 卵原細胞
⓭ 一次卵母細胞　⓮ 二次卵母細胞
⓯ 第一極体　⓰ n
⓱ 卵　⓲ 第二極体
⓳ 先体　⓴ 表層
㉑ 受精膜　㉒ 星状体

テストによく出る問題を解こう! の答　➡本冊 *p.86*

14 (1) ① 一次精母細胞　② 精細胞
③ 二次卵母細胞　④ 卵
⑤ 第一極体　⑥ 第二極体
(2) A…精巣　B…卵巣
(3) b，f
(4) 精子…4個　卵…1個

解き方　(3) 染色体数が半減するのは，減数分裂の第一分裂終了時なので，一次精母細胞から二次精母細胞ができるとき，一次卵母細胞から二次卵母細胞ができるときである。

テスト対策　動物の配偶子形成の特徴

精子…1個の一次精母細胞から**4個の精子**が形成される。
卵…1個の一次卵母細胞から**1個の大きな卵**が形成される(ほか3個は小さな**極体**)。

15 a…頭　b…中片　c…尾
d…先体　e…核　f…中心体
g…鞭毛

解き方　核は精子の頭部にある。先体の部分には酵素などが含まれ，中片部には鞭毛運動に使われるATPを供給するミトコンドリアがある。

16 (1) ① オ　② ア　③ イ　④ カ
⑤ ク　⑥ キ　⑦ ケ

(2) 右図

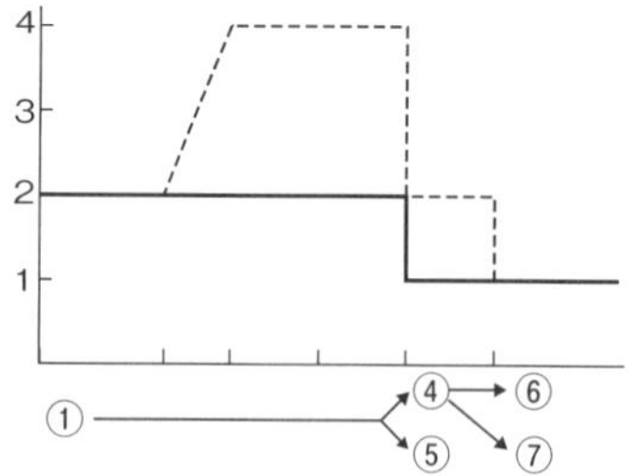

解き方 (1) 卵原細胞は体細胞分裂をくり返した後，一次卵母細胞となり，減数分裂の第一分裂で二次卵母細胞と第一極体となる。二次卵母細胞は，第二分裂で卵と第二極体となる。

(2) 染色体の数はDNAが複製されても変わらず，減数分裂第一分裂が終わって相同染色体が娘細胞に分配された際に半減する。

17 (1) a…精子　b…卵(黄)膜
c…(卵の)細胞膜　d…先体突起
e…表層粒　f…受精膜
g…受精丘　h…星状体

(2) 卵核…n
融合核…$2n$

(3) 胚の保護，ほかの精子の進入を防ぐ

解き方 (1) 精子が卵のまわりにあるゼリー層に達すると，先体が破れて内容物を放出する。すると精子の頭部からアクチンフィラメントの束がでてきてd先体突起をつくる。この一連の反応を先体反応という。

(2) 卵核(n)と精子の精核(n)が合体したものを融合核という。核相は$2n$(複相)である。

(3) 受精膜には，発生初期の胚を保護するとともに，ほかの精子の進入を妨げる働きがある。

5章 卵割と動物の発生

基礎の基礎を固める！の答

➡本冊 p.90

❶ 卵割　❷ 卵黄
❸ 等黄卵　❹ 全割
❺ 両生類　❻ 端黄卵
❼ 盤割(ばんかつ)　❽ 全割
❾ 胞胚　❿ プルテウス幼生
⓫ 原腸　⓬ 胞胚腔
⓭ 原腸　⓮ 原口
⓯ 外胚葉　⓰ 内胚葉
⓱ 全割　⓲ 神経胚
⓳ 神経板　⓴ 胞胚腔
㉑ 中胚葉　㉒ 内胚葉
㉓ 原腸　㉔ 卵黄栓
㉕ 脊索　㉖ 腸管
㉗ 神経管　㉘ 体節
㉙ 側板　㉚ 脊索

テストによく出る問題を解こう！の答

➡本冊 p.91

18 ① 卵黄　② 等黄卵　③ 端黄卵
④ 小さ　⑤ 大き　⑥ 全割
⑦ 盤割(ばんかつ)

解き方 卵黄は粘り気が強く，卵黄の量が多いと卵割が妨げられる。

テスト対策 卵の種類と卵割様式

種類	大きさ	卵黄の量	卵割	例
等黄卵	小	少ない	全割	ウニ
端黄卵	大	多い	全割	カエル
	非常に大	非常に多い	盤割	鳥類
心黄卵	小	多い	表割	昆虫

19 (1) e→b→a→f→c→d

(2) c…原腸胚期
d…プルテウス幼生期
f…胞胚期

(3) ア…中胚葉[二次間充織]
イ…原腸　ウ…原口
エ…内胚葉　オ…外胚葉
カ…胞胚腔

(4) 卵の種類…等黄卵
卵割様式…全割

20 (1) c→a→e→b→d

(2) a…原腸胚初期　d…神経胚後期
e…原腸胚後期

(3) ア…原口　イ…神経板
ウ…胞胚腔　エ…神経管
オ…脊索　カ…腸管
キ…体節　ク…側板
ケ…原腸　コ…卵黄栓

(4) 卵の種類…端黄卵
卵割様式…全割

解き方　原腸胚と神経胚は，背中側に神経板が形成されていく段階で区分される。板状の神経板があるのが神経胚初期，神経板に溝ができ神経溝ができたときが神経胚中期，神経管が内部に陥入したときが神経胚後期である。

21
(1) 横断面図
(2) a…神経管
b…神経堤細胞[神経冠細胞]
c…脊索　d…腸管
e…表皮　f…体節
g…腎節　h…側板
(3) 外胚葉…a，b，e
中胚葉…c，f，g，h
内胚葉…d
(4) ① g　② a　③ a　④ h
⑤ d　⑥ f　⑦ f

解き方　心臓は左右の側板の下部が合わさった部分にできる。側板の上側から腎節が分離し，腎節からは腎臓ができる。

22
(1) 尾芽胚
(2) a…脳　b…脊索　c…脊髄
d…腸管　e…心臓　f…肝臓
g…卵黄
(3) b，e　(4) a，c　(5) オ

解き方　(5) 横断面図の背中側から順に何があるかを考えるとよい。

23
(1) c，e，i，k
(2) b，h，j，l，m，o
(3) a，d，f，g，n
(4) ア…毛　イ…表皮　ウ…真皮
(5) ア…外胚葉　イ…外胚葉
ウ…中胚葉

テスト対策　3胚葉からの器官形成

外胚葉→表皮・神経・眼などの感覚器官
中胚葉→筋肉・脊椎骨・血管・腎臓・真皮
内胚葉→消化器官・呼吸器官

6章 発生と遺伝子の調節

基礎の基礎を固める！の答　➡本冊 p.96

❶ 局所生体
❷ 原基分布[予定運命]
❸ 形成体[オーガナイザー]
❹ 誘導　❺ 動物
❻ 外　❼ 内
❽ 中胚葉誘導　❾ 神経管
❿ 眼杯　⓫ 脊索
⓬ 水晶体　⓭ 角膜
⓮ BMP　⓯ 表皮
⓰ 形成体[オーガナイザー]
⓱ タンパク質　⓲ 神経
⓳ 神経誘導　⓴ 母性効果遺伝子
㉑ ビコイド　㉒ 前後軸
㉓ ギャップ　㉔ 分節
㉕ ホメオティック

テストによく出る問題を解こう！の答　➡本冊 p.97

24
(1) 局所生体染色法
(2) 原基分布図[予定運命図]
(3) a…神経域　b…表皮域
c…脊索域　d…体節域
e…側板域　f…内胚葉域
g…予定原口
(4) 外胚葉域…a，b
中胚葉域…c，d，e
内胚葉域…f

解き方　(1) フォークトは，生体に無害な色素をしみ込ませた小さな寒天片をイモリの胞胚の各部に密着させることで染色し，その部分が将来，何になるかを調べた。この染色法を局所生体染色法という。局所生体染色法の結果をまとめて原基分布図(予定運命図)を作成した。
(3) gは，将来原口ができる位置を示している。
(4) 動物極側が外胚葉域，植物極側が内胚葉域，その間が中胚葉域となる。

25
(1) a，b，d
(2) b…セグメント(・)ポラリティ遺伝子
d…ペア(・)ルール遺伝子

(3) a→d→b→c　(4) c
(5) アンテナペディア突然変異体

解き方 ショウジョウバエの発生過程において，母性効果遺伝子であるビコイド遺伝子やナノス遺伝子が胚の前後を決定した次に働くのがギャップ遺伝子である。ギャップ遺伝子は胚の前後軸にそって特定の領域で発現する約10種類の遺伝子であり，aのように胚を大まかに区画化する。次に働くのがペア・ルール遺伝子である。dのように胚の中で7本の縞状に発現し，胚をより細かく区画化する。次に働くのがセグメント・ポラリティ遺伝子であり，bのように体節の特定の位置で14本の縞状に発現し，体節の前後を決める働きがある。ギャップ遺伝子，ペア・ルール遺伝子，セグメント・ポラリティ遺伝子の3種類は分節遺伝子とよばれ体節の決定に働く。そして，分節遺伝子の働きで形成された各体節に特定の構造を形成させるのがホメオティック遺伝子であり，cのような領域で発現する。ホメオティック遺伝子が突然変異を起こして，からだのある部分だけが別の部分に換わるような突然変異をホメオティック突然変異といい，通常1対であるはねが2対になるバイソラックス突然変異体や触角の位置に脚を生じるアンテナペディア突然変異体などがある。

26 (1) (中胚葉)誘導　(2) ノーダル
(3) 脊索，体節，腎節，側板のうち3つ

27 (1) 原口背唇(部)　(2) 神経誘導
(3) c…BMP
d…ノギン，コーディン
(4) ① 阻害　② 促進

解き方 (1)(2) 原口背唇部は，接する外胚葉を神経に誘導する神経誘導の働きをしている。このように誘導作用をもつ部分を形成体(オーガナイザー)という。
(3)(4) 近年の研究によると，アニマルキャップの部分の細胞は，自らBMPを放出するとともに，これを細胞表面の受容体で受容することで表皮への分化を引き起こす遺伝子を活性化し，表皮へと分化する。しかし，原口背唇部は，BMPの誘導作用を阻害する物質であるノギンなどのタンパク質を放出して，原腸陥入時に自らが接する外胚葉域の表皮への分化を阻害して神経への分化を誘導していることがわかった。

28 (1) a…眼杯　b…水晶体
c…角膜　d…網膜
(2) 眼杯が水晶体を誘導，
水晶体が角膜を誘導
(3) 形成体[オーガナイザー]
(4) 誘導の連鎖　(5) 原口背唇(部)

解き方 原口背唇部が外胚葉から神経管を誘導すると，神経管は脳と脊髄に分化し，脳から眼胞が伸びてくる。眼胞は眼杯となって表皮から水晶体を誘導し，自らは網膜に分化する。水晶体は表皮から角膜を誘導する。

このように誘導が連続して起こることによって器官が形成されることを誘導の連鎖という。

テスト対策 誘導の連鎖による眼の形成

外胚葉 → 神経管 → 眼胞 → 眼杯 ⇨ 網膜
↑ 誘導（原口背唇部 ⇩分化 脊索）
眼杯 ↓ 誘導 → 表皮 → 水晶体
水晶体 ↓ 誘導 → 表皮 → 角膜

29 (1) a…ビコイドタンパク質
b…ナノスタンパク質
c…ビコイドmRNA
d…ナノスmRNA
(2) 母性効果遺伝子
(3) ホメオティック遺伝子

解き方 (1)(2) 受精前の卵の細胞質にすでに含まれている調節因子を母性因子といい，この物質をつくる遺伝子を母性効果遺伝子という。卵形成のときにビコイドmRNAと，ナノスmRNAが母親から未受精卵内に移動する。このとき卵の前部にはビコイドmRNAが，後部にはナノスmRNAが局在することになる。これらのmRNAが翻訳され，受精卵の前部にはビコイドタンパク質，後部にはナノスタンパク質が多くつくられるが，もととなったmRNAよりは分布が広がり，この濃度勾配に従ってからだの前後軸ができていく。

(3) ホメオティック遺伝子は，からだの各部の形成にかかわる遺伝子で，体節ごとにどの遺伝子が働くかを決めていて，からだの前部から後部にかけての体節の順番と同じ順番で染色体上に並んでいる。ホメオティック遺伝子が本来働くべき部位と異なる部位で発現すると，アンテナペディア(触角の位置に脚が生じる)，バイソラックス(本来1対であるハエのはねが2対生じる)などのからだの構造がほかの部位と置きかわるホメオティック突然変異とよばれる突然変異が起こる。

7章 遺伝子を扱う技術

基礎の基礎を固める！ の答　➡本冊 *p.102*

❶ **遺伝子組換え**　❷ **プラスミド**
❸ **制限酵素**　❹ **DNA リガーゼ**
❺ **ベクター**　❻ **トランスジェニック**
❼ **PCR**　❽ **1本**
❾ **プライマー**
❿ **DNA ポリメラーゼ[DNA 合成酵素]**
⓫ **鋳型**　⓬ **鋳型**
⓭ **相補的**　⓮ **DNA**
⓯ **マイナス[負，－]**
⓰ **ヒトゲノム計画[ヒトゲノムプロジェクト]**
⓱ **一塩基多型[SNP]**
⓲ **オーダーメイド**

テストによく出る問題を解こう！ の答　➡本冊 *p.103*

30 (1) **プラスミド**
(2) **A…制限酵素　B…DNA リガーゼ**
(3) **遺伝子組換え**
(4) **アミノ酸**
(5) **ベクター**

解き方 (1) 大腸菌などの細菌は，染色体DNA(染色体といっても真核細胞のようにヒストンに巻き付いてはいない)のほかに小さな環状のDNAをもっている。これをプラスミドという。プラスミドは細菌どうしの遺伝情報の交換に用いられている。病院などで複数の抗生物質に耐性をもつ多剤耐性菌が発生することがあるが，1つの細菌に複数の突然変異が起こることで多剤耐性菌が生じる確率は現実的に起こりえないほど低い。薬剤耐性の遺伝情報をもつプラスミドを細菌どうしが交換することで形質転換が起こり，多剤耐性菌が生じると考えられている。
(2) 遺伝子組換えには，はさみの働きをする酵素の制限酵素と，DNA 鎖どうしをつなぐのりの働きをする DNA リガーゼが使われる。
(3) 遺伝子組換えをしたプラスミドを細胞内に入れて発現させる操作全体も遺伝子組換えという。
(4) インスリンはタンパク質なので，その材料はアミノ酸である。

31 ① **動物**　② **動物**　③ **植物**
④ ○

解き方 ① 哺乳類の受精卵では，受精後，卵の核と精子の核が融合する前に，精子の核に組換えDNAを注入することでトランスジェニック動物をつくることができる。
②③ 動物ではウイルス，植物では植物に感染する細菌のアグロバクテリウムをベクターとして用いて遺伝子導入することが多い。
④ GFP は緑色蛍光タンパク質の略称で，目的の遺伝子と一緒に *GFP* 遺伝子をベクターに組み込んで遺伝子組換えを行うことで，目的の遺伝子が導入された細胞を見分けることができる。

32 (1) **PCR 法**　(2) **プライマー**
(3) **DNA ポリメラーゼ[DNA 合成酵素]**
(4) **90℃以上でも失活しないこと。**
(5) **10回**

解き方 約90℃になるとDNAの2本鎖が分かれて1本鎖となり，温度を下げてそれぞれの1本鎖を鋳型としてDNAポリメラーゼに2本鎖のDNAを複製させる。もととなるDNAと材料となるヌクレオチド，DNAポリメラーゼとプライマーを最初に入れると，あとは温度を上下させるだけでDNAを短時間で増幅することができる。この方法を **PCR 法**(ポリメラーゼ連鎖反応法)という。
(2) PCR 法に使用されるプライマーは，DNA の複製起点となる1本鎖の短い DNA 断片である。
(4) 多くの酵素は60℃以上では失活してしまう

が，超好熱菌から高温に強いDNAポリメラーゼが発見され，広くPCR法に使われている。

(5) 1サイクルで2倍に増幅されるので10サイクルで$2^{10}=1024$倍となり，1000倍に達することになる。

33 (1) **プライマー** (2) **電気泳動**
(3) **短いDNA鎖**

解き方 まずDNAポリメラーゼを使ってRCR法と同様にしてDNAを増幅する。このときDNAの材料として加えるヌクレオチド(ヌクレオシド三リン酸)の中に糖としてデオキシリボースでなくジデオキシリボースをもつものを少量入れておくと，それを取り込んだところで合成が止まるため，さまざまな長さをもったDNA断片ができる。ジデオキシリボースのヌクレオチドにA，T，C，Gに対応する4種類の蛍光色素をつけておくと，合成されたDNA断片は端に蛍光色素をもつことになる。このDNA断片を電気泳動法によって，断片の長さごとに分類し，その断片の端についている4種類の蛍光色素の色を自動的に塩基配列を解析する機械(シーケンサー)で読み取って，DNAの塩基配列を読み取る。

(1) PCR法で用いたのと同じように，複製したい塩基配列の3′側に存在する部分に相補的な塩基配列をもつプライマーを使用する。

(3) 電気泳動用のゲルは網目状構造をもっているので，移動するとき長いDNA断片は引っかかって移動しにくく，短い断片は移動しやすい。一塩基対数の大きさの違いでも電気泳動では区別できる。

34 (1) **46分子**
(2) **ヒトゲノム計画**
[ヒトゲノムプロジェクト]
(3) 塩基対…**30億** 遺伝子…**2万**
(4) **エキソン** (5) **一塩基多型[SNP]**

解き方 (1) 1本の染色体は1分子の2本鎖DNAからできているので，46本の染色体をもつヒトが細胞内にもつ2本鎖DNAは46分子。

(2)(3) ヒトゲノム計画では，約30億あるヒトの塩基配列がすべて解読され，約20500個の遺伝子があることが推定された。これはそれまで広く考えられていた数より少ない数であった。

(4) ヒトの遺伝子の中でタンパク質のアミノ酸配列を指定している部分であるエキソンは，全塩基配列の2％以下であることがわかった。

(5) 個人による塩基配列の差を一塩基多型(SNP)といい，ヒトでは約1000塩基に1箇所の割合で存在する。数にすると200万個以上あるとされる。

35 ① **DNAマイクロアレイ**
② **オーダーメイド医療**
③ **RNAシーケンシング**
④ **ノックダウン**
⑤ **DNA型鑑定**

解き方 ① DNAマイクロアレイではがんの原因遺伝子の発現を調べることができる。

④ 目的の遺伝子を改変する技術をノックイン，目的の遺伝子の発現を失わせる技術をノックアウト，DNA自体は操作せずに，目的の遺伝子の発現を減少させる技術をノックダウンという。

入試問題にチャレンジ！の答 ➡本冊 *p.106*

1 ① **DNAヘリカーゼ**
② **DNAポリメラーゼ[DNA合成酵素]**
③ **リーディング** ④ **ラギング**
⑤ **岡崎フラグメント**

解き方 複製起点では，DNAヘリカーゼにより2本鎖DNAが解離する。このとき，2本鎖間で水素結合が切断され，1本鎖となったヌクレオチド鎖はそれぞれが鋳型となる。鋳型鎖に相補的なヌクレオチドが結合し，DNAポリメラーゼによりヌクレオチドどうしが結合することで，新たなヌクレオチド鎖が合成される。このDNAの複製において，DNAが開裂する方向と同じ方向に複製が進行する側をリーディング鎖，開裂方向とは逆向きに岡崎フラグメントが合成される側をラギング鎖という。ラギング鎖はDNAリガーゼによりつなげられる。

2 (1) ① **デオキシリボース**
② **RNAポリメラーゼ**
[RNA合成酵素]
③ **リボース** ④ **ウラシル**
⑤ **原核細胞** ⑥ **核**
(2) **tRNA[転移RNA，運搬RNA]：タンパク質の材料となるアミノ酸をリボソームまで運ぶ**

rRNA[リボソームRNA]；タンパク質とともにリボソームを構成する成分となる

解き方 (1) ⑤その後に出てくる真核細胞でのスプライシングと対比して考える。

3 **エ**

解き方 大腸菌の遺伝子の転写調節のしくみで，RNAポリメラーゼが結合するのはプロモーター，調節タンパク質が結合するのはオペレーターである。

4 (1) **a…S期**　**b…中期**　**c…終期**
d…間期
(2) **⑫**
(3) **16通り**
(4) **染色体の乗換え，④**

解き方 (1) 細胞周期はG_1(DNA合成準備期)，S(DNA合成期)，G_2(分裂準備期)，M(分裂期)の期間に分けられる。M期以外の時期(G_1～G_2期)が間期である。
(2) 精子は減数分裂を完了した精細胞が変化してできるので⑫。なお，哺乳類の卵は，減数分裂の第一分裂が終了した段階(二次卵母細胞)で一旦止まり，第二分裂中期に受精するので⑨である。
(3) $2n=8$の生物は，相同染色体を4組もっていることになり，その組み合わせは2^4となる。
(4) 減数分裂における，生物の遺伝子の組み合わせを増やすしくみには，相同染色体が娘細胞に分かれていくことと，遺伝子の組換えがある。遺伝子の組換えは第一分裂の前期の染色体の乗換えによって起こる。

5 (1) ① **配偶子**　② **精原細胞**
③ **一次精母細胞**　④ **精細胞**
⑤ **卵原細胞**　⑥ **一次卵母細胞**
(2) **無性生殖でできる子は，親と同一の遺伝子組成をもつ。**

解き方 (1) 合体して新個体をつくる生殖細胞を配偶子という。
(2) 無性生殖は，親のからだの一部から新個体ができるので，子の遺伝的組成が親と同じクローンである。

6 (1) ① **内胚葉**　② **中胚葉**
③ **外胚葉**
(2) **e**
(3) **b**
(4) ⑤ **b**
⑥ **c**
(5) **右図**

解き方 (1) ①～③は順不同ではなく，③から表皮になる部分があること，②から神経管の腹側に沿って細長い棒状の組織(⑤脊索)が形成されるという記述から特定される。
(5) 中期原腸胚であるから，胞胚腔がもとの半分程度左側に残っているように描く必要がある。

7 (1) **a…DNA**　**b…ゲノム**
c…組換え　**d…プラスミド**
e…制限　**f…DNAリガーゼ**
g…PCR　**h…高温**
(2) **X…30**　**Y…60**
(3) **23%**

解き方 (2) Xの精子に含まれるゲノム数は1ゲノムであるので，30億塩基対である。また，Yのヒトの精原細胞は体細胞であるので，2ゲノムである。したがってYは60億塩基対となる。
(3) アデニンが27%ならチミンも27%で，残りをグアニンとシトシンが同量ずつ占めるので
$(100-27\times 2)\div 2=23$%

8 (1) **ヌクレオチド**
(2) **2本鎖DNAの水素結合を切って2本の1本鎖DNAに解離させるため。**
(3) **ヒトなどの一般的なDNAポリメラーゼは高温で失活するのに対して，高温でも失活しない。**

解き方 (1) PCR法でDNAを増幅するには，DNAの材料であるヌクレオチド，増幅の開始点を指示するプライマー，そしてDNAポリメラーゼを入れる必要がある。

(2) 90℃に温度を上げると，2本鎖それぞれを構成する結合はそのままで2本鎖の塩基どうしをつなぐ水素結合が切れ，2本の1本鎖DNAに分かれる。

(3) 2本鎖DNAが分離する高温でも失活しないDNAポリメラーゼを使えば，最初に材料を入れたあとは温度の上下をくり返すだけでDNAを大量に増幅することができる。

4編 生物の環境応答

1章 刺激の受容

基礎の基礎を固める！ の答 ➡本冊 p.111

❶ 受容器　❷ 適刺激
❸ 網膜[視細胞]　❹ コルチ器[聴細胞]
❺ 感覚　❻ 大脳
❼ 感覚　❽ 大脳[中枢神経系]
❾ 運動　❿ 効果器
⓫ 錐体細胞　⓬ 桿体(かんたい)細胞
⓭ 黄斑　⓮ 上昇
⓯ 暗順応　⓰ 明順応
⓱ 収縮　⓲ ゆるみ
⓳ 厚く　⓴ 外耳道
㉑ 鼓膜　㉒ (外)リンパ
㉓ コルチ器　㉔ 大
㉕ 中枢

テストによく出る問題を解こう！ の答 ➡本冊 p.112

1
① 適刺激　② 味覚芽[味蕾(みらい)]
③ 感覚　④ 大脳
⑤ 運動　⑥ 効果器

2
(1) a…水晶体　b…チン小帯
c…毛様体[毛様筋]　d…網膜
e…黄斑　f…視神経
g…盲斑　h…桿体細胞
i…錐体細胞
(2) ア
(3) ① i　② h　③ g　④ e
(4) 暗いところから急に明るいところに出ると，初めはまぶしいが，しだいに慣れてふつうに見えるようになる現象。
(5) ① ゆるむ　② 後退
③ 緊張する　④ 薄く

解き方 (2) 視神経は網膜からいったん眼球の内側を通り，盲斑から眼球の外に出て脳へとつながるので，図2で視神経が左側にあるということは，左側がガラス体側である。

テスト対策　視細胞の種類と特徴

錐体細胞…吸収する波長のピークが異なる３種類の細胞があり**色を見分ける**。明るいところで働く。**黄斑部に集中**。
桿体細胞…明暗だけを感じる。**弱光下でも働く**。黄斑の周辺部に多く分布。

3　(1) A…黄斑　B…盲斑
(2) a…桿体細胞　b…錐体細胞
(3) b

解き方　(1)　網膜の視軸の中心は黄斑となっている。少し離れたところにあるのが盲斑である。
(2)(3)　錐体細胞には，青錐体細胞(青色光を最もよく吸収する)・緑錐体細胞(緑色光を最もよく吸収する)・赤錐体細胞(緑錐体細胞よりやや長波長＝赤色寄りに吸収のピークがある)の３種類があり，それぞれの光の吸収に応じた興奮の度合いによって色を見分けることができる。

4　(1) a…エ　b…イ　c…カ　d…オ　e…ウ　f…ケ　g…キ
(2) e
(3) A…半規管　B…前庭　C…コルチ器
(4) A…ウ　B…エ　C…イ

解き方　音の刺激は，外耳(a耳殻，b外耳道)では空気の振動，c鼓膜を経て中耳(d耳小骨)では固体の振動，内耳(eうずまき管)は液体(外リンパ液)の振動として伝わり，g基底膜が振動することでコルチ器の聴細胞がおおい膜と接触して興奮し，その興奮がf聴神経を通じて大脳皮質の聴覚中枢に伝わって聴覚が成立する。
(4)　前庭はうずまき管のつけ根近くにあり，からだの傾きを感じる。半規管は，直交する半円形の管３本からなっており，加速度(回転方向)を受容する。

テスト対策　音の伝達経路

音波➡耳殻→外耳道→**鼓膜**→**耳小骨**→**うずまき管**の外リンパ液(前庭階→うずまきの中央から折返し→鼓室階)→基底膜→**コルチ器**の**聴神経**が興奮→大脳の**聴覚中枢**→聴覚の成立

2章　ニューロンと神経系

基礎の基礎を固める！の答　➡本冊 p.115

❶ ニューロン[神経細胞]
❷ 細胞体　❸ 軸索
❹ 有髄神経繊維　❺ 無髄神経繊維
❻ 感覚　❼ 静止
❽ 活動　❾ 伝導
❿ 伝達　⓫ 神経伝達物質
⓬ 跳躍伝導　⓭ 速
⓮ 間脳　⓯ 脊髄　⓰ 大脳
⓱ 間脳　⓲ 延髄　⓳ 中脳
⓴ 小脳　㉑ 灰白質　㉒ 脊髄

テストによく出る問題を解こう！の答　➡本冊 p.116

5　(1) a…細胞体　b…樹状突起
c…軸索　d…ランビエ絞輪
e…神経終末　f…髄鞘
g…神経鞘
(2) 有髄神経繊維　(3) アセチルコリン

解き方　(2)　神経繊維には有髄神経繊維と無髄神経繊維があるが，髄鞘が軸索を取り巻いているかどうかで判断する。問題図では，軸索を取り巻く髄鞘が見られるので有髄神経繊維。

6　(1) ① 負[−]　② 正[＋]　③ 静止
④ 正[＋]　⑤ 負[−]　⑥ 活動
⑦ 興奮　⑧ 活動　⑨ 両
⑩ 伝導　⑪ 神経伝達物質
⑫ 伝達　⑬ 一方向
(2) b　(3) 閾値
(4) アセチルコリン，ノルアドレナリン

解き方　(4)　神経伝達物質には，運動神経や副交感神経から分泌されるアセチルコリンや，交感神経から分泌されるノルアドレナリンなどがある。

テスト対策　膜電位

静止時…細胞膜の**内側が負**(−)，**外側が正**(＋)。
興奮時…**内側が正**(＋)，**外側が負**(−)となり，**活動電流**が**両方向**に流れる。

7 ① 脊髄　② 12　③ 31
④ 末梢　⑤ 体性　⑥ 自律
⑦ 副交感

解き方　脳神経は脳から出ている末梢神経，脊髄神経は脊髄から出ている末梢神経で，これらがその働きによって体性神経系（感覚神経と運動神経）と自律神経系（交感神経と副交感神経）に分けられる。

8 (1) A…大脳　B…間脳　C…小脳
D…中脳　E…延髄
(2) ① D　② B
(3) B，D，E
(4) a…灰白質，ア
b…白質，イ
(5) 新皮質　(6) 脳梁

解き方　(1)　脊椎動物では，神経管の前端は脳，後方は脊髄に分化する。脳はさらに大脳・間脳・中脳・小脳・延髄に分化する。
(2)　①無意識のうちに筋肉を調整して行う姿勢保持は，中脳の働きである。
②自律神経や内分泌の中枢は間脳にある。
(3)　大きな膨らみとなっている大脳と小脳以外の**間脳・中脳・延髄**は無意識下で呼吸など生命維持にかかわる働きの中枢で，まとめて脳幹とよばれる。
(4)　大脳の外側を大脳皮質といい，ニューロンの細胞体が集まって灰色をしているので灰白質という。内側を大脳髄質といい，神経繊維が集まって白く見えるので白質という。
(5)　感覚野や運動野があるのは，ヒトの場合大脳皮質の大部分を占める新皮質である。辺縁皮質の部分は原始的な脳で，本能的な行動や感情に基づく行動の中枢である。
(6)　左右の大脳半球はそれぞれ独自に機能しており，脳梁で情報をやりとりすることで一個体として統制のとれた行動をすることができる。

9 (1) a…背根　b…腹根
c…灰白質　d…白質
(2) イ　(3) 反射弓

解き方　(2)　a背根を通るのは感覚神経。Aで切断すると，アを刺激しても中枢にも筋肉にも興奮は伝わらない。

テスト対策　大脳と脊髄の灰白質と白質の配置

大脳 { 皮質；灰白質…細胞体の集合
　　　髄質；白質……神経繊維の集合
脊髄 { 皮質；白質……神経繊維の集合
　　　髄質；灰白質…細胞体の集合

3章 効果器とその働き

基礎の基礎を固める！ の答

➡本冊 p.119

❶ 平滑筋　❷ 骨格筋
❸ 横紋筋　❹ 単収縮
❺ 強縮　❻ 筋繊維
❼ 筋原繊維　❽ Z
❾ サルコメア［筋節］　❿ 暗帯
⓫ ミオシン
⓬ アクチン（⓫と⓬は順不同）
⓭ トロポミオシン　⓮ 阻害
⓯ アセチルコリン　⓰ 筋小胞体
⓱ カルシウム　⓲ ATP
⓳ 筋小胞体　⓴ クレアチンリン酸
㉑ リン酸

テストによく出る問題を解こう！ の答

➡本冊 p.120

10 (1) 横紋筋
(2) 骨格筋
(3) 筋原繊維

解き方　筋肉は，その構造から横紋筋と**平滑筋**に分けることができる。平滑筋は疲れにくい性質をもち消化運動を担う内臓筋として働き，横紋筋は素速く強く収縮することができる性質をもち，骨格筋と心筋がある。骨格筋は複数の細胞が融合してできた多核の筋繊維（筋細胞）からなる**随意筋**で，心筋は単核の筋繊維からなる**不随意筋**である。

テスト対策　筋肉の種類

骨格筋	横紋筋	随意筋	収縮力大
内臓筋	平滑筋	不随意筋	収縮力小
心筋	横紋筋	不随意筋	収縮力大

11 (1) **A…単収縮**　**B…完全強縮**
(2) **B**

解き方 (1) 骨格筋に刺激を加えると短い潜伏期の後1/20～1/10秒間の小さな収縮が起こる。これを単収縮という。この単収縮が終わり再び弛緩する前に次の刺激をくり返し加えると，収縮が大きくなる(強縮)。刺激を加えるくり返しの間隔を長くすると，単収縮が重なり合ったギザギザした収縮曲線となる(**不完全強縮**)。刺激を加えるくり返しの間隔をある程度以上に短くすると，持続的な強い収縮となり，これを**完全強縮**という。
(2) 骨格筋で起こる通常の収縮は強縮である。

12 **A…アクチンフィラメント**
B…ミオシンフィラメント
C…サルコメア[筋節]
D…Z膜
E…暗帯　**F…明帯**

解き方 筋肉は筋繊維(筋細胞)の集まった筋束からなる。筋繊維は多核の細胞でその細胞質は筋原繊維とよばれる繊維になっている。筋原繊維は，**明帯**と**暗帯**のくり返し構造をしている。明帯の中央部にある**Z膜**から次のZ膜までが，**筋収縮を行う単位構造**＝サルコメア(筋節)となっている。

13 (1) **A…アクチン**
B…ミオシン
(2) ① **ア**　② **ウ**　③ **コ**
④ **カ**　⑤ **オ**　⑥ **ク**

解き方 (2) ①運動神経からは神経伝達物質としてアセチルコリンが放出される。
②③アセチルコリンの刺激を受けると，筋肉の筋小胞体からカルシウムイオン(Ca^{2+})が放出される。
④⑤トロポミオシンは，アクチンフィラメントにある，ミオシンの頭部との結合部をブロックしている。

14 (1) ① **鞭毛**　② **発光器官**
③ **内分泌腺**　④ **外分泌腺**
⑤ **筋肉[骨格筋]**
(2) **精子**
(3) **ホタル**など
(4) **排出管**

解き方 ①ゾウリムシの繊毛やミドリムシの鞭毛も効果器の1つである。②ホタルの腹側の尾部には発光器官がある。③ホルモンをつくる腺を内分泌腺といい，ここでつくられたホルモンは血液を通じて全身に運ばれる。④外分泌腺は体外(消化管の中も体外にあたる)に直接分泌するための排出管をもっている。

4章 動物の行動

基礎の基礎を固める！ の答　➡本冊 *p.124*

❶ **生得的**　❷ **習得的**
❸ **定位**　❹ **慣れ**
❺ **知能行動[洞察学習]**　❻ **定位**
❼ **走性[光走性]**
❽ **聴覚空間地図**
❾ **太陽コンパス**　❿ **フェロモン**
⓫ **円形**　⓬ **8の字**
⓭ **(鉛直)上**　⓮ **慣れ**
⓯ **刷込み[インプリンティング]**
⓰ **古典的**　⓱ **オペラント**

テストによく出る問題を解こう！ の答　➡本冊 *p.125*

15 (1) **生得的行動**
(2) **習得的行動**
(3) ① **a**　② **b**　③ **b**　④ **b**

解き方 (3) 定位には，走性や太陽コンパスなどがあり，これは生まれながら備わっている行動やしくみである。それに対して，慣れや条件づけ，そして今までの経験をもとにして新たな状況に対してもより適切な行動をとろうとする知能行動は生後獲得する行動である。

16 (1) ① **走性**　② **フェロモン**
③ **太陽コンパス**
(2) **道しるべフェロモン**
(3) **A…8の字ダンス**　**B…円形ダンス**

解き方 (1) ①刺激源に対してからだごと決まった方向に移動する場合を**走性**という。からだの一部の場合は反射という。②個体間の情報伝達に使われる化学物質をフェロモンという。③ムクドリなどの**渡り**をする鳥は太陽や星座の位置を見て方角を知る定位を行っている。太陽の位置情報から行動の方向を定めることを**太陽コンパス**という。

(2) フェロモンには，性フェロモン，集合フェロモン，道しるべフェロモン，階級分化フェロモン(女王物質)などがある。

(3) ミツバチは，えさを見つけて巣にもどると，巣の中でダンスを行うことによってなかまにえさ場の方向と距離を知らせる。えさ場までの距離が80m以内のときは円形ダンス，80m以上では8の字ダンスをする。鉛直上方向に対してダンスの直進方向のなす角が，太陽とえさ場の方向とのなす角に等しい。また，えさ場までの距離は，円や8の字を描く速さによって示す(近いほど速い。遠いと疲れているのでダンスが遅くなり，円形が崩れて8の字になったのだとする説もある)。

17 (1) **かぎ刺激[信号刺激]**
(2) **腹部[下側]が赤いこと**
(3) **腹部がふくらんでいること**
(4) **固定的動作パターン[定型的運動パターン]**

解き方 イトヨの繁殖期における行動様式は遺伝的に決まっており，固定的動作パターンによる連続した一連の繁殖行動をする。かつてはこれを本能(による)行動とよんでいた。

イトヨはかぎ刺激を受け取るとその刺激の種類に応じて固定的動作パターンを行う。自分の縄張りにほかの雄が侵入すると攻撃行動を起こして縄張りから追い払おうとするが，イトヨとあまり似ていない模型に対しても，下側が赤ければ攻撃することから，腹部の赤さがかぎ刺激であることがわかる。また，産卵間近で腹部のふくらんだ雌については，産卵のためにつくった巣に招き入れて産卵を促し，雌が産卵した後で巣に入って放精するが，これらの一連の行動は，雄と雌の行動が互いに次の行動を引き起こすかぎ刺激となっていて，**固定的動作パターン**が決まった順番で連続的に起こったものと考えることができる。

18 (1) **太陽の方角**
(2) **ア**

解き方 ミツバチは巣板の面でダンスをするとき，鉛直方向とダンスの直進方向とのなす角で，太陽とえさ場の方向とのなす角をなかまに示している。太陽が南中しているときえさ場**A**は太陽と同じ方角にあるのでダンスの直進方向は鉛直方向になり(図2のa)，南西にあるえさ場**B**の場合，太陽から時計回りに45°ずれているので鉛直方向から時計回りに45°傾いた向きとなる(図2のb)。

(2) 太陽が45°西に進むと，太陽の方角とえさ場Bの方角が同じになるので，ダンスの直進方向は鉛直方向となる。

19 (1) **学習[習得的行動]** (2) **慣れ**
(3) **脱慣れ** (4) **鋭敏化**

解き方 (1)(2) 刺激に対して本来もっている反応(えら引っ込め反射)が消失するのは慣れとよばれ，学習(習得的行動)の1つである。

(3)(4) 慣れがリセットされ，再び刺激に対して反応するようになる。このような変化を**脱慣れ**といい，また，非常に強い刺激の後は**鋭敏化**して弱い刺激でも反応するようになる。慣れおよび脱慣れや鋭敏化では，反射が起こる神経経路のシナプスで伝達効率の変化が起こっている。

20 (1) **無条件刺激** (2) **条件刺激**
(3) **下線部 d …古典的条件づけ**
人物…パブロフ

解き方 (1) イヌの舌の上にえさを置くとだ液反射によってだ液を分泌する。このような反射を起こさせる刺激を無条件刺激という。

(2) (1)に対して，ベルの音はだ液反射と本来関係はない。無条件刺激と同時に与えることで反射を引き起こすようになる，このような刺激を条件刺激という。

(3) この実験を初めて行ったのはロシア(旧ソ連)のパブロフである。この実験を何度もくり返すと，イヌは大脳で無条件刺激と条件刺激の関連付けをする。この関連づけができると，条件刺激だけでだ液反射が起こるようになる。これを古典的条件づけという。

21 (1) **知能行動［洞察学習］**
(2) **刷込み［インプリンティング］**
(3) **オペラント条件づけ**
(4) **試行錯誤(による学習)**

解き方 (1) チンパンジーは過去の経験をもとにして棒をどのように使うことができるかを予想し，道具を使ってバナナを取る行動ができる。このように今までの経験によってより目的に合った行動をとることを**知能行動**(洞察学習)という。
(2) 刷込み(インプリンティング)という学習行動の1つで，生後の特定の時期にのみ成立するのが特徴である。
(3) はじめは偶然レバーを引いてえさを得るとしても，自分の行動と報酬とを関連づけて学習し，報酬を得られる行動を自発的にするようになる。このような行動をオペラント条件づけという。

5章 植物の生殖と発生

基礎の基礎を固める！ の答 ➡本冊 *p.129*

❶ 雄原細胞　❷ 花粉管核
❸ 胚のう　❹ 精細胞
❺ 卵細胞　❻ 極核
❼ 中央細胞　❽ 重複受精
❾ 幼芽　❿ 胚
⓫ 胚乳　⓬ 種皮
⓭ 種子　⓮ 光発芽種子
⓯ 促進　⓰ 抑制
⓱ P_R［Pr］　⓲ P_{FR}［Pfr］
⓳ アブシシン酸　⓴ ジベレリン

テストによく出る問題を解こう！ の答 ➡本冊 *p.130*

22 (1) A…サ　B…ケ　C…コ
D…キ　E…ウ　F…イ
G…ア　H…ス　I…エ
J…ク　K…オ　L…シ
(2) a，e
(3) a～c…葯(やく)　e…胚珠
(4) 精細胞…8個　卵細胞…1個

解き方 (1)～(3) 花粉は，おしべの葯(やく)の中の花粉母細胞が減数分裂して花粉四分子となり，花粉四分子が体細胞分裂して，4個の花粉となる。花粉は，花粉管細胞の中に雄原細胞が入れ子状態で入ったものである。
卵細胞は，めしべの胚珠の中にある胚のう母細胞が減数分裂して1個の胚のう細胞となり，これが3回分裂して，1個の卵細胞，2個の助細胞，3個の反足細胞，2個の極核を含む1個の中央細胞となる。これ全体を胚のうという。
(4) 1個の花粉母細胞から，4個の花粉ができ，1個の花粉から伸びる花粉管の中には2個の精細胞ができる。1個の胚のう母細胞からは1個の胚のう細胞ができる。これらから考える。

23 (1) ① 卵　② 胚
③ 中央　④ 胚乳
(2) 重複受精
(3) ② $2n$　④ $3n$

解き方 (3) ④の胚乳は，精細胞(n)と中央細胞(n，n)が融合してできるので，核相は$3n$である。

テスト対策　被子植物の重複受精

被子植物は，同時に2か所で精細胞の受精と融合が起こる**重複受精**を行う。重複受精は被子植物特有の受精方法である。
卵細胞(n)＋精細胞(n)→受精卵($2n$)
中央細胞(n，n)＋精細胞(n)→胚乳($3n$)

24 (1) a…種皮　b…胚乳
c…子葉　d…胚軸
e…幼根　f…胚
(2) 有胚乳種子
(3) 珠皮

解き方 (3) めしべの子房壁は発達して果皮となり，胚珠を包む珠皮は種皮となる。

25 (1) a…胚　b…糊粉(こふん)層
c…胚乳
(2) アブシシン酸
(3) ① ジベレリン　② アミラーゼ
(4) エ

解き方 (1)(3) 発芽条件がそろったことを胚で感知すると，胚はジベレリンを合成する。ジベレリンは**糊粉層**に働きかけて加水分解酵素であるアミラーゼの合成を促進する。アミラーゼは胚乳のデンプンをグルコースに分解して，胚が発芽するための呼吸基質を供給する。

(4) 発芽の条件は，**水**，**酸素**，**温度**の3つである。光発芽種子では，これに加えて赤色光が必要となる。

26 (1) **光発芽種子** (2) **フィトクロム**
(3) **赤色光の発芽促進作用を打ち消す**

解き方 (1) 発芽に光を必要とする植物を光発芽種子といい，タバコ，レタス，マツヨイグサなどがある。

(2) 光を受容するタンパク質はフィトクロムとよばれる。これにはP_R型(赤色光吸収型。Pr型とも書く)とP_{FR}型(遠赤色光吸収型。Pfr型とも書く)がある。P_R型は赤色光を吸収するとP_{FR}型となり，光発芽種子の発芽を促進する。P_{FR}型は遠赤色光を吸収するとP_R型にもどる。

(3) 図より，最後に赤色光を照射すると発芽し，遠赤色光を照射すると発芽しないことから，赤色光が発芽を促進し，遠赤色光は発芽を抑制することがわかる。

6章 植物の成長と反応

基礎の基礎を固める！ の答 ➡本冊 p.133

❶ 左 ❷ 正
❸ オーキシン ❹ らない
❺ 極性 ❻ AUX
❼ PIN
❽ インドール酢酸[IAA]
❾ 根 ❿ 低
⓫ 高 ⓬ オーキシン
⓭ 頂芽優勢 ⓮ ジベレリン
⓯ 促進 ⓰ 単為結実
⓱ エチレン ⓲ 促進
⓳ 離層 ⓴ 維持
㉑ 閉じる ㉒ フロリゲン

テストによく出る問題を解こう！ の答 ➡本冊 p.134

27 ア，ウ

解き方 ア…右側にオーキシンが移動して，右側の成長を促進するので左に屈曲する。

イ…オーキシンの右側への移動を雲母片が妨げるので屈曲しない。

ウ…右側にオーキシンが移動して，右側の成長を促進するので左に屈曲する。

エ…先端部がないためにオーキシンがつくられないので屈曲しない。

オ…途中の部分が上下逆に置いてあるので，極性移動するオーキシンは上の継ぎ目部分より下に移動できないから屈曲しない。

28 ① **ア** ② **カ** ③ **オーキシン**
④ **促進** ⑤ **抑制**
⑥ **負の重力屈性** ⑦ **正の重力屈性**

解き方 ④⑤ 茎はオーキシンに対する感受性が根とくらべて低いので，高濃度のオーキシンによって成長が促進される。

29 (1) **a**
(2) **ア**

解き方 **c**のAUXタンパク質が細胞内にオーキシンを取り込み，**d**のPINタンパク質が細胞内のオーキシンを排出するため，オーキシンは先端側から基部側へ極性移動をする。

30 (1) **A…ジベレリン**
B…オーキシン **C…エチレン**
(2) ① **縦** ② **横**

解き方 (1) 植物細胞は，細胞壁を取り巻くセルロース繊維によって締め付けられている。ジベレリンは，細胞壁の横方向にセルロース繊維を発達させる。植物細胞はセルロース繊維の取り巻く方向には成長しにくいので，ジベレリンが働くと，繊維のすき間が広がる縦方向に伸長する。

一方，オーキシンは細胞壁を緩めて細胞の吸水性を高め，細胞が成長するのを促進する働きをもつ。

(2) ジベレリンが作用した後にオーキシンを働かせると，細胞は縦方向に伸長する。

31 (1) ① オ　② ア　③ イ　④ ウ
⑤ エ
(2) ウ　(3) エ
(4) ウ　(5) ア

解き方 (4) 光発芽種子のレタスは，赤色光を照射しないと発芽しないが，ジベレリン処理をしておくと，赤色光を照射しなくても発芽する。

7章 花芽形成とその調節

基礎の基礎を固める！の答 ➡本冊 p.137

❶ クリプトクロム　❷ フォトトロピン
❸ フィトクロム　❹ 開口
❺ 閉鎖　❻ 光周性
❼ 長日植物　❽ 短日植物
❾ 中性植物　❿ 限界暗期
⓫ 光中断　⓬ 限界暗期
⓭ 葉
⓮ フロリゲン[花成ホルモン]
⓯ 師管
⓰ フロリゲン[花成ホルモン]
⓱ フロリゲン[花成ホルモン]
⓲ 花芽
⓳ 花弁　⓴ ホメオティック
㉑ ホメオティック　㉒ めしべ

テストによく出る問題を解こう！の答 ➡本冊 p.138

32 (1) ① 青色光　② フォトトロピン
③ カリウム
(2) アブシシン酸

解き方 フォトトロピンが青色光を受容すると，孔辺細胞にカリウムイオン(K^+)が流入して浸透圧が上昇し，吸水が起こる。その結果，孔辺細胞に膨圧が上昇し，気孔と反対側の細胞壁がより大きく湾曲し，気孔が開く。孔辺細胞がアブシシン酸を受容すると，孔辺細胞からカリウムイオンが流出し，浸透圧が低下し，排水が起こる。その結果，孔辺細胞の膨圧は低下して，気孔は閉じる。

33 (1) イ
(2) 限界暗期以上の連続した暗期を人工的に与えること。
(3) ②，④，⑤，⑥，⑧　(4) 葉
(5) フロリゲン[花成ホルモン]
(6) イ　(7) 師管

解き方 オナモミは典型的な短日植物で，短期間の短日処理により，花芽を形成する。
(3)(6)(7) ⑦では，⑧での環状除皮により，フロリゲン(花成ホルモン)が師管内を移動できないので，花芽が形成されない。

34 (1) 一定時間以上の連続した暗期[限界暗期以上の暗期]
(2) キク…短日植物
アブラナ…長日植物
(3) 光中断

解き方 (2) キクは，②のように連続した暗期が長いと花芽を形成し，①のように連続した暗期が短いと花芽を形成しないことから，短日植物とわかる。また，アブラナは，①のように連続した暗期が短いと花芽を形成し，②のように連続した暗期が長いと花芽を形成しないことから，長日植物とわかる。

テスト対策 長日植物と短日植物

長日植物…連続した暗期が限界暗期以下で花芽形成。
短日植物…連続した暗期が限界暗期以上で花芽形成。

35 (1) a…エ　b…ア　c…ウ
d…イ
(2) ア，エ
(3) エ，エ，イ，イ
(4) ホメオティック遺伝子

解き方 (2)(3) シロイヌナズナの花形成に関するABCモデルでは，次のようになる。
遺伝子 A の働く領域→がく片
遺伝子 C の働く領域→めしべ
遺伝子 $A+B$ の領域→花弁
遺伝子 $C+B$ の領域→おしべ
なお，遺伝子 A を欠く場合は，全領域で遺伝子 C が働き，遺伝子 C を欠く場合は全領域で遺伝子 A が働く。

入試問題にチャレンジ！の答　➡本冊 p.140

1 (1) ① **角膜**　② **水晶体**
③ **ガラス体**　④ **黄斑**　⑤ **錐体**
⑥ **桿(かん)体**　⑦ **緑**　⑧ **暗順応**

(2) **水晶体がカメラのレンズに相当する。**
網膜がフィルムやセンサー[撮像素子]に相当する。
虹彩がカメラのしぼりに相当する。など

(3) **脈絡膜，強膜**

(4) **視野の中心を見たい星からわずかにずらす。**

解き方 (1) 網膜に光が入射する経路は次の通り。
角膜→前眼房→水晶体→ガラス体→網膜

(2) 眼球は網膜と脈絡膜の境界にある黒色の色素層によってカメラと同様に暗箱になっている。水晶体はカメラのレンズに相当する。ピント調節は眼では水晶体の厚みを変えることで，カメラではレンズを前後させることで調節する。また，光を受容する網膜はカメラのフィルムに相当する。デジタルカメラではCCDなどの撮像素子に相当する。

(3) 網膜の外側にある**脈絡膜**は，血管が多く分布して，網膜に酸素と栄養を供給している。その外側には筋肉質で丈夫な**強膜**(白眼の部分)があり，眼球の形を保っている。

(4) 弱い星の光は黄斑部に多い錐体細胞では受容できない。しかし黄斑部の周辺に多く分布する桿体細胞は感度が高いので，星を観察するときは見たい星を凝視すると見えないが視軸を数度ずらすと見えるということが起こる。

2 (1) ① **アセチルコリン**　② **受容体**
③ **ミオシン**　④ **アクチン**

(2) **軸索は興奮の後，不応期があるのでその部分はすぐに興奮を起こせない。したがって，興奮の伝導がもどることはない。**

(3) **有髄神経繊維**
理由…有髄神経繊維は跳躍伝導するため興奮の伝導速度が速い。

(4) **神経伝達物質を分泌するシナプス小胞がシナプス前細胞末端側に，神経伝達物質を受け取る受容体はシナプス後細胞の側にしかないため。**

解き方 (1) 運動神経の神経終末から分泌される神経伝達物質はアセチルコリンである。筋肉細胞の細胞膜にはアセチルコリン受容体があり，ここにアセチルコリンが結合すると，筋小胞体から Ca^{2+} が放出されて筋収縮が起こる。

(2) 興奮が成立した部分Bでは，軸索の電位が逆転し，活動電流が流れ，興奮が両方向AとCに伝えられる，これがきっかけとなって両側が興奮する。先に興奮した部分Bは静止電位の状態にもどるまでの間，**不応期**となる。したがって，AからB，CからBに興奮が進むことはない。

(3) 有髄神経では，軸索のまわりをシュワン細胞などが厚く取り巻いた髄鞘が形成されている。この髄鞘には絶縁作用がある。軸索がむき出しになっている部分をランビエ絞輪といい，興奮はランビエ絞輪から次のランビエ絞輪へと飛び飛びに跳躍伝導するため無髄神経に比べて伝導が速い。なお，哺乳類の神経繊維の伝導速度は，神経繊維の太さにより異なるが，次の通りである。

無髄神経繊維の伝導速度…0.5～2.0 m/s
有髄神経繊維の伝導速度…12～120 m/s

3 **A…反射弓**　**B…受容器[感覚器]**
C…効果器　**D…筋紡錘**
E…白質　**F…灰白質**
G…背根　**H…腹根**

解き方 熱いやかんに手を触れて思わず手を引っ込めるのは**屈筋反射**，膝の関節のすぐ下をたたいたとき，足が跳ね上がるのは**膝蓋腱(しつがいけん)反射**である。これらの反射は中枢が脊髄にあり，**脊髄反射**とよばれる。脊髄反射では皮膚の受容器(膝蓋腱反射では筋紡錘)で受けた刺激は，感覚神経を通じて脊髄の背根から中枢の脊髄に伝えられ，脊髄の腹根から出る運動神経を通じて効果器に伝えられて反応する。この刺激の伝達経路を，反射弓という。

テスト対策　反射の経路

反射の中枢はおもに脊髄，延髄，中脳。

反射の興奮の経路…反射弓(脊髄反射の例)

刺激→受容器→感覚神経→背根→脊髄(中枢)→腹根→運動神経→効果器→反応

4 (1) ① **生得的行動**
② **習得的行動**
③ **走性**　④ **定位**
⑤ **正**　⑥ **負**　⑦ **羽化**
(2) **A…性フェロモン**
B…集合フェロモン

解き方 (1) 動物が生まれながらにもっている行動様式を生得的行動といい，遺伝的にプログラムされているので，その行動様式は変更できない。単純な生得的行動で刺激源に対してからだごと反応する場合を走性という。

(2) 昆虫などの動物は，同種の昆虫に対してからだから分泌する化学物質を使って情報を伝えることがある。これをフェロモンといい，繁殖期に同種異性の個体を誘引するフェロモンを**性フェロモン**という。

テスト対策 フェロモン

フェロモン…からだから分泌されて同種の他個体の行動に影響を与える化学物質。
- **道しるべフェロモン**…アリ，シロアリ
- **集合フェロモン**…ゴキブリ，アリ
- **性フェロモン**…カイコガ
- **女王物質**…ミツバチ，シロアリ

5 (1) ① **柱頭**　② **花粉管**
③ **雄原**　④ **精細胞**
⑤ **胚のう母細胞**　⑥ **2**
⑦ **3**　⑧ **反足細胞**
⑨ **卵細胞**　⑩ **極核**
(2) **種皮**

解き方 (1) 花粉では，花粉管細胞の中に雄原細胞が取り込まれて入っている。この花粉がめしべの柱頭に受粉すると，花粉管を伸ばすとともに，花粉管の中で雄原細胞は分裂して2個の精細胞となる。花粉管は子房の中にある胚珠の中の胚のうに達し，精細胞のうち1個は卵細胞と受精して受精卵となり，ほかの1個は中央細胞の2個の極核と融合して胚乳をつくる細胞となる。これを重複受精という。胚のうを構成する細胞のうち受精または融合の対象でないのは，2個の助細胞と3個の反足細胞である。

(2) 胚と胚乳は精細胞との重複受精でつくられるが，種皮はめしべの胚珠を包む珠皮が変化したもので母体の組織である。

6 (1) **頂芽優勢**
(2) **側芽の成長を抑制する物質が頂芽から分泌されている。オーキシンを投与しても同様の効果がある。**(45字)
(3) **オーキシンは側芽に投与しただけでは側芽の成長を抑制しない。**

解き方 (1) 頂芽からの物質の働きによって側芽の成長が抑制されることを頂芽優勢という。

(3) 頂芽で合成されたオーキシンが下降して側芽で別の情報に変換され，その情報が側芽の成長を抑制することで，頂芽優勢が維持される。

7 (1) ① **赤色光**　② **遠赤色光**
③ **最後**　④ **暗所**
(2) **光発芽種子**
(3) **オーキシン**

解き方 (1)(2) レタスなどの光発芽種子は最後に照射された光が赤色光の場合は発芽が促進され，遠赤色光では発芽が抑制される。

これにはフィトクロムというタンパク質が関係する。フィトクロムには P_R 型と P_{FR} 型があり，P_{FR} 型ができると発芽は促進される。P_R 型は赤色光で P_{FR} 型に変化し，P_{FR} 型は遠赤色光で P_R 型にもどる。したがって，最後に照射する光が赤色光のとき発芽する。

(3) 茎の伸長成長を促進するのはジベレリンとオーキシンであるが，その作用機構は異なる。ジベレリンは細胞壁を取り巻くセルロース繊維が横方向に発達するよう調節し，セルロース繊維の発達する方向に細胞壁は伸びにくいため，細胞は縦方向に成長しやすくなる。オーキシンは，セルロース繊維どうしの結びつきを弱めることで細胞壁をゆるめて細胞への吸水を促進し，細胞の成長を促す。

8 (1) ① **光周性**　② **中性植物**
③ **(連続した)暗期**　④ **限界暗期**
⑤ **葉**
⑥ **フロリゲン[花成ホルモン]**
(2) (i) **b，c，f**　(ii) **b**

解き方 (1) ①花芽形成などの生物の生命現象が日長の影響を受けることを光周性という。

②日長の影響を受けない植物を中性植物という。植物は，連続した暗期を葉で受容してフロリゲン(花成ホルモン)を合成し，これが師管を通じて運ばれることで，花芽形成を誘導する。フロリゲンとして働く物質として，シロイヌナズナではFT，イネではHd3aというタンパク質が知られている。

(2) (i)限界暗期が11時間の短日植物が花芽形成するのは，連続した暗期が16時間ある**b**，連続した暗期が12時間ある**c**，途中で光中断が入っているが，連続した暗期が12時間ある**f**である。(ii)限界暗期が13時間以下で花芽形成する長日植物が花芽形成できないのは，暗期が16時間の**b**である。

テスト対策　花芽形成と光周性

光周性…生物の生命活動が日長などの変化の影響を受ける現象。

- **長日植物**…連続暗期が一定以下で花芽形成
  ムギ，ホウレンソウ
- **短日植物**…連続暗期が一定以上で花芽形成
  コスモス，アサガオ，キク，オナモミ
- **中性植物**…日長が関係しない。
  ナス，キュウリ，トマト

5編 生態と環境

1章 個体群と相互作用

基礎の基礎を固める！ の答　➡本冊 *p.145*

❶ 個体群密度	❷ ランダム
❸ 成長曲線	❹ 環境収容力
❺ 密度効果	❻ 群生相
❼ 相変異	❽ 生命表
❾ 生存曲線	❿ 早死
⓫ 平均	⓬ 晩死
⓭ 齢構成	⓮ 年齢ピラミッド
⓯ 群れ	⓰ 縄張り[テリトリー]
⓱ 順位(制)	⓲ 競争
⓳ 捕食	⓴ 被食
㉑ 共生	㉒ 寄生

テストによく出る問題を解こう！ の答　➡本冊 *p.146*

(1) 成長曲線
(2) 環境収容力
(3) 右図
(4) 区画法

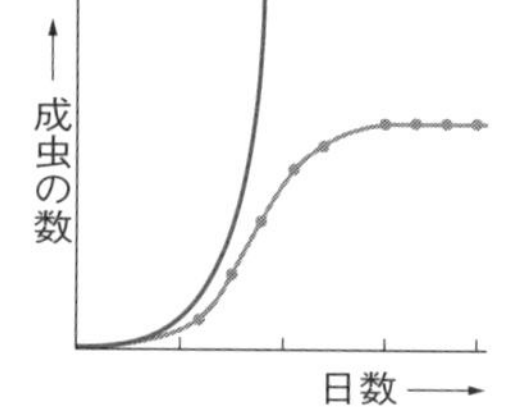

解き方　この問題では，個体数を測定するごとに飼育容器を入れ換えているので食物の不足や老廃物の増加，細菌の繁殖などはなく生活空間の不足がおもな抑制要因であったと考えられる。

2

(1) 生存曲線
(2) ① b，エ　② c，ウ　③ a，イ
(3) ① イ，エ　② ウ　③ ア，オ

解き方　ミツバチなどの社会性昆虫は幼時に巣の中で成虫の働きバチ(ワーカー)に保護されるため捕食による死や餓死が非常に少なく，病死や自然死も少ないため晩死型となる。早死型の場合，生後非常に早い段階で個体数が数百～数千分の1まで減少する。

3

(1) ① イ　② ア　③ エ　④ ウ
(2) ① c　② b　③ d　④ a

解き方 (2) b　ニワトリの群れでは，上位の個体が下位の個体を一方的につつく順位(制)((1)

の②，ア)の関係が見られる。

d　密植したダイズが成長するときには，光を巡る種内競争((1)の③，エ)によって，より上の方に葉を広げたものがより大きく成長し，日陰になったものは成長が遅れて枯れてしまうといったことが起こる。

テスト対策　種内関係

縄張り(テリトリー)…一定の生活空間の専有。食物や繁殖場所(および異性個体)の確保。
群れ…統一的な行動をとる。敵に対する防衛能力の向上，生殖の効率化。
順位(制)…無用の競争を避ける。
社会性昆虫…階級(カースト)分化。形態の特殊化。

4　(1) ① イ　② カ　③ オ　④ ウ　⑤ エ　⑥ ア
(2) ① a　② d　③ b　④ e　⑤ f　⑥ c

解き方　(2)　b　カイチュウ(回虫)は食物とともに卵がヒトなどの宿主の口から体内に入り，腸から血管，肺など体内を動き回りながら10mm以上に成長する細長い寄生虫(線形動物)。
c　ソバとヤエナリは草本植物で，混植すれば光をめぐる種間競争が起きる。
d　同じ川に一緒に生息する場合，イワナは水温の低い川の上流側に，ヤマメは水温の高い下流側へとすみわけが行われる。
e　カクレウオはナマコの腸内に隠れすむが，ナマコの側に利益はない。
f　アリはアリマキ(アブラムシ)をテントウムシなどの捕食者から守り，アリマキが出す糖分を含んだ液体を得る。

テスト対策　種間関係

種間競争…食物や光など生活のための資源を巡る競争。
捕食－被食の関係…食べる・食べられるの関係。→食物連鎖
共生 { **相利共生**…双方に利益がある。 / **片利共生**…一方に利益がある。 }
寄生…**寄生者**が利益を得，**宿主**に害を与える。

2章　生態系と物質生産・物質収支

基礎の基礎を固める！の答　➡本冊 *p.150*

❶ 非生物的環境　❷ 生産者
❸ 消費者　❹ 現存量
❺ 総生産量　❻ 総生産量
❼ 呼吸量　❽ 枯死量
❾ 摂食量　❿ 不消化排出量
⓫ 呼吸量　⓬ 被食量
⓭ 総生産量　⓮ 同化量
⓯ 同化量　⓰ 高
⓱ 光合成　⓲ 菌類
⓳ 分解者　⓴ 窒素同化
㉑ 窒素固定　㉒ 光
㉓ 化学　㉔ 熱

テストによく出る問題を解こう！の答　➡本冊 *p.151*

5　(1) C…被食量　U…不消化排出量
(2) ① 総生産量　② 純生産量
(3) C_0
(4) $G_2 + C_2 + D_2 + R_2$

解き方　(2)　Dは死滅量，Rは呼吸量。GとCにDだけ加えた②が純生産量でRも加えた①が総生産量。一次消費者と二次消費者を比較すると，一次消費者の呼吸量は二次消費者よりも多い。これは運動量の差と考えられている。また，一次消費者は繊維質を多く含む栄養価の低い植物を食べているため不消化排出量(糞)が多くなる。動物食の二次消費者はタンパク質や脂肪など栄養価の高いものを食べているため，不消化排出量が少ない。

テスト対策　生態系の物質収支

◎生産者
{ **純生産量＝総生産量－呼吸量**
成長量＝純生産量－(被食量＋枯死量) }

6　(1) ① 光　② 化学　③ 熱
(2) a…光合成　b…呼吸
(3) 一方向に移動して，生態系内を循環しない。

解き方 炭素や窒素などの元素，水などの物質は地球生態系を循環するが，エネルギーは太陽からの光エネルギーに始まり，地球生態系を一方向に流れるだけで最終的には熱エネルギーとして生態系外に放出されてしまい，循環しない。

テスト対策 物質とエネルギーの流れ

炭素や窒素などの**物質は循環するが，エネルギーは一方向に流れ，循環しない。**

7 (1) ① **総生産量** ② **純生産量**
③ **呼吸量** ④ **二次消費者**
⑤ **一次消費者** ⑥ **生産者**

(2) **0.1 %**

(3) **植物は被食量より被食されず枯死する量のほうがはるかに多く，動物の死滅量は植物の被食量の一部であるから。**

(4) **穀物を直接食料とする場合**

解き方 (2) 各栄養段階の被食量が11 %のとき，三次消費者では

$(0.11)^3 \times 100 = 0.1331$〔%〕

(4) 栄養効率が11 %とすると，栄養段階が1進むごとにその生物を食べて利用できるエネルギー量(有機物量)が約9分の1に減ってしまうということになる。

8 (1) **a…ア b…ウ**
c…イ

(2) **下図**

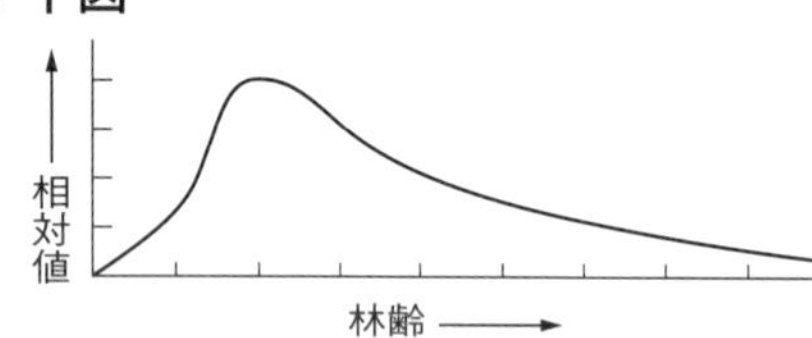

(3) **ウ**

(4) ① **総生産量** ② **呼吸量**

解き方 (1) 純生産量＝総生産量－呼吸量の関係にあるから，**b**と**c**の合計である**a**が総生産量。また，呼吸量は林齢とともに増え，総生産量近くまで増える**b**で，**c**が純生産量である。

(2) **a－b**の値をグラフにとる。横軸の目盛り2のあたりをピークに，右端あたりで0近くまで減少する形になる。

(3)(4) 純生産量は草原などから遷移して森林の成長する時期には林齢が増すに従って増加していくが，その後は総生産量が増えなくなり，光をめぐる競争で葉を高所に広げるため，光合成を行わない根・幹・枝の割合が多くなり呼吸量が増え，純生産量は減少する。

9 (1) **a…生産者** **b…一次消費者**
c…二次消費者 **d…分解者**

(2) **化石燃料**

(3) **f…光合成** **g…呼吸** **h…燃焼**

解き方 石油・石炭・天然ガスなどをまとめて化石燃料という。空気中の二酸化炭素は，生産者である植物の光合成によって有機物となる。炭素は食物連鎖を通じて移動し，**g**の呼吸によって空気中に放出される。

10 (1) **窒素固定** (2) **窒素同化**

(3) **硝化**

(4) **a…シアノバクテリア** **b…根粒菌**
c…硝化菌

(5) **窒素固定細菌**

(6) **循環しない**

解き方 (1) アゾトバクター，クロストリジウム，シアノバクテリアなどが空気中の窒素をアンモニアに変える働きを窒素固定という。

(4) **c** 亜硝酸菌は，アンモニウムイオンを亜硝酸に，硝酸菌は亜硝酸を硝酸に酸化するときに生じるエネルギーで有機物を合成している。これを光合成に対して化学合成といい，亜硝酸菌と硝酸菌を合わせて硝化菌という。

(5) 窒素固定をする能力をもつ細菌を窒素固定細菌という。根粒菌がマメ科植物と共生して窒素固定をするのに対し，アゾトバクターとクロストリジウムは独立生活者。アゾトバクターは好気性でクロストリジウムは嫌気性。

3章 生態系と生物多様性

基礎の基礎を固める！の答 ➡本冊 p.155

❶ 生物多様性
❷ 遺伝的
❸ 種(の)
❹ 生態系(の)
❺ かく乱
❻ 低下
❼ 回復
❽ 中
❾ 高める
❿ 中規模かく乱
⓫ 分断
⓬ 孤立
⓭ 局所
⓮ 在来生物[在来種]
⓯ バランス
⓰ 特定
⓱ 絶滅危惧（きぐ）種
⓲ レッドデータブック
⓳ 生態系サービス

テストによく出る問題を解こう！の答 ➡本冊 p.156

11 (1) a…遺伝的多様性
b…種(の)多様性
c…生態系(の)多様性
(2) ① c　② a　③ c
④ b　⑤ c

解き方 (1) a　同種内における各個体のもつ遺伝子の多様性を**遺伝的多様性**という。b　生態系内で見られる種レベルの多様性を**種多様性**(種の多様性)という。c　地球上には，さまざまな生態系が存在する。多様な生態系が存在することを**生態系多様性**(生態系の多様性)という。

(2) ①森林生態系と海洋生態系の問題であるので，cの生態系多様性。
②個体間の交配に関する問題であるので，aの遺伝的多様性。
③さまざまな生態系の存在を説明しているので，cの生態系多様性。
④ダーウィンフィンチ(ガラパゴスフィンチ)というのはガラパゴス諸島に見られる小形の鳥類で，ガラパゴスフィンチ，ダーウィンフィンチ，サボテンフィンチ，ムシクイフィンチなど食性，くちばしの形や大きさ，からだの大きさなどの異なる種の総称。多様な種が存在することについて説明しているので，bの種多様性。
⑤孤島の生態系の種多様性と大陸の生態系の種多様性を比較しているが，それぞれの種多様性そのものには触れておらず，生態系の違いを説明した文であるので，cの生態系多様性。

12 (1) a…ア　b…イ
(2) a　(3) b

解き方 (1)(2) 火山の大規模な噴火では，溶岩に覆われるなどしてもとの生態系が完全に破壊される**大規模なかく乱**が起こる。この場合もとの状態にもどることなくほかの生態系に移行することが多い。

(3) 台風による倒木などは生態系が部分的に破壊される**中規模なかく乱**で，陰樹林の中に陽樹が生育できる部分ができる(ギャップの更新)などして生態系の多様性が増す。

13 (1) ① b　② a　③ c　④ b
⑤ a　⑥ b
(2) イ　(3) イ
(4) 特定外来生物
(5) 熱帯林は生産量が大きく生物の生活できる絶対量が大きいほか，森林の階層構造が多層であるなど構造が複雑でさまざまな環境条件が存在するため，多くの生態的地位[ニッチ]の生物種が生息することができるから。

解き方 (1) ①の生息地の分断によって⑥の個体群の孤立化が起こる。これらはbのその地域特有の問題となる。また，④の生息地の汚染も地域的な問題である。②の地球温暖化のほか，⑤の熱帯林の減少(個々の森林の破壊についてではなく減少とある点で判断)も地球規模の環境問題である。③の外来生物の移入によって在来生物が影響を受けるなどは，生物相互間の問題となる。

(2) 個体群の孤立化によって個体数が減少すると，遺伝的多様性の低下や，性比の偏り，近親交配の増加などによって出生率や生存率が低下し，次世代の個体数がさらに減ってしまう危険がある。

(3) 外来生物の侵入によって在来生物が駆逐されたり，在来生物との交配が起こったりする。絶滅の渦とは，個体数が一定の数を下回ると(2)の 解き方 で述べたような要因によって個体数の減少が加速することで，外来生物の侵入もそれを進める一因となるが，ほかの選択肢と比べると外来生物の侵入と絶滅の渦とのかかわりは小さい。

(4) 特定外来生物は外来生物法(特定外来生物による生態系等に係る被害の防止に関する法律)に基づいて環境省によって指定され，生きた個体の日本国内への持ち込みや飼育・栽培・保管・野外に出すこと・国内の移動などが禁止されている。

(5) 熱帯林には，非常に多くの生物種が複雑な食物網などのつながりによって生息している。また，熱帯林は一度破壊されると少ない土壌が雨で流出してしまい森林として回復することが困難なので，熱帯林がいったん減少するとそこにすむ多くの生物種がそのまま絶滅してしまう恐れがあり，地球上の生物多様性低下の大きな原因の1つとなる。

14 (1) ① **コウノトリ**　② **トキ**
(2) **絶滅危惧種**
(3) **レッドデータブック**

解き方 (1) コウノトリは以前は日本にも広く生息していたが1971年に野生個体が絶滅。兵庫県豊岡市で1965年から人工繁殖を行い，また，地域で無農薬の水田づくりなどコウノトリが食物をとれる環境を整える活動を進めながら自然に放鳥する取り組みをしている。トキは，2003年に最後の1羽が死んで日本産の個体群が絶滅。日本産とほとんど遺伝的な違いのない中国産のトキを人工繁殖によって増やし，自然に放鳥する取り組みが佐渡島で行われている。

(2)(3) 環境省は絶滅の恐れのある生物を絶滅危惧種として指定して，これらを**レッドリスト**にまとめ，公表している。レッドデータブックはこれらの種について生息状況などを解説した本。レッドリストに掲載された生物は，環境省生物多様性センターのウェブサイトにある生物多様性情報システムのページで検索できる。

入試問題にチャレンジ！の答

➡本冊 *p.158*

(1) ① **非生物[無機的]**　② **作用**
③ **環境形成作用**　④ **相利共生**
⑤ **片利共生**　⑥ **(種間)競争**

(2) **A…イ**　**B…ア**
C…ウ　**D…イ**

(3) **1代目の交尾雌が産卵した卵が成虫になるまで成虫の個体数は増えないから。**

(4) **個体群密度が高くなると密度効果が働き，ある値[環境収容力]に達すると産卵数の低下などで，死亡数と出生数がほぼ等しくなるため。**

解き方 (1) 非生物的環境(無機的環境ともいうことがある)要因が生物群集に影響を及ぼすことを作用，その逆を**環境形成作用**という。2つの種がともに生活することによって，双方に利益がある場合を相利共生，一方のみに利益があり，他方に害を及ぼさない場合を片利共生という。これに対して，両方が不利益を受ける関係は競争である。

(2) A…チャドクガは幼虫がツバキの葉を食べる害虫で，ツバキは不利益を受けるので**イ**。
B…マメ科植物のダイズの根には根粒菌が付着して，窒素固定をするのでダイズは窒素源の少ないやせた土地でも生育できる。また，根粒菌はダイズから光合成でできた糖類を供給されるので双方に利益があるので**ア**。
C…カクレウオは，外敵に襲われたとき，ナマコの腸の中に隠れる。ナマコは利益も害も受けないので**ウ**。
D…ヤドリギはイチョウの枝や幹に寄生してイチョウから栄養分を摂取するのでヤドリギは利益を受けるが，イチョウは害を受けるので**イ**。

(3) 文中より，キイロショウジョウバエの1世代は卵から成虫になるまで約10日である。実験開始時に入れた成虫がすぐ産卵したとしてもその卵からふ化した個体が羽化するまでは成虫の個体数は増加しない。

(4) 成虫は多くの卵を産み，個体数を増やす活動をするが，さまざまな資源(食物，生活場所など)の不足や排出物の増加，個体密度の増加などの要因によって，出生率や生存率が低下し，環境収容力に個体数が達するとそれ以上には増えなくなる。

2 (1) ① **光**　② **有機物**　③ **化学**
④ **食物連鎖**　⑤ **熱**
⑥ **化石燃料**　⑦ **二酸化炭素**

(2) ① **成長量がほぼ0である。**
② **極相[クライマックス]**

(3) **海における生産者は植物プランクトンで，面積あたりの生産量が少ない。**

(4) **9％**

(5) **物質は生態系内を循環するが，エネルギーは循環せず，太陽から生産者によって生態系に取り込まれた後，食物連鎖を通じて一方向に流れ，最終的に熱として生態系外[宇宙空間]に放出される。**

解き方 (1) 太陽の光エネルギーは，緑色植物などの光合成によって有機物の中の化学エネルギーに変換されて，食物連鎖を通じて高次の消費者へと移行し，生産者・消費者・分解者の呼吸によって熱エネルギーとして生態系外(宇宙空間)に放射される。石油・石炭・天然ガスなどの**化石燃料**の大量消費によって大気中の二酸化炭素濃度が上昇し，その温室効果が地球温暖化を引き起こしていると考えられている。

(2) 表から，この森林の呼吸量は，総生産量－純生産量で1548と大きい。また，純生産量が枯死量と被食量の合計とほぼ等しいので，成長量はほぼ0となる。ここから，この森林は極相林と考えられる。

(4) 一次消費者(動物プランクトン)の**エネルギー効率**は，次の式で求められる。

$$\frac{\text{動物プランクトンのエネルギー量}}{\text{植物プランクトンのエネルギー量}} \times 100$$

$$= \frac{22.5}{250} \times 100$$

$$= 9\ \%$$

3 (1) **ウ**
(2) **イ**
(3) **熱帯多雨林**

解き方 (1) 一般に，高緯度より低緯度の熱帯地方，高地より低地のほうが種多様性は高いので**ア**は誤り。

1種の個体数が占める割合が多いほど種多様性は低くなるので**イ**は誤り。

地形が複雑なほどいろいろな環境が存在し，種多様性も高くなると考えられるので**ウ**が正解。

(2) **遺伝的多様性**の損失とは，その種の個体そのものは存在するが個体間の遺伝子の違いが減って，均一化していくこと。**ア**では在来生物のアマミノクロウサギの種そのものが絶滅の危機にあり，遺伝的多様性の問題ではない。生態系における種の多様性の損失につながる。

イはタイワンザルとニホンザルの混血によって新しい遺伝子の組み合わせが生じると考えがちだが，環境に適応して長い時間をかけて獲得した遺伝子組成が失われることになるので，遺伝的多様性が影響を受けた例として正解。

ウと**エ**は，クヌギやコナラが生えなくなったり，クワガタムシが外国産のクワガタムシについたダニによる病気で絶滅すれば，その生態系における種多様性が減少するので誤り。

(3) 熱帯多雨林は生産量も大きく生息する生物種も非常に多い。ちなみに海は，一般的に熱帯の海よりも寒流のほうが栄養塩類が多く生産性が高いが，珊瑚礁は生態系が複雑で多様な生物が生息する。